中国农业标准经典收藏系列

最新中国农业行业标准

第十一辑

水产分册

农业标准编辑部 编

中国农业出版社

出 版 说 明

近年来，农业标准编辑部陆续出版了《中国农业标准经典收藏系列·最新中国农业行业标准》，将 2004—2013 年由我社出版的 3 100 多项标准汇编成册，共出版了 10 辑，得到了广大读者的一致好评。无论从阅读方式还是从参考使用上，都给读者带来了很大方便。为了加大农业标准的宣贯力度，扩大标准汇编本的影响，满足和方便读者的需要，我们在总结以往出版经验的基础上策划了《最新中国农业行业标准·第十一辑》。

本次汇编对 2014 年出版的 254 项农业标准进行了专业细分与组合，根据专业不同分为种植业、畜牧兽医、植保、农机、综合和水产 6 个分册。

本书收录了水产养殖、水产品、渔业仪器设备、疫病监测、渔船渔具和人工渔礁建设等水产行业标准 45 项。并在书后附有 2014 年发布的 7 个标准公告供参考。

特别声明：

1. 汇编本着尊重原著的原则，除明显差错外，对标准中所涉及的有关量、符号、单位和编写体例均未做统一改动。

2. 从印制工艺的角度考虑，原标准中的彩色部分在此只给出黑白图片。

3. 本辑所收录的个别标准，由于专业交叉特性，故同时归于不同分册当中。

本书可供农业生产人员、标准管理干部和科研人员使用，也可供有关农业院校师生参考。

农业标准编辑部

2015 年 11 月

目　　录

附录

ICS 65.150
B 52

中华人民共和国水产行业标准

SC/T 1114—2014

大　　鲵

Chinese giant salamander

2014-03-24 发布
2014-06-01 实施

中华人民共和国农业部 发布

前　言

本标准按照 GB/T 1.1—2009 给出的规则起草。

本文件的某些内容可能涉及专利。本文件的发布机构不承担识别这些专利的责任。

本标准由农业部渔业局提出。

本标准由全国水产标准化技术委员会淡水养殖分技术委员会(SAC/TC 156/SC 1)归口。

本标准起草单位:中国水产科学研究院长江水产研究所。

本标准主要起草人:肖汉兵、孟彦、杨焱清、方耀林。

大　　鲵

1　范围

本标准给出了大鲵（*Andrias davidianus*）主要形态构造特征、生长与繁殖、遗传学特性及检测方法。

本标准适用于大鲵的种质检测与鉴定。

2　规范性引用文件

下列文件对于本文件的应用是必不可少的。凡是注日期的引用文件，仅注日期的版本适用于本文件。凡是不注日期的引用文件，其最新版本（包括所有的修改单）适用于本文件。

GB/T 18654.1　养殖鱼类种质检验　第 1 部分：检验规则

GB/T 18654.2　养殖鱼类种质检验　第 2 部分：抽样方法

GB/T 18654.13—2008　养殖鱼类种质检验　第 13 部分：同工酶电泳分析

3　名称和分类

3.1　学名

大鲵［*Andrias davidianus*（Blanchard，1871）］。

3.2　分类位置

两栖纲（Amphibia），有尾目（Urodela），隐鳃鲵科（Cryptobranchidae），大鲵属（*Andrias*）。

4　术语和定义

下列术语和定义适用于本文件。

4.1

头体长　snout-vent length, SVL

吻端至肛孔后缘的长度。

4.2

头长　head length, HL

吻端至颈褶间的最短距离。

4.3

头宽　head width, HW

头或颈褶左右两侧之间的最大距离。

4.4

吻长　snout length, SL

吻端至眼前角之间的距离。

4.5

全长　total length, TOL

吻端至尾末端的长度。

4.6

眼间距　interorbital space, IOS

左右眼内侧缘之间的最窄距离。

4.7

眼径 diameter of eye, ED

与轴体平行的眼的直径。

4.8

尾长 tail length, TL

肛孔后缘至尾末端的长度。

4.9

尾高 tail height, TH

尾上、下缘之间的最大高度。

4.10

尾宽 tail width, TW

以肛孔为基点向两侧延伸的最大宽度。

测量图解参见图 A.1。

5 主要形态特征

5.1 外部形态特征

5.1.1 外形

头大、扁平、宽阔,头部背腹面具有小疣粒,成对排列;吻短圆,外鼻孔接近吻端,较小;眼睛小且无眼睑,位于背侧,眼间距大,眼眶周围有排列整齐的疣粒;口大,口后缘上唇唇褶清晰;犁骨齿列甚长,位于犁腭骨前缘,左右相连,相连处微凹,与上颌齿平行排列呈一弧形;具舌且与口腔底部粘连。体表光滑无鳞。躯干粗壮扁平,有明显的颈褶,体侧有宽厚的纵行褶皱和若干圆形疣粒;四肢粗短,后肢略长,指、趾扁平,指 4,趾 5;肢体后缘有肤褶,与外体侧指、趾相连;蹼不发达,仅趾间有微蹼;尾基部略呈柱状向后渐侧扁,尾背鳍褶高而厚,尾末端钝圆。大鲵外形见图 1。

幼体有 3 对羽状外鳃,8 月龄~12 月龄外鳃开始退化消失,变态为成体形态。

图 1 大鲵的外形图

5.1.2 可数性状

无肋骨,肋骨沟 12 条~15 条。

指长顺序:2、1、3、4。

趾长顺序:3、4、2、5、1。

5.1.3 可量性状

对不同年龄阶段养殖大鲵可量性状进行测量,计算各年龄段可量性状比值,结果见表 1。

表 1　不同年龄大鲵各可量性状比值表

年龄,龄	0⁺	1⁺	2⁺	3⁺	4⁺	5⁺	6⁺
全长/头体长	1.56~1.75	1.50~1.60	1.50~1.60	1.60~1.70	1.60~1.61	1.60~1.70	1.60~1.80
头长/头宽	1.00~1.20	0.90~1.30	1.00~1.10	1.01~1.03	0.90~1.10	0.90~0.96	0.80~0.95
头长/吻长	3.40~4.00	4.00~4.30	2.50~3.90	3.60~4.00	3.00~3.80	3.50~3.80	3.60~4.90
头宽/眼间距	1.76~2.30	1.90~2.30	1.81~2.18	1.86~2.24	1.80~2.20	2.00~2.30	2.30~2.40
眼径/眼间距	0.26~0.30	0.20~0.25	0.11~0.13	0.10~0.12	0.12~0.13	0.06~0.07	0.06~0.08
尾长/全长	0.25~0.32	0.26~0.35	0.36~0.39	0.41~0.49	0.35~0.48	0.35~0.44	0.31~0.32
尾长/尾高	1.80~6.60	3.30~6.60	3.30~3.50	3.80~4.30	4.20~4.80	3.50~4.80	3.50~4.10
尾长/尾宽	3.30~5.10	4.80~6.20	3.80~5.20	4.50~5.50	4.80~4.90	4.30~4.50	3.60~4.90
注:大鲵孵化出苗一般在当年 9~10 月,测量在第二年春天进行,因而记作半龄,用 0⁺ 的方法表示,其他年龄阶段以此类推。							

5.2　内部构造特征

脊椎骨:45 枚~46 枚。

6　生长与繁殖

6.1　生长

不同年龄组养殖大鲵的实测全长、体重如表 2 所示。

表 2　不同年龄组大鲵体重、体长测量值

年龄 龄	0⁺	1⁺	2⁺	3⁺	4⁺	5⁺	6⁺
体重 g	4~10	65~227	177~891	263~982	750~2 980	2 500~5 530	2 530~5 830
全长 mm	51~131	228~316	303~488	342~525	431~697	650~890	660~920
注:大鲵孵化出苗一般在当年 9~10 月,测量在第二年春天进行,因而记作半龄,用 0⁺ 的方法表示,其他年龄阶段以此类推。							

6.2　繁殖

6.2.1　性成熟年龄

雄性 5 龄,雌性 6 龄。

6.2.2　繁殖季节

每年 6 月~9 月为大鲵的繁殖季节,7 月~9 月(水温 17℃~22℃)为繁殖盛期。

6.2.3　产卵类型与卵质

大鲵雌雄异体,体外受精,为多精入卵,单精受精。在一个繁殖季节仅产卵一次,属一次产卵类型。

6.2.4　配子特征

大鲵卵圆形,卵色黄或浅黄,有单胞、双胞和多胞之分;卵径大小在 5 mm~7 mm 之间;卵外有胶膜,卵与卵之间呈串珠状连接,胶膜无黏性,遇水后吸水膨胀,透明。卵在静止水体中为沉性,在流动水体中呈漂浮性。成熟精子呈线型,长度为 180 μm~200 μm,头部尖,尾部细长,约占全长的 2/3。

6.2.5　怀卵量

大鲵的绝对怀卵量为 200 粒~2 000 粒,初次性成熟大鲵的绝对怀卵量平均 300 粒左右。经产大鲵的怀卵量大多为 500 粒~800 粒。

7　遗传学特征

7.1　细胞遗传学特征

大鲵细胞染色体 $2n=60$;核型公式:10 m ＋ 4 sm ＋ 2 st ＋ 16 t ＋ 28 mc,染色体组型见图2。

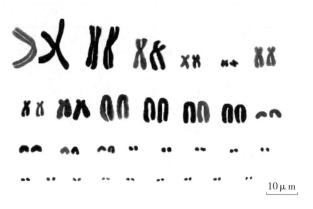

图 2　大鲵染色体组型

7.2　生化遗传学特征

大鲵肌肉醇脱氢酶(ADH)同工酶电泳及扫描图见图3,相对活性强度见表3。

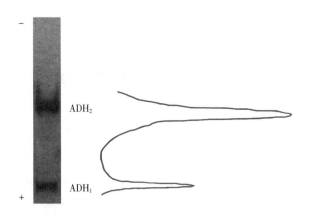

图 3　大鲵肌肉 ADH 电泳图谱和扫描图

表 3　大鲵肌肉 ADH 酶带的相对活性强度

单位为百分率

酶　　带	ADH$_1$	ADH$_2$
相对活性强度	16.89	83.11

8　检测方法

8.1　抽样方法

按 GB/T 18654.2 的规定执行。

8.2　主要性状测定

按第 4 章的规定执行。

8.3　年龄测定

8.3.1　采集大鲵后肢,福尔马林固定,70%酒精保存备用。

8.3.2　将其置入 2%氢氧化钠溶液,在电炉煮沸,去除皮肉。用镊子分离各骨节,自来水浸泡骨节去氢氧化钠。5%硝酸脱钙 15 h 左右,自来水浸泡去酸。20%、30%蔗糖梯度脱水。

8.3.3　OTC 组织包埋剂(opti-mum cutting temperature compound,聚乙二醇和聚乙烯醇的水溶性混

合物)浸泡 0.5 h 以上,冷冻切片机切片 20 μm～30 μm。苏木精染色数秒,自来水漂洗,85%、95%和无水乙醇梯度脱水,二甲苯透明,中性树胶封片。

8.3.4 在显微镜下观察,依据切片上的年轮标志数目鉴定年龄。由成骨细胞的胞体形成的"环形"代表年轮,这样的年轮标志数目代表年龄数。

8.4 怀卵量测定

于繁殖季节,对临产卵前雌鳁进行解剖,取出性成熟的卵巢,肉眼计数第Ⅳ期时相的卵粒数。

8.5 细胞遗传学分析

细胞培养法制备染色体的方法如下:

8.5.1 用 0.2%灭菌的肝素钠溶液润洗 5 mL 一次性注射器。

8.5.2 大鳁尾静脉采血约 2 mL。

8.5.3 超净工作台内,将血注入含 20%胎牛血清,青、链霉素各 200 U/mL 的 R1640 培养基于 T₂₅ cm² 培养瓶内混匀,再加入 4%的 PHA 溶液,置于 26℃培养箱内进行培养。

8.5.4 培养 72 h 后加终浓度为 1 μg/mL 秋水仙素,培养 10 h～12 h。

8.5.5 收集上述培养细胞于 50 mL 离心管中,1 000 r/min 离心 5 min。

8.5.6 弃上清,加入 2 mL HBSS(Hank's 平衡盐溶液)吹打沉淀细胞,向培养瓶内缓缓加入 10 mL 预冷的双蒸水,室温静置 10 min。

8.5.7 再缓慢加入 10 mL 新鲜的固定液(冰醋酸:甲醇=1:3),室温静置 10 min。

8.5.8 1 000 r/min 离心 5 min,弃上清仅留下 2 mL 液体,再加入 3 mL 新鲜固定液,然后轻轻吹打细胞。

8.5.9 1 000 r/min 离心 5 min,弃上清仅留下 0.5 mL 液体,再加入 5 mL 固定液轻轻混匀,室温下静置 20 min,1 000 r/min 离心 8 min,弃上清,根据沉淀量加入 0.5 mL～1.5 mL 新鲜固定液,吸管轻轻吹打以悬浮细胞。

8.5.10 滴片,晾干后吉姆萨染色观察。

8.6 生化遗传学分析

8.6.1 试剂及配制方法

同工酶各种试剂的配制见附录 B。

8.6.2 样品的采集与制备

取大鳁肌肉 1 g,加 3 mL 的磷酸缓冲液(0.1 mol/L,pH 7.2)冰浴匀浆,匀浆液于 4℃、12 000 r/min 离心 30 min,取上清液,重复以上离心过程 2 次至上清液澄清。

8.6.3 制胶

将混匀的 7.0%分离胶液倒入模板,插好梳子,置于常温,待凝胶聚合好后,置于冰箱中备用。

8.6.4 点样

点样量为 23 μL。吸取 20 μL 样与 2 μL～3 μL 加样指示剂混匀,一起加到样孔中。

8.6.5 电泳分离

8.6.5.1 采用聚丙烯酰胺凝胶垂直电泳。分离胶浓度为 7.0%。

8.6.5.2 电极缓冲液:pH 为 8.3 的 Tris-甘氨酸。

8.6.5.3 电泳:稳压 300 V(起始电流约 44 mA)电泳 3 h～3.5 h(溴酚蓝移动至凝胶下边缘 2 cm 处)。

8.6.5.4 染色:电泳结束后,放入预先配好并在 37℃恒温箱中保温的同工酶染色液中染色。

8.6.5.5 扫描:本标准由双波长飞点薄层扫描分析仪根据酶带染色强度不同自动识别。

9 检验规则与结果判定

按 GB/T 18654.1 的规定执行。

附　录　A

（资料性附录）

大鲵成体外部形态的术语与度量

大鲵成体外部形态的术语与度量见图 A.1。

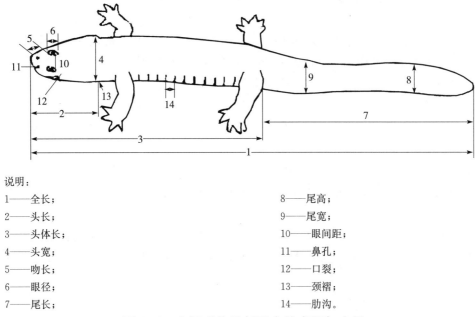

说明：

1——全长；

2——头长；

3——头体长；

4——头宽；

5——吻长；

6——眼径；

7——尾长；

8——尾高；

9——尾宽；

10——眼间距；

11——鼻孔；

12——口裂；

13——颈褶；

14——肋沟。

图 A.1　大鲵成体外部形态的术语与度量

附 录 B

（规范性附录）

同工酶各种试剂的配制

B.1 磷酸缓冲液(0.1 mol/L，pH7.2)的配制

B.1.1 A液(0.1 mol/L，Na_2HPO_4)配制：取 17.80 g $Na_2HPO_4 \cdot 2H_2O$(或 35.80 g $Na_2HPO_4 \cdot 12H_2O$)定容于 1 000 mL 纯水中。

B.1.2 B液(0.1 mol/L，NaH_2PO_4)配制：取 13.80 g $NaH_2PO_4 \cdot H_2O$(或 15.60 g $NaH_2PO_4 \cdot 2H_2O$)定容于 1 000 mL 纯水中。

B.1.3 磷酸缓冲液由 A 液和 B 液按 72：28 的比例混合而成，现配现用。

B.2 凝胶制备

B.2.1 凝胶制备溶液配制

各种凝胶制备溶液的配方及配制方法见表 B.1。

表 B.1 各种凝胶制备溶液配方

溶　　液	配 制 方 法
凝胶缓冲液	取 Tris 56.75 g 加 200 mL 纯水，用浓盐酸调 pH 为 8.9，加纯水到 250 mL。4℃贮存
凝胶储液	取丙烯酰胺 33.3 g，N，N′-亚甲基双丙烯酰胺 0.9 g，四甲基乙二胺(TEMED)338 μL 溶于纯水中定容到150mL。4℃贮存
AP	取过硫酸铵 1.5 g 溶解到 100 mL 纯水中。4℃贮存

B.2.2 凝胶的制备

7.0%聚丙烯酰胺垂直板凝胶配方见表 B.2。

表 B.2 7.0%凝胶制备配方

凝胶缓冲液,mL	凝胶储液,mL	AP, mL	纯水,mL	总体积,mL
25	15.6	2.4	7.0	50

B.3 加样指示剂

0.15%溴酚蓝—50%甘油：称取 0.15 g 溴酚蓝溶于 50 mL 纯水，再加 50 mL 甘油混匀。

B.4 电极缓冲液

甘氨酸 28.80 g 溶于 800 mL 水，用约 6.00 g Tris 调 pH 至 8.3，加纯水到 1 000 mL。电泳时稀释 10 倍使用。

B.5 同工酶染色液的配制

按 GB/T 18654.13—2008 中附录 A 规定的方法配制。

————————

ICS 65.150
B 52

中华人民共和国水产行业标准

SC/T 1117—2014

施 氏 鲟

Amur sturgeon

2014-03-24 发布
2014-06-01 实施

中华人民共和国农业部 发布

前　言

本标准按照 GB/T 1.1—2009 给出的规则起草。

本文件的某些内容可能涉及专利。本文件的发布机构不承担识别这些专利的责任。

本标准为农业部渔业局提出。

本标准由全国水产标准化技术委员会淡水养殖分技术委员会(SAC/TC 156/SC 1)归口。

本标准起草单位:中国水产科学研究院黑龙江水产研究所。

本标准主要起草人:曲秋芝、尹洪滨、孙大江、马国军。

施 氏 鲟

1 范围

本标准规定了施氏鲟［*Acipenser schrenckii*（Brandt）］的主要生物学特征、生长与繁殖、遗传生物学特性及检测方法。

本标准适用于施氏鲟的种质检测与鉴定。

2 规范性引用文件

下列文件对于本文件的应用是必不可少的。凡是注日期的引用文件，仅注日期的版本适用于本文件。凡是不注日期的引用文件，其最新版本（包括所有的修改单）适用于本文件。

GB/T 18654.1　养殖鱼类种质检验　第1部分：检验规则

GB/T 18654.2　养殖鱼类种质检验　第2部分：抽样方法

GB/T 18654.3　养殖鱼类种质检验　第3部分：性状测定

GB/T 18654.4　养殖鱼类种质检验　第4部分：年龄与生长测定

GB/T 18654.6　养殖鱼类种质检验　第6部分：繁殖性能的测定

GB/T 18654.12　养殖鱼类种质检验　第12部分：染色体组型分析

GB/T 18654.13　养殖鱼类种质检验　第13部分：同工酶电泳分析

3 学名与分类

3.1 学名

施氏鲟［*Acipenser schrenckii*（Brandt）］。

3.2 分类地位

鲟形目（Acipenseriformes）、鲟科（Acipenseridae）、鲟亚科（Acipenserinae）、鲟属（*Acipenser*）。

4 主要生物学特征

4.1 外部形态特征

4.1.1 外形

体呈长梭形，头略呈三角形，吻较尖，头顶部扁平。口下位，较小，横裂，口唇具皱褶。触须2对，位于口前方，横排与口并列，须较长，须长大于须基距口前缘的1/2，吻下面须的基部有疣状突起。眼小，位于头的中侧部。背鳍1个，后位，起点在腹鳍之后。臀鳍起点在背鳍起点后下方，后缘微凹入。胸鳍位于鳃孔后下方，第1不分支鳍条发达呈硬刺状。腹鳍位于背鳍前，末端可达背鳍始点下方。尾鳍为歪形尾，上叶长于下叶。体无鳞。体侧及背部褐色或灰色，腹部银白色。施氏鲟的外形见图1。

图1　施氏鲟外形图

4.1.2 可数性状

4.1.2.1 鳍式

背鳍鳍式：D.35～38。

臀鳍鳍式：A.21～25。

胸鳍鳍式：P.31～45。

腹鳍鳍式：V.38～55。

4.1.2.2 鳃耙

第一鳃弓外鳃耙数为35～38。

4.1.2.3 骨板排列

体具5行纵列的骨板。每个骨板上均有锐利的棘。

背部骨板12～17,第一骨板上的硬棘最大;左右侧骨板32～45;腹侧骨板7～11。

4.1.3 可量性状

全长18.00 cm～146.30 cm的施氏鲟实测可量性状比值见表1。

表1 施氏鲟实测可量性状比值

全长/体高	全长/头长	全长/尾柄长	全长/尾柄高	头长/吻长	头长/眼径	头长/眼间距	头长/眼后头长	头长/体高
7.63～8.89	4.02～6.39	15.91～24.02	31.34～39.12	1.80～3.89	13.10～22.23	2.39～3.56	1.67～2.54	1.39～2.13

4.2 内部构造特征

4.2.1 鳔

鳔一室,具鳔管,与消化道相通。

4.2.2 消化道

食道短,胃部膨大,具幽门囊,螺旋瓣发达。

5 生长与繁殖

5.1 生长

各种规格鱼实测的平均体长、平均体重见表2。

表2 施氏鲟不同年龄组鱼的体长和体重实测值

年龄,龄	1^+	2^+	5^+	9^+
体长,cm	23.91±2.06	48.25±6.74	91.35±6.91	110.9±6.92
体重,g	56±7.53	514.57±18.86	7 216.30±110.25	(19.25±2.75)×10^3

注：施氏鲟孵化出苗一般在当年5月～6月,测量在第二年周岁以后进行,用0^+的方法表示,其他年龄阶段以此类推。

5.2 繁殖

5.2.1 性成熟年龄

雌鱼8^+龄,雄鱼5^+龄。

5.2.2 产卵类型

卵黏性,性腺两年成熟一次,春季产卵。

5.2.3 繁殖周期

繁殖周期为2年～3年。

5.2.4 繁殖水温

适宜水温为12℃～20℃。

5.2.5 怀卵量

怀卵量随着年龄和体重的增长而增加,不同年龄组亲鱼个体怀卵量见表3。

表3　施氏鲟不同年龄组亲鱼个体的怀卵量

年龄,龄	体长,cm	体重,kg	绝对怀卵量[a],×10⁴粒
20～35(野生)	142～182	12.5～43.0	10.2～44.0
9～13(养殖)	98～156	13.8～28	11.0～26.6
[a]　指卵巢中达到Ⅳ时相卵母细胞的数量。			

6　遗传学特性

6.1　生化遗传学特性

施氏鲟肝组织酯酶(EST)电泳图谱见图2,其相对迁移率见表4。

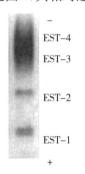

图2　施氏鲟EST电泳及其扫描图谱

表4　施氏鲟肝组织EST同工酶相对迁移率

酶带	EST-1	EST-2	EST-3	EST-4
相对迁移率(Rf)	0.84	0.82	0.53	0.23

6.2　细胞遗传学特性

6.2.1　染色体数

体细胞染色体数:$2n=240\pm$。

6.2.2　核型公式

$78m+12sm+28st(t)+122mc\pm$。见图3。

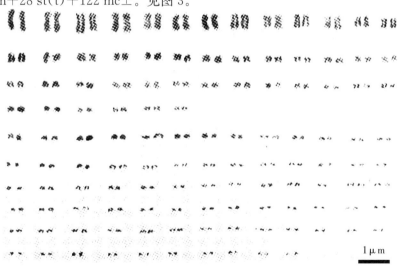

图3　施氏鲟染色体组型图

SC/T 1117—2014

7 检测方法

7.1 抽样

按 GB/T 18654.2 的规定执行。

7.2 性状测定

按 GB/T 18654.3 的规定执行。

7.3 年龄鉴定

按 GB/T 18654.4 的规定执行。

7.4 怀卵量的测定

按 GB/T 18654.6 的规定执行。

7.5 染色体检测

按 GB/T 18654.12 的规定执行。

7.6 同工酶电泳分析

7.6.1 样品制备

取健康施氏鲟的肝组织 1 g,加 3 mL 磷酸缓冲液(见 A.1),用匀浆器匀浆,将匀浆液于 4℃、12 000 r/min 离心 30 min,重复离心 2 次至上清液澄清,取上清液备用。

7.6.2 电泳方法及染色

7.6.2.1 制胶

凝胶浓度为 7.5%聚丙烯酰胺凝胶,凝胶厚度为 1 mm。凝胶液配方见表 A.1。

7.6.2.2 点样

吸取 10 μL 样与 2 μL~3 μL 溴酚蓝混匀,一起加到样孔中。

7.6.2.3 电泳分离

采用聚丙烯酰胺凝胶垂直板电泳。电极缓冲液为 pH 8.3 的 Tris-甘氨酸(见表 A.2)。预电泳:稳压 50 V,电泳 30 min;电泳:稳压 80 V,电泳 2 h~5 h,待溴酚蓝距凝胶底端边缘约 5 mm 时结束。

7.6.2.4 染色、固定、扫描

7.6.2.4.1 染色

将电泳胶放入预先准备好的同工酶染色液(见表 A.3)中,30℃恒温条件下染色 30 min~45 min,直至得到清晰的酶带为止。

7.6.2.4.2 固定

在 2.5%的冰醋酸中褪色至底板清晰、透明。

7.6.2.4.3 扫描

透明后,即刻用扫描仪对固定的凝胶进行扫描、保存。

7.6.2.5 结果分析

按 GB/T 18654.13 的规定执行。

7.7 综合判定

按 GB/T 18654.1 的规定执行。

附 录 A

（规范性附录）

同工酶各试剂的配制

A.1 磷酸缓冲液(0.1 mol/L pH7.2)配制

A.1.1 A液(0.1 mol/L,Na_2HPO_4)配制

取 17.80 g $Na_2HPO_4 \cdot 2H_2O$(或 35.82 g $Na_2HPO_4 \cdot 12H_2O$)，蒸馏水溶解，并定容至 1 000 mL。

A.1.2 B液(0.1 mol/L,NaH_2PO_4)配制

取 13.80 g $NaH_2PO_4 \cdot H_2O$(或 15.60 g $NaH_2PO_4 \cdot 2H_2O$)，蒸馏水溶解，并定容至 1 000 mL。

A.1.3 磷酸缓冲液由 A 液和 B 液按 72∶28 的比例混合而成，并用 A 液或 B 液调 pH 为 7.2，现配现用。

A.2 凝胶的制备

A.2.1 凝胶溶液的配制

见表 A.1。

表 A.1 各种凝胶溶液的配制

溶 液	配制方法
凝胶缓冲液	取 Tris[$NH_2C(CH_2OH)_3$]36.3 g 蒸馏水溶解，用浓盐酸调 pH 为 8.9，加蒸馏水定容到 100 mL。4℃贮存
凝胶储液	取丙烯酰胺(C_3H_5NO)33.3 g，N,N'-亚甲基双丙烯酰胺($C_7H_{10}N_2O_2$)0.9 g，蒸馏水溶解，并定容至 150 mL。4℃贮存
AP	取过硫酸铵[$(NH_4)_2S_2O_8$]1.5 g，蒸馏水溶解，并定容至 100 mL。现配现用

A.2.2 凝胶的制备

用 7.5％凝胶液制成聚丙烯酰胺垂直板凝胶，该凝胶液配方见表 B.2。

表 A.2 凝胶制备配方

7.5％凝胶液	
凝胶缓冲液,mL	25.0
凝胶储液,mL	16.8
AP,mL	2.4
TEMED(四甲基乙二胺,$C_6H_{16}N_2$),μL	37.8
蒸馏水,mL	5.8
总体积,mL	50.0

A.3 加样指示剂

0.15％溴酚蓝—50％甘油：称取 0.15 g 溴酚蓝溶于 50 mL 蒸馏水，再加 50 mL 甘油混匀。

A.4 电极缓冲液

电极缓冲液母液电泳时，稀释 10 倍使用。母液配制：称取甘氨酸 28.80 g 溶于 800 mL 蒸馏水，用

Tris 调 pH 至 8.3,加蒸馏水定容至 1 000 mL。

A.5 同工酶染色液的配制

见表 A.3。

表 A.3 染色用溶液配方

酯酶(EST)染液配方	
1% 乙酸-α-萘酯:1 g α-醋酸萘酯溶于 50 mL 丙酮和 50 mL 蒸馏水中	
1% 乙酸-α-萘酯	3 mL
坚牢蓝 RR	10 mg
0.1 mol/L Tris-HCl(pH 7.1)	10 mL
加蒸馏水至 100 mL	

ICS 65.150
B 52

中华人民共和国水产行业标准

SC/T 1118—2014

广 东 鲂

Guangdong black bream

2014-03-24 发布

2014-06-01 实施

中华人民共和国农业部 发布

SC/T 1118—2014

前　言

本标准按照 GB/T 1.1—2009 给出的规则起草。

请注意本文件的某些内容可能涉及专利。本文件的发布机构不承担识别这些专利的责任。

本标准由农业部渔业局提出。

本标准由全国水产标准化技术委员会淡水养殖分技术委员会(SAC/TC 156/SC 1)归口。

本标准起草单位:中国水产科学研究院珠江水产研究所。

本标准主要起草人:潘德博、朱新平、陈昆慈、叶星、郑光明、赵建、史燕、谢文平、洪孝友。

广　东　鲂

1　范围

本标准规定了广东鲂(*Megalobrama hoffmanni* Herre et Myers,1931)的主要形态构造特征、生长与繁殖、遗传学特性及检测方法。

本标准适用于广东鲂的种质检测与鉴定。

2　规范性引用文件

下列文件对于本文件的应用是必不可少的。凡是注日期的引用文件,仅注日期的版本适用于本文件。凡是不注日期的引用文件,其最新版本(包括所有的修改单)适用于本文件。

GB/T 18654.1　养殖鱼类种质检验　第1部分:检验规则

GB/T 18654.2　养殖鱼类种质检验　第2部分:抽样方法

GB/T 18654.3　养殖鱼类种质检验　第3部分:性状测定

GB/T 18654.4　养殖鱼类种质检验　第4部分:年龄与生长的测定

GB/T 18654.12　养殖鱼类种质检验　第12部分:染色体组型分析

GB/T 18654.13　养殖鱼类种质检验　第13部分:同工酶电泳分析

3　学名与分类

3.1　学名

广东鲂(*Megalobrama hoffmanni* Herre et Myers,1931)。

3.2　分类位置

鲤形目(Cypriniformes),鲤科(Cyprinidae),鲌亚科(Culterinae),鲂属(*Megalobrama*)。

4　主要形态构造特征

4.1　外部形态特征

4.1.1　外形

体侧扁,菱形。头小,口端位,背部稍隆起,腹部弧形。腹部自腹鳍起点至肛门间具腹棱。眼大,体被小圆鳞,侧线稍下弯,沿体侧中部伸达尾鳍基部。背鳍有3枚硬刺,臀鳍不具硬刺,胸鳍下侧位,末端不达腹鳍基部。背部灰色,腹部银白色。

广东鲂外形见图1。

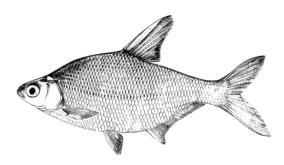

图1　广东鲂外形图

4.1.2 可数性状

4.1.2.1 背鳍鳍式:D.iii-7。

4.1.2.2 臀鳍鳍式:A.iii-25~27。

4.1.2.3 侧线鳞:$52\frac{9\sim11}{6\sim7-V}56$。

4.1.3 可量性状

体长 92 mm~248 mm 的广东鲂可量性状实测比值见表1。

表 1 广东鲂可量性状实测比值

体长/体高	体长/头长	体长/尾柄长	体长/尾柄高	头长/吻长	头长/眼径	头长/眼间距
2.6~2.9	4.5~4.9	7.9~9.8	9.0~10.3	3.1~3.6	2.8~4.2	2.4~2.8

4.2 内部构造特征

4.2.1 鳔

鳔3室,中室最大,后室最小。

4.2.2 鳃耙数

第一鳃弓外侧鳃耙数为16~18。

4.2.3 下咽齿

下咽齿3行,齿式为2,4,5/5,4,2或2,4,4/4,4,2。

4.2.4 脊椎骨

脊椎骨40枚~41枚。

4.2.5 腹膜

腹膜为银灰色。

5 生长与繁殖

5.1 生长

不同年龄组的广东鲂体长及体重值见表2。

表 2 广东鲂不同年龄组的体长及体重值

年龄,龄	1+	2+	3+	4+	5+	6+
体长,mm	94.1~138.6	163.4~192.3	197.3~280.1	240.2~287.6	272.5~310.4	300.7~356.1
体重,g	22.0~65.8	136.1~190.5	109.3~468.8	287.6~656.8	332.7~836.3	478.9~1 080.4

5.2 繁殖

5.2.1 性成熟年龄

雌鱼为3龄,雄鱼为2龄。

5.2.2 繁殖力

不同年龄组广东鲂怀卵量见表3。

表 3 广东鲂不同年龄组的怀卵量

项 目	年 龄			
	3+	4+	5+	6+
体重,g	300~460	450~650	650~830	800~1 050
绝对怀卵量,×10⁴粒	5.41~6.84	6.16~13.12	10.48~17.75	14.83~24.06
相对怀卵量,粒/g(体重)	126~185	135~202	142~221	186~253

5.2.3 产卵类型

产黏性卵。

5.2.4 繁殖周期

一年产一次。

6 遗传学特性

6.1 细胞遗传学特性

6.1.1 染色体数

体细胞染色体数:$2n=48$。

6.1.2 核型

核型公式:26 m＋18 sm＋4 st,臂数(NF)＝92,染色体组型见图2。

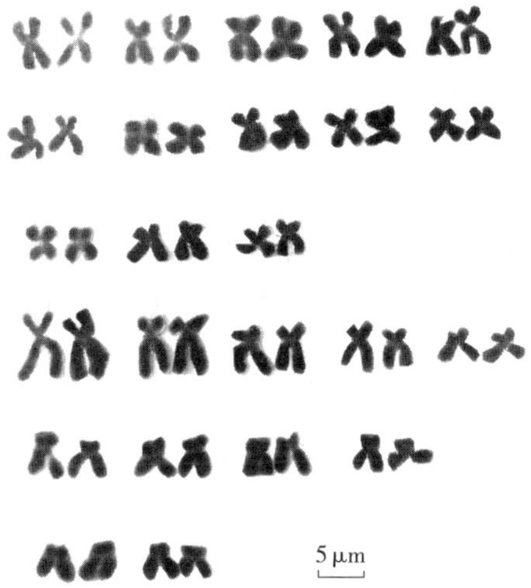

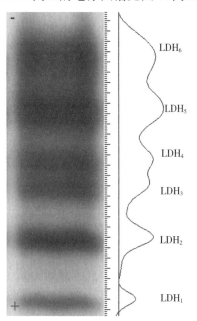

图 2 广东鲂染色体组型图

6.2 生化遗传学特性

广东鲂眼晶状体乳酸脱氢酶(LDH)同工酶电泳图谱见图3,同工酶酶带相对活性见表4。

图 3 广东鲂眼晶状体 LDH 电泳图谱

表4 广东鲂眼晶状体 LDH 酶带与相对活性

酶带	LDH$_1$	LDH$_2$	LDH$_3$	LDH$_4$	LDH$_5$	LDH$_6$
相对活性,%	3.7	13.7	13.4	14.8	28.7	25.7

7 检测方法

7.1 抽样

按 GB/T 18654.2 的规定执行。

7.2 性状测定

按 GB/T 18654.3 的规定执行。

7.3 年龄测定

以鳞片上的年轮数确定年龄,按 GB/T 18654.4 的规定执行。

7.4 染色体组型分析

按 GB/T 18654.12 的规定执行。

7.5 同工酶电泳分析

7.5.1 样品制备

随机取活样 30 尾以上,取眼睛晶状体,放入离心管,加入 0.1 mol/L,磷酸缓冲液(见表 A.1)1 000 μL,冰浴条件下研磨,全部研磨后倒入离心管,12 000 r/min 4℃离心 20 min,取上清液置于−20℃冰箱保存备用。

7.5.2 凝胶制备

由 7.5%分离胶和 2.5%浓缩胶制成聚丙烯酰胺垂直板凝胶,各种凝胶制备溶液配方见表 A.1,凝胶制备配方见表 A.2。

7.5.3 点样与电泳

在电泳槽中分别加入上、下槽电极缓冲液(见表 A.3),取样品上清液 100 μL,加 50%甘油 50 μL 和 0.05%溴酚蓝 10 μL,混合均匀后用微量注射器吸取 8 μL 注入点样孔,置于 4℃、220 V 条件下电泳,至溴酚蓝指示剂到下槽玻璃下缘为止。

7.5.4 染色、固定、扫描

7.5.4.1 染色

将电泳胶放入预先准备好的同工酶染色液(见表 A.4)中,30℃恒温条件下染色,30 min~45 min 直至得到清晰的酶带止。

7.5.4.2 固定

在 2.5%的冰醋酸中褪色至底板清晰、透明。

7.5.4.3 扫描

透明后,即刻用扫描仪对固定的凝胶进行扫描、保存。

7.5.5 结果分析

按 GB/T 18654.13 的规定执行。

8 检验规则与结果判定

按 GB/T 18654.1 的规定执行。

附 录 A
（规范性附录）
同工酶各种试剂的配制

A.1 磷酸缓冲液(0.1 mol/L pH7.2)的配制

A.1.1 A液(0.1 mol/L,Na$_2$HPO$_4$)配制

取 17.80 g Na$_2$HPO$_4$ · 2H$_2$O 或 35.82 g Na$_2$HPO$_4$ · 12H$_2$O,定容于 1 000 mL 纯水中。

A.1.2 B液(0.1 mol/L,NaH$_2$PO$_4$)配制

取 13.80 g NaH$_2$PO$_4$ · H$_2$O 或 15.60 g NaH$_2$PO$_4$ · 2H$_2$O,定容于 1 000 mL 蒸馏水中。

A.1.3 磷酸缓冲液

由 A 液和 B 液按 72：28 的比例混合而成,现配现用。

A.2 凝胶制备

A.2.1 凝胶制备溶液配制

各种凝胶制备溶液配方见表 A.1。

表 A.1 各种凝胶制备溶液配方

溶 液	配 制 方 法
分离胶缓冲液	取 Tris 56.75 g 加 200 mL 纯水,用浓盐酸调 pH 至 8.9,加纯水到 250 mL
凝胶储液	取丙烯酰胺 93.75 g,N,N′-亚甲基双丙烯酰胺 2.50 g,溶于纯水中定容到 250 mL
AP	取过硫酸铵 17.5 mg,溶解到 10 mL 纯水中
TEMED(N,N,N′,N′-四甲基乙二胺)	分装
浓缩胶缓冲液	取 Tris 5.98 g 加 80 mL 纯水,浓盐酸调 pH 至 6.7 加纯水到 100 mL

A.2.2 分离胶和浓缩胶的制备

用 7.5% 分离胶和 2.5% 浓缩胶制成聚丙烯酰胺垂直板凝胶。凝胶制备配方见表 A.2。

表 A.2 凝胶制备配方

	7.5%分离胶	2.5%浓缩胶
分离胶缓冲液,mL	0.60	0.63
凝胶储液,mL	3.00	0.34
AP,mL	1.50	0.70
TEMED,μL	24	20
加纯水至总体积,mL	15.00	5.00

A.3 电极缓冲液

电极缓冲液见表 A.3。

表 A.3　电极缓冲液制备

溶　　液	配 制 方 法
上槽电极缓冲液母液 pH8.3(电泳时稀释 10 倍)	取 Tris 6.00 g，甘氨酸 28.80 g，加纯水定容到 1 000 mL
下槽电极缓冲液母液(电泳时稀释 5 倍)	取 Tris 56.75 g 加 200 mL 纯水，用浓盐酸调 pH 至 8.9，加纯水至 250 mL

A.4　同工酶染色液的配制

先配制染色用各溶液见表 A.4，再配制染色液见表 A.5。

表 A.4　染色用溶液配方

溶　　液	配 制 方 法
1.5 mol/L Tris‐HCl 染色缓冲液(pH9.5)	取 Tris 181.75 g 溶于 900 mL 纯水中，用盐酸调节 pH 至 9.5，再用纯水稀释到 1 000 mL
氯化硝基四氮唑蓝(NBT)	取 250 mg NBT 溶于 250 mL 纯水中
吩嗪甲酯硫酸盐	34.5 mg 溶于 100 mL 纯水中
乳酸钠	取 203.76 mL 乳酸，加入 700 mL 纯水混合，用 NaOH 调节 pH 至 7.0，再用纯水定容到 1 000 mL

表 A.5　染色液配方

1.5 mol/L Tris‐HCl 染色缓冲液(pH9.5) mL	辅酶Ⅰ mg	氯化硝基四氮唑蓝(NBT) mL	吩嗪甲酯硫酸盐 mL	乳酸钠 mL	纯水 mL
7.5	15	15	5	5	47.5

26

ICS 65.150
B 52

中华人民共和国水产行业标准

SC/T 1119—2014

乌鳢 亲鱼和苗种

Chinese snakehead—Brood stock,fry and fingerling

2014-03-24 发布   2014-06-01 实施

中华人民共和国农业部 发布

前　言

本标准按照 GB/T 1.1—2009 给出的规则起草。

请注意本文件的某些内容可能涉及专利。本文件的发布机构不承担识别这些专利的责任。

本标准由农业部渔业局提出。

本标准由全国水产标准化技术委员会淡水养殖分技术委员会(SAC/TC 156/SC 1)归口。

本标准起草单位：中国水产科学研究院长江水产研究所。

本标准主要起草人：邹桂伟、罗相忠、梁宏伟、李忠。

乌鳢　亲鱼和苗种

1　范围

本标准规定了乌鳢(*Channa argus* Cantor)亲鱼和苗种的来源、质量要求、检验方法、检验规则及运输要求。

本标准适用于乌鳢亲鱼和苗种的质量评定。

2　规范性引用文件

下列文件对于本文件的应用是必不可少的。凡是注日期的引用文件,仅注日期的版本适用于本文件。凡是不注日期的引用文件,其最新版本(包括所有的修改单)适用于本文件。

GB/T 18654.1　养殖鱼类种质检验　第1部分:检验规则

GB/T 18654.2　养殖鱼类种质检验　第2部分:抽样方法

GB/T 18654.3　养殖鱼类种质检验　第3部分:性状测定

GB/T 18654.4　养殖鱼类种质检验　第4部分:年龄与生长的测定

SC/T 1052　乌鳢

3　亲鱼

3.1　来源

3.1.1　捕自天然水域的乌鳢亲鱼,或苗种经人工培育而成。

3.1.2　由省级及省级以上原(良)种场提供的亲鱼。

3.2　质量要求

3.2.1　种质

符合 SC/T 1052 的规定。

3.2.2　繁殖年龄

雌、雄鱼均为 3 冬龄~8 冬龄。

3.2.3　外观

体形、体色正常,体质健壮,无疾病、无畸形。

3.2.4　体长和体重

雌鱼体长应大于 35 cm,体重应大于 1.0 kg;雄鱼体长应大于 40 cm,体重应大于 1.2 kg。

3.2.5　繁殖期特征

3.2.5.1　雌鱼:腹部多为灰白色,个别为灰色;腹部膨大,柔软有弹性;泄殖孔外翻突出,粉红色,呈圆形。

3.2.5.2　雄鱼:与同龄的雌鱼相比,身体较长,背鳍与尾鳍较大,腹部呈灰黑色,体斑颜色较黑。生殖季节,生殖孔狭小内凹;手横摸胸鳍内侧有粗糙感,胸鳍、鳃盖上有"追星"。

4　苗种

4.1　来源

4.1.1　鱼苗

全长 0.8 cm~3.0 cm 的个体,由符合第 3 章规定的亲鱼经人工繁殖或采集的野生个体。

4.1.2 鱼种

全长 3 cm～21 cm 的个体,由符合 4.1.1 规定的鱼苗培育而得。

4.2 鱼苗质量

4.2.1 外观

卵黄囊消失,鳔充气,能平游,主动摄食;鱼体灰黑色,有光泽;集群游动,在容器中轻微搅动水体,95％以上鱼苗有逆水游动能力。

4.2.2 可数与可量指标

4.2.2.1 可数指标

畸形率小于 1％;伤残率小于 1％。

4.2.2.2 可量指标

95％个体全长达到 0.8 cm 以上。

4.3 鱼种质量

4.3.1 外观

体形、体色正常,鳍条、鳞片完整,规格整齐,游动活泼,反应灵敏,体表无伤痕。

4.3.2 可数与可量指标

4.3.2.1 可数指标

畸形率小于 1％;伤残率小于 1％。

4.3.2.2 可量指标

鱼种的规格符合表 1 的规定。

表 1 乌鳢鱼种的规格

全长 cm	体重 g	每千克尾数 尾	全长 cm	体重 g	每千克尾数 尾
3.0～3.5	0.34～0.48	2 083～2 941	12.0～12.5	13.21～14.46	69～76
3.5～4.0	0.48～0.65	1 538～2 083	12.5～13.0	14.46～15.32	65～69
4.0～4.5	0.65～0.88	1 136～1 538	13.0～13.5	15.32～16.28	61～65
4.5～5.0	0.88～1.21	826～1 136	13.5～14.0	16.28～17.64	57～61
5.0～5.5	1.21～1.77	565～826	14.0～14.5	17.64～20.27	49～57
5.5～6.0	1.77～2.43	412～565	14.5～15.0	20.27～22.74	44～49
6.0～6.5	2.43～2.92	342～412	15.0～15.5	22.74～25.38	39～44
6.5～7.0	2.92～3.56	281～342	15.5～16.0	25.38～28.06	36～39
7.0～7.5	3.56～4.23	236～281	16.0～16.5	28.06～32.30	31～36
7.5～8.0	4.23～4.90	204～236	16.5～17.0	32.30～34.54	29～31
8.0～8.5	4.90～5.54	181～204	17.0～17.5	34.54～37.72	26～29
8.5～9.0	5.54～6.02	166～181	17.5～18.0	37.72～42.15	24～26
9.0～9.5	6.02～7.15	140～166	18.0～18.5	42.15～45.44	22～24
9.5～10.0	7.15～8.40	119～140	18.5～19.0	45.44～47.85	21～22
10.0～10.5	8.40～10.03	100～119	19.0～19.5	47.85～50.43	20～21
10.5～11.0	10.03～11.18	89～100	19.5～20.0	50.43～55.35	18～20
11.0～11.5	11.18～12.34	81～89	20.0～20.5	55.35～63.16	16～18
11.5～12.0	12.34～13.21	76～81	20.5～21.0	63.16～72.97	14～16

4.3.3 病害

无小瓜虫病、车轮虫病、出血病、腹水病、水霉病和白皮病等疾病。

5 检验方法

5.1 亲鱼检验

5.1.1 来源查证

查阅亲鱼引进及培育档案和繁殖生产记录。

5.1.2 种质

按 SC/T 1052 的规定执行。

5.1.3 年龄

依据鳞片的年轮数鉴定,方法按 GB/T 18654.4 的规定执行。

5.1.4 外观

肉眼观察体形、体色、体表、性别特征和健康状况。

5.1.5 全长和体重

按 GB/T 18654.3 的规定执行。

5.1.6 繁殖期特征

5.1.6.1 雌鱼:腹部膨大,柔软有弹性;泄殖孔外翻突出,粉红色,呈圆形。

5.1.6.2 雄鱼:生殖孔狭小内凹;手横摸胸鳍内侧有粗糙感,胸鳍、鳃盖上有"追星"。

5.2 苗种检验

5.2.1 外观

把样品放入便于观察的容器中,肉眼观察鱼体的外观。

5.2.2 体长和体重

按 GB/T 18654.3 的规定执行。

5.2.3 畸形率和伤残率

肉眼观察计数。

5.2.4 病害

按鱼病常规诊断方法检验,参见附录 A。

6 检验规则

6.1 亲鱼检验规则

6.1.1 检验分类

6.1.1.1 出场检验

亲鱼销售出场时,应逐尾检验外观、年龄、体长、体重等,繁殖期还包括繁殖期特征检验。

6.1.1.2 型式检验

型式检验项目为本标准第 3 章规定的全部项目,在非繁殖期可免检亲鱼的繁殖期特征。有下列情况之一时应进行型式检验:

    a) 更换亲鱼或亲鱼数量变动较大时;
    b) 养殖环境发生变化,可能影响到亲鱼质量时;
    c) 正常生产满两年时;
    d) 出场检验与上次型式检验有较大差异时;
    e) 国家质量监督机构或行业主管部门提出型式检验要求时。

6.1.2 组批规则

一个销售批或同一催产批作为一个检验批。

6.1.3 抽样方法

出场检验的样品数为一个检验批,应全数检验。型式检验的抽样方法按 GB/T 18654.2 的规定执行。

6.1.4 判定规则

经检验,有不合格项的个体判为不合格亲鱼。

6.2 苗种检验规则

6.2.1 检验分类

6.2.1.1 出场检验

苗种在销售交货或出场时进行检验。检验项目包括外观检验、可数指标和可量指标。

6.2.1.2 型式检验

型式检验项目为本标准第4章规定的全部内容,有下列情况之一时应进行型式检验:

a) 新建养殖场培育的苗种;

b) 养殖环境发生变化,可能影响到苗种质量时;

c) 正常生产满一年时;

d) 出场检验与上次型式检验有较大差异时;

e) 国家质量监督机构或行业主管部门提出型式检验要求时。

6.2.2 组批规则

以同一培育池苗种作为一个检验批。

6.2.3 抽样方法

每批苗种随机取样应在100尾以上,观察外观、畸形率、伤残率;可量指标、可数指标每批取样应在50尾以上,重复2次～3次取平均值。

6.2.4 判定规则

经检验,如病害项不合格,则判定该批苗种不合格,不得复检;其他项不合格,应对原检验批进行复检,以复检结果为准。

7 运输要求

7.1 亲鱼

以帆布袋、塑料桶、塑料箱或活鱼车注水充氧为主进行运输。

7.2 苗种

以塑料袋或帆布袋注水充氧,用纸箱或泡沫箱包装运输;利用活鱼车注水充氧运输,换水时温差小于3℃。

8 安全指标

不得检出国家禁用药物残留。

附　录　A
（资料性附录）
乌鳢常见病的症状与诊断方法

乌鳢常见病的症状与诊断方法见表 A.1。

表 A.1　乌鳢常见病的症状与诊断方法

病　名	病原体	症　状	疾病多发季节	诊　断
小瓜虫病	多子小瓜虫（Ichthyophthirius multifiliis）	病鱼体表、鳍条和鳃瓣上布满白色点状的虫体和胞囊,肉眼可见,病情严重时鱼体覆盖着一层白色薄膜。病鱼在水中反应迟钝,漂浮于水面,不时与固体物摩擦,最后病鱼因呼吸困难而死	春、秋季,水温15℃～20℃	根据症状可初步诊断。镜检可见长卵形幼虫或具马蹄形细胞核的成虫
车轮虫病	车轮虫（Trichodina）	病鱼黏液增多,鱼苗可呈"白头白嘴"症状,病鱼游动缓慢,有的在池中翻滚、打转,鱼体消瘦,呼吸困难而死	4 月～7 月,水温20℃～28℃	在病鱼鳃丝和体表的刮取物进行镜检,可见车轮虫
出血病	嗜水气单胞菌（Aeromonas hydrophila）	病鱼鳍基、腹部、尾部等处有出血斑,鱼体暗黑而消瘦,眼球突出,剥除皮肤,可见肌肉呈点状或块状充血、出血。严重时全身呈鲜红色,鳃丝发白呈"白鳃"现象,肠内无食,肠壁充血	鱼种培育阶段常见病。6 月～9 月,水温27℃～30℃	根据症状可初步诊断,确诊须在显微镜下观察菌体并鉴定
腹水病	费氏枸橼酸杆菌（Citrobacter freundii）	病鱼鳞片竖起,有些地方鳞片脱落,有点状出血,眼球外突,口腔内有较多黏液,皮下积水,肌肉水肿,腹部膨大,腹水多且清亮,肠道出血,肛门红肿,肝肿大、黄色、脾、肾肿大	7 月～9 月,水温27℃～32℃	根据症状可初步诊断。确诊须在显微镜下观察菌体并鉴定
水霉病	水霉（Saprolegnia）	身体消瘦,摄食能力降低,鱼体发病初期,体表局部灰白色。严重时,遍布白色、棉絮状的菌丝体。有些病灶处伤口充血或溃烂,病体最后因衰竭而死亡	3 月～4 月,水温15℃～20℃	根据症状可初步诊断。确诊须在显微镜下观察菌体并鉴定
白皮病	柱状嗜纤维菌（Cytophaga columnaris Reichenbach）	鱼体受伤,体表产生白皮。随着病情的扩展蔓延,严重时病鱼尾鳍烂掉或残缺不全,病鱼游动不平衡,头部向下、尾部向上,垂直游动至死亡	夏花鱼种易感染。6 月～8 月	根据症状可初步诊断。确诊须在显微镜下观察菌体并鉴定

ICS 65.150
B 52

中华人民共和国水产行业标准

SC/T 1120—2014

奥利亚罗非鱼　苗种

Fry and fingerling of blue tilapia

2014-03-24 发布

2014-06-01 实施

中华人民共和国农业部 发布

前　言

本标准按照 GB/T 1.1—2009 给出的规则起草。

请注意本文件的某些内容可能涉及专利。本文件的发布机构不承担识别这些专利的责任。

本标准由农业部渔业局提出。

本标准由全国水产标准化技术委员会淡水养殖分技术委员会(SAC/TC 156/SC 1)归口。

本标准起草单位:中国水产科学研究院淡水渔业研究中心。

本标准主要起草人:杨弘、祝璟琳、李大宇、肖炜、邹芝英。

奥利亚罗非鱼　苗种

1 范围

本标准规定了奥利亚罗非鱼（*Oreochromis aureus*）鱼苗、鱼种的来源、质量要求、苗种计数方法、包装运输、检验方法和检验规则。

本标准适用于奥利亚罗非鱼鱼苗、鱼种的质量评定。

2 规范性引用文件

下列文件对于本文件的应用是必不可少的。凡是注日期的引用文件，仅注日期的版本适用于本文件。凡是不注日期的引用文件，其最新版本（包括所有的修改单）适用于本文件。

GB/T 18654.3　养殖鱼类种质检验　第3部分:性状测定

GB/T 19528　奥尼罗非鱼亲本保存技术规范

SC 1042　奥利亚罗非鱼

SC/T 1045　奥利亚罗非鱼亲鱼

3 苗种来源

3.1 鱼苗

由按GB/T 19528规定保存的、符合SC/T 1045规定的亲鱼繁殖的鱼苗，或由原产地引进并经检疫及种质符合SC 1042要求的个体，全长在3 cm以下。

3.2 鱼种

由符合3.1规定的鱼苗培育成的鱼种。

4 鱼苗质量

4.1 外观

4.1.1　95%以上的个体卵黄囊基本消失，能平游和主动摄食，规格整齐，体色正常、鲜亮有光泽。

4.1.2　集群游动活泼，在容器中轻微搅动水体，95%以上的个体有逆水游动能力。

4.2 可数指标

畸形率小于3%，伤残率小于1%。

5 鱼种质量

5.1 外观

5.1.1　鱼苗生长发育至体被鳞片、鳍条完整，外观已基本具备成体特征，规格整齐。

5.1.2　体色蓝灰色，鳃盖后有一深蓝色斑块，尾部有不规则的淡黄色斑点。

5.1.3　体表光滑有黏液，游动活泼。

5.2 可数指标

畸形率小于1.5%，伤残率小于1%。

5.3 可量指标

各种规格鱼种的全长与体重以及每千克总尾数95%以上符合表1的规定。

表 1 奥利亚罗非鱼鱼种的规格

全长 cm	体重 g	每千克尾数 尾	全长 cm	体重 g	每千克尾数 尾
3.0～3.5	0.47～0.71	1 408～2 127	9.5～10.0	15.88～18.10	55～63
3.5～4.0	0.71～0.96	1 042～1 408	10.0～10.5	18.10～21.09	47～55
4.0～4.5	0.96～1.60	625～1 042	10.5～11.0	21.09～23.41	43～47
4.5～5.0	1.60～2.45	408～625	11.0～11.5	23.41～26.36	38～43
5.0～5.5	2.45～3.21	312～408	11.5～12.0	26.36～30.16	33～38
5.5～6.0	3.21～4.02	249～312	12.0～12.5	30.16～34.36	29～33
6.0～6.5	4.02～5.08	197～249	12.5～13.0	34.36～38.22	26～29
6.5～7.0	5.08～5.92	169～197	13.0～13.5	38.22～43.08	23～26
7.0～7.5	5.92～7.31	137～169	13.5～14.0	43.08～49.87	20～23
7.5～8.0	7.31～8.33	120～137	14.0～14.5	49.87～55.32	18～20
8.0～8.5	8.33～10.26	97～120	14.5～15.0	55.32～57.98	17～18
8.5～9.0	10.26～12.04	83～97	15.0～15.5	57.98～61.21	16～17
9.0～9.5	12.04～15.88	63～83	15.5～16.0	61.21～66.58	15～16

5.4 病害

无链球菌病、小瓜虫病、黏孢子虫病、水霉病。车轮虫、斜管虫在低倍显微镜下观察一个视野中不超过 10 个。

5.5 安全指标

不得检出国家规定的禁用渔用药物。

6 苗种计数方法

鱼苗采用打样法计数,鱼种采用肉眼观察计数。

7 包装运输要求

鱼苗采用尼龙袋充氧运输。鱼种中、短途运输,采用帆布桶充氧运输;鱼种长途运输,采用铁皮罐充氧运输。

8 检验方法

8.1 外观

把样品置于便于观察的容器中肉眼观察。

8.2 全长和体重

按 GB/T 18654.3 规定的方法执行。

8.3 畸形率和伤残率

肉眼观察计数。

8.4 病害检疫

按鱼病常规诊断方法检验,参见附录 A。

8.5 苗种计数方法

鱼苗采用打样法计数。把暂养在网箱中的鱼苗慢慢集中,除去杂物,用筛绢制成的小兜网把鱼苗装入 20 mL 左右小杯中,记好杯数。将其中一杯鱼苗放入盆中计数,再乘杯数就可计算出整批鱼苗的数量。注意:在鱼苗集拢时打样动作要轻快,打样过程中最好带水操作,不断轻轻泼水。

鱼种采用肉眼观察计数。

8.6 包装运输要求

鱼苗使用尼龙袋充氧运输,一般盛水 25%～30%,充氧 70%～75%。每袋可装运的密度,依鱼苗大小、温度高低和运输时间的长短而定。水温 25℃时,运程 20 h,可装全长 1 cm 以下鱼苗 1 万尾～1.5 万尾,1.5 cm 的鱼苗 3 500 尾～5 000 尾,3 cm 左右鱼苗 1 500 尾～2 000 尾。运输时间一般不超过 24 h,充氧后袋口用橡皮筋扎实。运到目的地后放苗时,必须使袋中的水温与放养水体水温平衡后再放苗。

9 检验规则

9.1 出场检验

苗种在销售或出场时进行检验,检验项目包括外观、可数指标和可量指标。

9.2 型式检验

型式检验项目为本标准中规定的全部内容。有下列情形之一者应进行型式检验:

a) 新建养殖场培育的苗种;

b) 养殖条件发生变化,可能影响苗种质量时;

c) 正常生产满一年时;

d) 出场检验与上次型式检验有较大差异时;

e) 国家质量监督机构或行业主管部门提出型式检验要求时。

9.3 组批规则

以同一培育池苗种作为一个检验批。

9.4 抽样方法

每批苗种随机取样应在 100 尾以上,观察外观、伤残率、畸形率、苗种可量指标、可数指标。每批取样应在 50 尾以上,重复 2 次,取平均值。

9.5 判定规则

经检验,如病害项不合格,则判定该批苗种为不合格,不得复检。如有其他项不合格,应对原检验批取样进行复检,以复检结果为准。

附　录　A
（资料性附录）
奥利亚罗非鱼常见病及诊断方法

奥利亚罗非鱼常见病及诊断方法见表 A.1。

表 A.1　奥利亚罗非鱼常见病及诊断方法

病名	病原体	症状	疾病多发季节	诊断
链球菌病 streptococcosis	无乳链球菌（Streptococcus agalactiae）或海豚链球菌（Streptococcus iniae）	体色发黑，眼球突出或混浊发白，鳃盖下缘呈弥散性出血，腹部体表具点状或斑块出血或溃疡，或体表无明显症状，内脏器官充血，脾肿大。游姿平衡失调，翻滚，转圈。胆囊肿大，胆汁稀薄，肠腔充满淡黄色液体	6 月～10 月，在水温 30℃以上易发	根据症状可做出初步诊断。将脑和内脏器官（肝、脾、肾）在无菌操作情况下进行病原菌的分离，在血平板上长出细小白色菌落，呈溶血现象。革兰氏染色呈阳性球菌可以确诊该病
小瓜虫病 ichthyophthiriasis	多子小瓜虫（Ichthyophthirius multifiliis）。幼虫长卵形，前尖后钝，后端由一根粗而长的尾毛；成虫虫体球形，尾毛消失，有一马蹄形的大核	病鱼体表和鳃部有许多白色小点状囊泡，严重时形成一层白浊状薄膜。病鱼的体表、鳃部黏液增多，鳃丝呈暗红色，鱼体消瘦，病鱼游动缓慢，浮于水面，呼吸困难，最终死亡	秋末冬初和春季，水温 25℃以下	肉眼可见体表或鳃上有许多小白点；显微镜镜检可见长卵形幼虫或具马蹄形细胞核的成虫
黏孢子虫病 myxosporidiosis	黏孢子虫 Myxosporea	活动滞缓，不摄食，鳃丝腐烂，肛门红肿。病鱼体表浓稠状黏液增多，体色灰暗，腹部膨大。鳃充血发炎，黏液增多。鳃丝肿胀，色泽变深。肠道内壁充血发炎。部分病鱼肠内有孢囊，鳃上寄生孢囊	一年四季可见	取体表黏液或者鳃丝在低倍显微镜下观察，根据症状可做出初步的诊断
水霉病 saprolegniasis	水霉菌 Saprolegnia	病鱼体表菌丝大量繁殖生长，像旧棉絮状，呈白色或灰白色，肉眼可见，严重时，遍体都是。病鱼焦躁不安，独游水面，皮肤黏液增多，食欲减退，鱼体消瘦	早春和秋末、冬初水温 20℃以下	鱼体受伤，伤口处长有白色或者灰白色、呈棉絮状的菌丝。根据症状和流行情况可初诊
车轮虫病 trichodiniasis	车轮虫（Trichodina）或车轮虫属的许多种类。虫体自由游动时，像车轮般转动	体表和鳃表分泌大量黏液，甚至组织发炎；严重者体表可看到一层白翳。病鱼呼吸困难，浮游于水面，鳃呈暗红色，往往呈失血状态	最适宜水温为 20℃～30℃，一年四季可见，但主要流行于 4 月～7 月	取体表黏液或者鳃丝在低倍显微镜下观察，根据症状可做出初步的诊断
斜管虫病 chilodonelliasis	鲤斜管虫（Chilodonella cyprini）。虫体腹面前中部有一胞口，胞口由 16 根～20 根刺杆做圆形围绕成漏斗状的口管，并与身体纵轴向左成 30°倾斜角	由斜管虫侵入鱼体皮肤和鳃部引起。病鱼分泌大量黏液，皮肤和鳃部的表面呈苍白色，鳃上有一层白膜，嘴巴张开。严重时病鱼消瘦发黑，漂游水面，呼吸困难，不久即死亡	适宜水温 8℃～18℃，流行于 3 月～4 月和 11 月～12 月	取体表黏液或者鳃丝在低倍显微镜下观察，根据症状可做出初步的诊断

ICS 65.150
B 51

中华人民共和国水产行业标准

SC/T 2004—2014
代替 SC/T 2004.1—2000,SC/T 2004.2—2000

皱纹盘鲍　亲鲍和苗种

Abalone—Broodstock and seedling

2014-03-24 发布

2014-06-01 实施

中华人民共和国农业部 发布

前　言

本标准按照 GB/T 1.1—2009 给出的规则起草。

本标准代替 SC/T 2004.1—2000《皱纹盘鲍增养殖　亲鲍》和 SC/T 2004.2—2000《皱纹盘鲍增养殖　苗种》,主要变化如下:

——将原来的两个标准合并,标准名称改为《皱纹盘鲍　亲鲍和苗种》;

——增加了亲鲍来源条款;

——修改了亲鲍外壳表面石灰虫、苔藓虫和牡蛎等的附着面积;

——删除了亲鲍计数方法和苗种不剥离干运法;

——对苗种的规格重新分类。

请注意本文件的某些内容可能涉及专利。本文件的发布机构不承担识别这些专利的责任。

本标准由农业部渔业局提出。

本标准由全国水产标准化技术委员会海水养殖分技术委员会(SAC/TC 156/SC 2)归口。

本标准起草单位:中国水产科学研究院黄海水产研究所。

本标准主要起草人:燕敬平、张岩、李加琦、张剑诚、高菲、谭杰、刘光谋、欧俊新。

本标准的历次版本发布情况为:

——SC/T 2004.1—2000,SC/T 2004.2—2000。

皱纹盘鲍　亲鲍和苗种

1　范围

本标准规定了皱纹盘鲍（*Haliotis discus hannai*）亲鲍和苗种的术语和定义、来源、质量要求、检验方法、检验规则和包装运输要求。

本标准适用于皱纹盘鲍亲鲍及苗种的质量评定。

2　规范性引用文件

下列文件对于本文件的应用是必不可少的。凡是注日期的引用文件，仅注日期的版本适用于本文件。凡是不注日期的引用文件，其最新版本（包括所有的修改单）适用于本文件。

GB 11607　渔业水质标准

3　术语和定义

下列术语和定义适用于本文件。

3.1

规格合格率　rate of qualified individuals for specifications

壳长符合规格要求的个体占亲鲍、苗种总数的百分比。

3.2

伤残率　rate of wound or broken individuals

贝壳受损或软体部受伤的个体占亲鲍、苗种总数的百分比。

3.3

苗种畸形率　rate of deformed seed individuals

贝壳呼吸孔相连或生长纹排列异常的苗种占苗种总数的百分比。

3.4

病态率　rate of ill individuals

指亲鲍、苗种中软体部（腹足和消化腺）萎缩的个体占亲鲍、苗种总数的百分比。

4　亲鲍

4.1　亲鲍来源

来自自然海区或原（良）种场。

4.2　质量要求

4.2.1　感官

亲鲍壳完整、无畸形，活力强，软体部肥满。石灰虫、苔藓虫和牡蛎等附着物的附着面积不超过贝壳总面积的 1/5。

4.2.2　规格

壳长 7.0 cm～9.0 cm。

5　苗种

5.1　感官

壳完整、无畸形、色泽鲜艳,活力强,软体部肥满。

5.2 规格

苗种规格分类应符合表1的要求。

表 1 苗种规格分类

项目	小规格苗种	中规格苗种	大规格苗种
壳长(L),cm	1.0≤L<2.5	2.5≤L<4.0	L≥4.0

5.3 质量要求

规格合格率、伤残率和畸形率应符合表2的要求。

表 2 皱纹盘鲍苗种规格合格率、伤残率和畸形率要求

单位为百分率

苗种类别	小规格苗种	中规格苗种	大规格苗种
规格合格率	≥95	≥98	≥98
伤残率、畸形率之和	≤5	≤2	≤2

6 检验方法

6.1 亲鲍

6.1.1 外观

肉眼观察贝壳是否完整、有无畸形。

6.1.2 活力

将亲鲍从附着物体上剥离,腹面向上平放于白色托盘,腹足在30 s内由平伸状态变成向中央卷曲状态为活力强。

6.1.3 附着物附着面积

目测贝壳表面附着物附着面积。

6.1.4 规格合格率

用游标卡尺逐个测量壳长,精确至0.1 cm,依此计算规格合格率。

6.1.5 伤残率

对每个亲鲍进行肉眼观察,计数伤残个体,计算伤残率。

6.1.6 病态率

把待检亲鲍翻转,腹面向上观察,计数病态个体,计算病态率。

6.2 苗种

6.2.1 鲍壳颜色

把样品置于白色托盘,用肉眼直接检验。

6.2.2 活力

在日光或灯光下,把附有苗种的波纹板或四脚砖阴面朝上,室温下,超过60%的个体在30 s内开始爬向背面;或将苗种腹面向上,大于60%的个体30 s内能翻转过来,为活力强的苗种。

6.2.3 软体部肥满情况

在附着状态下,软体部不能完全被壳体所包盖的个体为软体部肥满的个体。

6.2.4 规格合格率

用游标卡尺对抽查样品逐个测量壳长,精度为0.1 cm,依此计算规格合格率。

6.2.5 伤残率和畸形率

直接在附着基上,检验并计数伤残和畸形个体,计算伤残率与畸形率。

7 检验规则

7.1 亲鲍

亲鲍销售交货时应逐个进行检验,有不合格项的个体判为不合格亲鲍。

7.2 苗种

7.2.1 抽样方法

每批次至少随机抽取3次,每次至少100只,将3次抽取的样品充分混合均匀。从中随机抽取苗种30只~60只,用游标卡尺测量壳长(不含伤残、畸形个体),计算规格合格率;从中随机抽取苗种100只~150只,计算伤残率与畸形率。

7.2.2 组批规则

一个销售批作为一个检验批。

7.2.3 判定规则

按第5章的要求逐项检验,如有不合格项,则判定该检验批苗种为不合格。对判定结果有异议时,应对原检验批加倍取样复验一次,以复验结果为准。经复验,如仍有不合格项,则判定该批苗种为不合格。

8 运输方法

8.1 亲鲍运输方法

8.1.1 干运法

运输时间在15 h以内,将亲鲍放入无毒塑料泡沫箱内,用浸湿海水的海绵盖在鲍体上,保持湿润;泡沫箱加盖,防晒,温度以不超过15℃为宜。

8.1.2 充气法

运输时间在25 h以内,将亲鲍装入塑料袋中,充氧后扎紧放入泡沫箱,泡沫箱用胶带密封,温度以不超过15℃为宜。

8.2 苗种运输方法

8.2.1 干运法

运输时间在15 h以内,将苗种经剥离后装入网袋。将网袋放入无毒的泡沫箱内,用浸湿海水的海绵盖在袋上,泡沫箱加盖防晒,箱内放置冰袋;然后,将泡沫箱装入硬纸箱中,温度以不超过20℃为宜。

8.2.2 水运法

运输时间在30 h以内,将苗种经剥离后装入网袋。将网袋挂入活水舱或水箱,连续充气或充氧,水温以不超过15℃为宜,运输用水应符合GB 11607的要求。

––––––––––––

ICS 65.150
B 51

中华人民共和国水产行业标准

SC/T 2044—2014

卵形鲳鲹　亲鱼和苗种

Pompano—Brood stock, fry and fingerling

2014-03-24 发布
2014-06-01 实施

中华人民共和国农业部 发布

前　言

本标准按照 GB/T 1.1—2009 给出的规则起草。

请注意本文件的某些内容可能涉及专利。本文件的发布机构不承担识别这些专利的责任。

本标准由农业部渔业局提出。

本标准由全国水产标准化技术委员会海水养殖分技术委员会(SAC/TC 156/SC 2)归口。

本标准起草单位:中国水产科学研究院南海水产研究所。

本标准主要起草人:区又君、李加儿、李刘冬。

卵形鲳鲹　亲鱼和苗种

1　范围

本标准规定了卵形鲳鲹(*Trachinotus ovatus*)亲鱼和苗种的来源、规格、质量要求、检验方法和检验规则。

本标准适用于卵形鲳鲹亲鱼和苗种的质量评定。

2　规范性引用文件

下列文件对于本文件的应用是必不可少的。凡是注日期的引用文件,仅注日期的版本适用于本文件。凡是不注日期的引用文件,其最新版本(包括所有的修改单)适用于本文件。

GB 11607　渔业水质标准

GB/T 18654.2　养殖鱼类种质检验　第2部分:抽样方法

GB/T 18654.3　养殖鱼类种质检验　第3部分:性状测定

GB/T 18654.4　养殖鱼类种质检验　第4部分:年龄与生长的测定

SC/T 1075　鱼苗、鱼种运输通用技术要求

SC/T 7014—2006　水生动物检疫实验技术规范

3　亲鱼

3.1　亲鱼来源

3.1.1　捕自自然海区的亲鱼。

3.1.2　由自然海区捕获的苗种或由省级以上原(良)种场和遗传育种中心生产的苗种经人工养殖培育的亲鱼。

3.2　亲鱼年龄

亲鱼宜在4龄以上。

3.3　亲鱼质量要求

亲鱼质量应符合表1的要求。

表1　亲鱼质量要求

项　　目	质量要求
外部形态	体型、体色正常,鳍条、鳞被完整,活动正常,反应灵敏,体质健壮
体长	480 mm以上
体重	3 300 g以上
性腺发育情况	在繁殖期,亲鱼性腺发育良好,腹部略微膨大

4　苗种

4.1　苗种来源

4.1.1　从自然海区捕获的苗种。

4.1.2　由符合第3章规定的亲鱼繁殖的苗种。

4.2　苗种规格要求

全长达到30 mm以上。

4.3 苗种质量要求

4.3.1 外观要求

体型、体色正常,游动活泼,规格整齐,对外界刺激反应灵敏。

4.3.2 苗种质量

全长合格率、伤残率、畸形率应符合表2的要求。

表 2 苗种质量要求

单位为百分率

项 目	要 求
全长合格率	≥95
伤残率	≤3
畸形率	≤1

4.3.3 检疫

不得检出刺激隐核虫病和神经坏死病毒病。

5 检验方法

5.1 亲鱼检验

5.1.1 外部形态

在充足自然光下肉眼观察。

5.1.2 体长、体重

按 GB/T 18654.3 的规定执行。

5.1.3 年龄

年龄主要依据鳞片上的年轮数确定,按 GB/T 18654.4 规定的方法执行。

5.1.4 性腺发育情况

采用肉眼观察、触摸相结合的方法。

5.2 苗种检验

5.2.1 外观要求

把苗种放入便于观察的容器中,加入适量水,用肉眼观察,逐项记录。

5.2.2 全长合格率

按 GB/T 18654.3 的规定测量全长,统计计算全长合格率。

5.2.3 伤残率、畸形率

肉眼观察,统计伤残和畸形个体,计算求得伤残率和畸形率。

5.2.4 检疫

5.2.4.1 刺激隐核虫病

用肉眼感观诊断和显微镜检查。

5.2.4.2 神经坏死病毒病

采用上游引物 5′-CGTGTCAGTCATGTGTCGCT-3′,下游引物 5′-CGAGTCAACACGGGT-GAAGA-3′,按 SC/T 7014—2006 中的 8.2.8 检测。

6 检验规则

6.1 亲鱼检验规则

6.1.1 检验分类

6.1.1.1 出场检验

亲鱼销售交货或人工繁殖时,逐尾进行检验。项目包括外观、年龄、体长和体重,繁殖期还包括繁殖期特征检验。

6.1.1.2 型式检验

检验项目为第3章规定的全部项目,在非繁殖期可免检亲鱼的繁殖期特征。有下列情况之一时应进行型式检验:

    a) 更换亲鱼或亲鱼数量变动较大时;

    b) 养殖环境发生变化,可能影响到亲鱼质量时;

    c) 正常生产满两年时;

    d) 出场检验与上次型式检验有较大差异时;

    e) 国家质量监督机构或行业主管部门提出要求时。

6.1.2 组批规则

一个销售批或同一催产批作为一个检验批。

6.1.3 抽样方法

出场检验的样品数为一个检验批,应全数进行检验;型式检验的抽样方法按GB/T 18654.2的规定执行。

6.1.4 判定规则

经检验,有不合格项的个体判为不合格亲鱼。

6.2 苗种检验规则

6.2.1 检验分类

6.2.1.1 出场检验

苗种在销售交货或出场时进行检验。检验项目为外观、可数指标和可量指标。

6.2.1.2 型式检验

检验项目为第4章规定的全部内容。有下列情况之一时应进行型式检验:

    a) 新建养殖场培育的苗种;

    b) 养殖条件发生变化,可能影响到苗种质量时;

    c) 正常生产满一年时;

    d) 出场检验与上次型式检验有较大差异时;

    e) 国家质量监督机构或行业主管部门提出型式检验要求时。

6.2.2 组批规则

以同一培育池苗种作为一个检验批。

6.2.3 抽样方法

每批苗种随机取样应在100尾以上,观察外观、伤残率、畸形率,可量指标、可数指标每批取样应在50尾以上,重复两次,取平均值。

6.2.4 判定规则

经检验,如病害项不合格,则判定该批苗种为不合格,不得复检。其他项不合格,应对原检验批取样进行复检,以复检结果为准。

7 运输要求

7.1 亲鱼运输

随捕随运,活水车(船)或塑料袋充氧运输。运输前,应停止喂食1 d以上,装鱼、运输途中换水和放养的水温温差应小于2℃,盐度差应小于5。运输用水应符合GB 11607的规定。

7.2 苗种运输

运输方法按 SC/T 1075 的要求执行,苗种运输前应停止喂食 1 d。

———————————

ICS 65.150
B 51

中华人民共和国水产行业标准

SC/T 2045—2014

许氏平鲉　亲鱼和苗种

Black rockfish—Broodstock,fry and fingerling

2014-03-01 发布

2014-06-01 实施

中华人民共和国农业部 发布

前　言

本标准按照 GB/T 1.1—2009 给出的规则起草。

请注意本文件的某些内容可能涉及专利。本文件的发布机构不承担识别这些专利的责任。

本标准由农业部渔业局提出。

本标准由全国水产标准化技术委员会海水养殖分技术委员会(SAC/TC 156/SC 2)归口。

本标准起草单位:中国水产科学研究院黄海水产研究所、山东省海水养殖研究所。

本标准主要起草人:张岩、张辉、张豫、张红艳、潘婷。

许氏平鲉　亲鱼和苗种

1　范围

本标准规定了许氏平鲉（*Sebastes schlegelii*）亲鱼和苗种的规格、质量要求、检验方法和检验规则。

本标准适用于许氏平鲉亲鱼和苗种的质量评定。

2　规范性引用文件

下列文件对于本文件的应用是必不可少的。凡是注日期的引用文件，仅注日期的版本适用于本文件。凡是不注日期的引用文件，其最新版本（包括所有的修改单）适用于本文件。

GB/T 18654.1　养殖鱼类种质检验　第1部分：检验规则

GB/T 18654.3　养殖鱼类种质检验　第3部分：性状测定

GB/T 18654.4　养殖鱼类种质检验　第4部分：年龄与生长的测定

NY 5052　无公害食品　海水养殖用水水质

SC/T 7201.1　鱼类细菌病检疫技术规程　第1部分：通用技术

3　亲鱼

3.1　亲鱼来源

3.1.1　捕自自然海区的亲鱼。

3.1.2　自然海区水域的天然苗种，或省级及省级以上原（良）种场生产的苗种，经人工养殖培育的亲鱼。

3.2　亲鱼年龄

雌性亲鱼应在4龄～7龄，雄性亲鱼应在3龄以上。

3.3　亲鱼质量要求

亲鱼质量应符合表1的要求。

表1　许氏平鲉亲鱼质量要求

项目	质量要求
外部形态	体型、体色正常，无畸形，无伤残，体表光洁，无寄生虫，活动有力，反应灵敏，体质健壮
体长	雄鱼250 mm以上，雌鱼300 mm～500 mm
体重	雄鱼500 g以上，雌鱼600 g～1 700 g
性腺发育情况	在繁殖期，雌性亲鱼腹部膨大饱满，生殖孔红肿外突

4　苗种

4.1　苗种来源

4.1.1　从自然海区捕获的苗种。

4.1.2　来源于省级及省级以上原、良种场或用符合第3章规定的亲鱼所繁育的苗种。

4.2　苗种规格

苗种规格应符合表2的规定。

表 2　许氏平鲉苗种规格

规格分类	全长,cm	体重,g
小规格苗种	5～10	3～15
大规格苗种	＞10	＞15

4.3　苗种质量要求

4.3.1　外观要求

体型、体色正常,游动活泼,伏底,对外界刺激反应灵敏。

4.3.2　苗种质量

全长合格率、体重合格率、伤残率、带病率(指非传染性疾病)、畸形率应符合表3的要求。

表 3　许氏平鲉苗种质量要求

单位为百分率

项　　目	小规格苗种	大规格苗种
全长合格率	≥90	≥95
体重合格率	≥95	≥95
伤残率	≤3	≤3
畸形率	≤1	≤1

4.3.3　检疫

不得检出迟缓爱德华氏菌、刺激隐核虫病。

5　检验方法

5.1　亲鱼检验

5.1.1　亲鱼来源

查阅亲鱼培育档案和繁殖生产记录。

5.1.2　年龄测定

采用亲鱼鳞片按 GB/T 18654.4 的规定执行。

5.1.3　外部形态

在充足自然光下肉眼观察,逐项纪录。

5.1.4　体长和体重

按 GB/T 18654.3 的规定执行。

5.1.5　性腺发育情况

采用肉眼观察、触摸相结合的方法。

5.2　苗种检测

5.2.1　外观要求

把苗种放入便于观察的容器中,加入适量水,用肉眼观察,逐项记录。

5.2.2　全长合格率

用直尺(精度1 mm)测量鱼体吻端至尾鳍末端的直线长度,统计求得全长合格率。

5.2.3　体重合格率

吸干鱼苗体表水分,用天平(精度0.1 g)称重,统计求得体重合格率。

5.2.4　伤残率、畸形率检验

肉眼观察,统计伤残、畸形个体,计算伤残率和畸形率。

5.2.5　检疫

刺激隐核虫用肉眼和显微镜检查,迟缓爱德华氏菌按 SC/T 7201.1 的规定执行。

6 检验规则

6.1 亲鱼检验规则

6.1.1 检验分类

6.1.1.1 出场检验

亲鱼销售交货或人工繁殖时逐尾进行检验。项目包括外观、年龄、体长和体重,繁殖期还包括繁殖期特征检验。

6.1.1.2 型式检验

检验项目为第 3 章规定的全部项目,在非繁殖期可免检亲鱼的繁殖期特征。有下列情况之一时,应进行型式检验:

    a) 更换亲鱼或亲鱼数量变动较大时;

    b) 养殖环境发生变化,可能影响到亲鱼质量时;

    c) 正常生产满两年时;

    d) 出场检验与上次型式检验有较大差异时;

    e) 国家质量监督机构或行业主管部门提出要求时。

6.1.2 组批规则

一个销售批或同一催产批作为一个检验批。

6.1.3 抽样方法

出场检验应全数进行检验;型式检验的抽样方法按 GB/T 18654.2 的规定执行。

6.1.4 判定规则

经检验,有不合格项的个体判为不合格亲鱼。

6.2 苗种检验规则

6.2.1 取样规则

每一次检验应随机取样 100 尾以上,全长、体重测量应在 30 尾以上。

6.2.2 组批规则

一次交货或一个育苗池为一个检验批,一个检验批应取样检验 2 次以上,取其平均数为检验值。

6.2.3 判定规则

如有不合格项,加倍取样进行复检,也可申请第三方复验,以复验结果为准。如仍有不合格项,则判定该检验批苗种为不合格。

————————————

ICS 65.150
B 51

中华人民共和国水产行业标准

SC/T 2046—2014

石鲽 亲鱼和苗种

Stone flounder—Brood stock, fry and fingerling

2014-03-24 发布
2014-06-01 实施

中华人民共和国农业部 发布

前　言

本标准按照 GB/T 1.1—2009 给出的规则起草。

请注意本文件的某些内容可能涉及专利。本文件的发布机构不承担识别这些专利的责任。

本标准由农业部渔业局提出。

本标准由全国水产标准化技术委员会海水养殖分技术委员会(SAC/TC 156/SC 2)归口。

本标准起草单位:中国水产科学研究院黄海水产研究所、威海市环翠区海洋与渔业研究所。

本标准主要起草人:张岩、原永党、张辉、张豫、张红艳、潘婷。

石鲽　亲鱼和苗种

1　范围

本标准规定了石鲽(*Kareius bicoloratus*)亲鱼和苗种的来源、规格、质量要求、检验方法、检验规则和运输要求。

本标准适用于石鲽养殖中的亲鱼和苗种的质量评定。

2　规范性引用文件

下列文件对于本文件的应用是必不可少的。凡是注日期的引用文件,仅注日期的版本适用于本文件。凡是不注日期的引用文件,其最新版本(包括所有的修改单)适用于本文件。

GB/T 18654.3　养殖鱼类种质检验　第 3 部分:性状测定

GB/T 22913　石鲽

NY 5052　无公害食品　海水养殖用水水质

SC/T 1075—2006　鱼苗、鱼种运输通用技术要求

SC/T 7201.1　鱼类细菌病检疫技术规程　第 1 部分:通用技术

3　亲鱼

3.1　亲鱼来源

3.1.1　捕自自然海区的亲鱼。

3.1.2　由自然海区捕获的石鲽苗种或由国家或省级石鲽原(良)种场生产的苗种经人工培育的亲鱼。

3.2　亲鱼质量要求

亲鱼种质应符合 GB/T 22913 的规定,其质量应符合表 1 的要求。

表 1　石鲽亲鱼质量要求

项　目	质量要求
外部形态	体型、体色正常,无伤残,体表光洁无寄生虫,活动有力,反应灵敏,体质健壮
体长	野生亲鱼 250 mm 以上,人工养殖亲鱼 200 mm 以上
体重	野生亲鱼体重在 400 g 以上,人工养殖亲鱼在 300 g 以上
性腺发育情况	在繁殖期,亲鱼性腺发育良好,雌性亲鱼腹部膨大且柔软,生殖孔红肿。轻压雄性亲鱼腹部能流出乳白色精液

4　苗种

4.1　苗种来源

4.1.1　从自然海区捕获的苗种。

4.1.2　来源于原、良种场或用符合第 3 章规定的亲鱼繁育的苗种。

4.2　苗种规格

苗种规格见表 2。

表 2　石鲽苗种规格

规格分类	全长,mm	体重,g
小规格苗种	40~100	5~12
大规格苗种	>100	>12

4.3 苗种质量要求

4.3.1 外观要求

体型、体色正常,无伤病,安静状态下伏底,受惊或摄食时游动活泼,对外界刺激反应灵敏。

4.3.2 苗种质量

不得检出传染性疾病;全长合格率、体重合格率、伤残率、畸形率应符合表3的要求。

表3 石鲽苗种质量要求

单位为百分率

项 目	小规格苗种	种规格苗种	大规格苗种
全长合格率	≥90	≥95	≥95
体重合格率	≥90	≥95	≥95
伤残率	≤3	≤3	≤3
畸形率	≤1	≤1	≤1

4.3.3 检疫

不得检出迟缓爱德华氏菌。

5 检验方法

5.1 亲鱼检测

5.1.1 亲鱼来源

查阅亲鱼培育档案和繁殖生产记录。

5.1.2 外部形态

将亲鱼放在白瓷盘中,在充足自然光下肉眼观察。

5.1.3 全长、体重

按 GB/T 18654.3 的规定执行。

5.1.4 性腺发育情况

采用肉眼观察、触摸、显微镜观察相结合的方法。

5.2 苗种检测

5.2.1 外观要求

把苗种放入便于观察的容器中,加入适量水,用肉眼观察,逐项记录。

5.2.2 全长合格率

用直尺(精度1 mm)测量鱼体吻端至尾鳍末端的直线长度,统计求得全长合格率。

5.2.3 体重合格率

吸取鱼苗体表水分,用天平(精度0.1 g)称量。

5.2.4 伤残率、畸形率

肉眼观察,统计伤残、畸形个体,计算伤残率、畸形率。

5.2.5 检疫

按 SC/T 7201.1 的规定执行。

6 检验规则

6.1 亲鱼检验规则

6.1.1 检验分类

分为出场检验和型式检验。

6.1.2 出场检验

亲鱼销售交货或人工繁殖时逐尾进行检验。项目包括外观、年龄、体长和体重,繁殖期还包括繁殖期特征检验。

6.1.3 型式检验

检验项目为第3章规定的全部项目,在非繁殖期可免检亲鱼的繁殖期特征。有下列情况之一时,应进行型式检验:

a) 更换亲鱼或亲鱼数量变动较大时;
b) 养殖环境发生变化,可能影响到亲鱼质量时;
c) 正常生产满两年时;
d) 出场检验与上次型式检验有较大差异时;
e) 国家质量监督机构或行业主管部门提出要求时。

6.1.4 组批规则

一个销售批或同一催产批作为一个检验批。

6.1.5 抽样方法

出场检验应全数进行检验;型式检验的抽样方法按GB/T 18654.2的规定执行。

6.1.6 判定规则

经检验,有不合格项的个体判为不合格亲鱼。

6.2 苗种检验规则

6.2.1 取样规则

每一次检验应随机取样100尾以上,全长、体重测量应在30尾以上。

6.2.2 组批规则

一次交货或一个育苗池为一个检验批,按照第4章的要求逐项检验。一个检验批应取样检验2次以上,取其平均数为检验值。

6.2.3 判定规则

应完全符合第4章的规定。如有不合格项,应对原检验批加倍取样进行复检,以复验结果为准。如仍有不合格项,则判定该检验批苗种为不合格。

7 运输要求

7.1 亲鱼运输

亲鱼运输前应停食1 d。运输用水应符合NY 5052的要求,运输用水与出池点、放入点的水温温差应小于2℃,盐度差应小于5。可采用活水车(船)、帆布桶及泡沫箱内装塑料袋加水充氧等方式运输。高温天气应采取降温措施。

7.2 苗种运输

苗种运输前应停食1 d。运输用水应符合NY 5052的要求,运输期间运输水温温差应小于2℃,盐度差应小于5。可采用活水车(船)、帆布桶及泡沫箱内装塑料袋加水充氧运输,高温天气应采取降温措施,其他方面按SC/T 1075的规定执行。

ICS 65.150
B 51

中华人民共和国水产行业标准

SC/T 2057—2014

青蛤 亲贝和苗种

Chinese dosinia—Broodstock and seedling

2014-03-24 发布   2014-06-01 实施

中华人民共和国农业部 发布

前　言

本标准按照 GB/T 1.1—2009 给出的规则起草。

请注意本文件的某些内容可能涉及专利。本文件的发布机构不承担识别这些专利的责任。

本标准由农业部渔业局提出。

本标准由全国水产标准化技术委员会海水养殖分技术委员会(SAC/TC 156/SC 2)归口。

本标准起草单位:中国水产科学研究院东海水产研究所。

本标准主要起草人:周凯、么宗利、王慧、来琦芳、林听听、陆建学。

青蛤 亲贝和苗种

1 范围

本标准规定了青蛤（*Cyclina sinensis*）亲贝和苗种的来源、质量要求、检验方法、检验规则和包装与运输方法。

本标准适用于青蛤亲贝和苗种的质量评定、包装与运输要求。

2 规范性引用文件

下列文件对于本文件的应用是必不可少的。凡是注日期的引用文件，仅注日期的版本适用于本文件。凡是不注日期的引用文件，其最新版本（包括所有的修改单）适用于本文件。

GB 18407.4 农产品安全质量 无公害水产品产地环境要求

SC 2056 青蛤

3 术语和定义

下列术语和定义适用于本文件。

3.1

规格合格率 specification qualified rate

壳长达到规格的亲贝或苗种数量占总数的百分比。

3.2

破碎死亡率 broken mortality

壳残缺破碎和死亡苗种数量占苗种总数的百分比。

3.3

生长轮 growth ring

贝类生长周期的标志，俗称年轮。是由外套膜分泌产生，在贝壳表面角质层形成细、疏不等生长线，每一组细疏生长线为一生长轮。每一生长轮为一龄。

4 亲贝

4.1 来源

来源于青蛤原（良）种场或野生群体。

4.2 质量要求

4.2.1 种质

应符合 SC 2056 的规定。

4.2.2 年龄

2 龄～3 龄。

4.2.3 外观

外表洁净、无附着物，贝壳无破损，活力强。遇外界刺激，水管迅速收缩，壳紧闭。

4.2.4 壳长和体重

壳长≥3 cm，体重≥15 g。

4.2.5 繁殖期特征

性腺几乎覆盖内脏团,软体部湿重占体重的比例不低于35%。

4.2.6 规格合格率

达到规格的数量占总数的95%以上。

5 苗种

5.1 来源

人工育苗场、中间暂养塘或自然滩涂,产地应符合 GB 18407.4 的要求。

5.2 质量要求

5.2.1 外观

大小均匀,外表洁净、无污物,有光泽,腹缘呈微红色,触之立即闭壳,感觉灵敏。

5.2.2 规格

按壳长分为 3 个规格,见表 1。

表 1 苗种规格

项 目	小规格苗种	中规格苗种	大规格苗种
壳长(SL),cm	$0.5 \leqslant SL < 1.0$	$1.0 \leqslant SL < 1.5$	$1.5 \leqslant SL \leqslant 2.0$

5.2.3 规格合格率

小规格和中规格苗种≥95%,大规格苗种≥97%。

5.2.4 破碎死亡率

小规格和中规格苗种≤5%,大规格苗种≤3%。

5.2.5 杂质含量

杂质重量比例≤3%。

6 检验方法

6.1 亲贝检验

6.1.1 来源查证

查阅亲贝培育档案和繁殖生产记录。

6.1.2 种质

按 SC 2056 的规定执行。

6.1.3 年龄

肉眼检查青蛤的生长轮。

6.1.4 外观

肉眼观察体色及健康状况。

6.1.5 壳长和体重

分别用游标卡尺和感量 0.1 g 的天平测量、称重。

6.1.6 繁殖期特征

剖开贝壳,检查性腺发育状况。用感量 0.1 g 的天平测定肥满度。

6.1.7 规格合格率

用游标卡尺测量壳长,进行统计。

6.2 苗种

6.2.1 外观

把样品放入便于观察的容器中肉眼观察。

6.2.2 壳长

用游标卡尺测量。

6.2.3 规格合格率、破碎死亡率和杂质含量

肉眼观察,计数、称重。

7 检验规则

7.1 亲贝检验规则

7.1.1 出场检验

亲贝销售交货或人工繁殖时,抽样进行检验。项目包括外观、年龄、壳长和体重、繁殖期特征检验。

7.1.2 组批规则

一个销售批或同一催产批作为一个检验批。

7.1.3 抽样方法

每检验批随机抽取 50 个～100 个。

7.1.4 判定规则

观察外观、性腺发育情况,检查肥满度、规格合格率。有任意一项达不到亲贝质量要求的,判定本批次亲贝为不合格。

7.2 苗种检验规则

7.2.1 出场检验

苗种在销售交货或出场时进行检验。检验项目为外观、规格合格率、破碎死亡率和杂质含量。

7.2.2 组批规则

以一次交货出售的苗种为一个检验批。

7.2.3 抽样方法

每批次至少随机抽取 3 次,每次至少 500 g。

将上述 3 次抽取的样品充分混合均匀,从中随机抽取苗种 50 个～100 个,用游标卡尺测量壳长(不含破碎死亡个体),统计规格合格率;从中随机抽取苗种 300 个～600 个,统计破碎死亡率;择出样品中杂质,用天平进行称重,精确到 0.1 g,统计杂质含量。

7.2.4 判定规则

经检验,外观、规格合格率、破碎死亡率和杂质含量中有任一项达不到苗种质量要求的,判定本批次苗种为不合格。

对判断结果有异议,可按本标准规定的方法重新抽样复检,并以复检结果为准。

8 包装与运输方法

8.1 亲贝

洗净亲贝装入编织袋,扎紧袋口,装车后铺盖塑料薄膜或篷布,保持湿润,防止太阳直射。运输宜在晚间进行,或用保温车运输,温度以不超过 25℃为宜。

8.2 苗种

中规格和大规格苗种包装运输方法与亲贝相同。小规格苗种如运输时间超过 6 h,宜采用保温箱加冰块降温或保温车运输。保温箱包装,宜在箱底铺设湿润的薄形海绵,将小规格苗种均匀撒在海绵上,封箱运输,温度以不超过 25℃为宜。

ICS 65.150
B 51

中华人民共和国水产行业标准

SC/T 2058—2014

菲律宾蛤仔 亲贝和苗种

Manila clam—Broodstock and seedling

2014-03-24 发布

2014-06-01 实施

中华人民共和国农业部 发布

前　言

本标准按照 GB/T 1.1—2009 给出的规则起草。

请注意本文件的某些内容可能涉及专利。本文件的发布机构不承担识别这些专利的责任。

本标准由农业部渔业局提出。

本标准由全国水产标准化技术委员会海水养殖分技术委员会(SAC/TC 156/SC 2)归口。

本标准起草单位:大连海洋大学、中国科学院海洋研究所。

本标准主要起草人:闫喜武、张国范、高悦勉、杨凤、苏延明。

菲律宾蛤仔 亲贝和苗种

1 范围

本标准规定了菲律宾蛤仔(*Ruditapes philippinarum*)亲贝和苗种的术语和定义、亲贝和苗种的质量要求、检验方法、检验规则和运输要求。

本标准适用于菲律宾蛤仔亲贝和苗种的质量评定。

2 规范性引用文件

下列文件对本文件的应用是必不可少的。凡是注日期的引用文件,仅注日期的版本适用于本文件。凡是不注日期的引用文件,其最新版本(包括所有的修改单)适用于本文件。

SC 2081 菲律宾蛤仔

3 术语和定义

下列术语和定义适用于本文件。

3.1

肥满度 condition index

软体部湿重占体重的百分比。

3.2

伤残死亡率 wounded and death rate

壳残缺、破损、畸形及死亡苗种数量占苗种总数的百分比。

3.3

寄生虫感染率 parasite infection rate

性腺中有吸虫感染的亲贝数量占亲贝总数的百分比。

4 亲贝

4.1 来源

原良种场或野生群体。

4.2 规格

壳长大于 25 mm。

4.3 质量要求

应符合表 1 的要求。

表 1 亲贝质量要求

项 目	要 求
形态	符合 SC 2081 中主要形态特征的描述
感官要求	壳面洁净,无破损和畸形,体质健壮,活力强,放到水中水管很快自然伸出
规格合格率,%	≥95
肥满度,%	≥20

4.4 检疫

寄生虫感染率≤10%。

5 苗种

5.1 来源

人工繁育或天然苗种。

5.2 规格

按壳长分3种,见表2。

表2 苗种规格

苗种规格	小规格苗种	中规格苗种	大规格苗种
壳长,mm	5～10	10～16	16～25

5.3 质量要求

应符合表3要求。

表3 苗种质量要求

项 目	要求		
	小规格苗种	中规格苗种	大规格苗种
规格合格率,%	≥95	≥90	≥90
伤残死亡率,%	≤3	≤5	≤5
杂质含量,%	≤1		
感官	规格整齐,活力好(放到水中水管很快伸出)		

6 检验方法

6.1 亲贝

6.1.1 来源查证

查阅亲贝购销及培育记录。

6.1.2 种质

按 SC 2081 的规定执行。

6.1.3 外观

把亲贝放到盛有海水的容器中,用肉眼观察。

6.1.4 可量及可数性状

用游标卡尺测量亲贝壳长,精确到0.01 mm,计算规格合格率;吸干壳表海水,用感量0.01 g天平称湿重。然后,对亲贝进行解剖,倒去吸干壳内及软体部海水,称软体部重;观察受寄生虫感染的个体,计算肥满度和寄生虫感染率。

6.2 苗种

6.2.1 外观

把苗种放到盛有海水的容器中用肉眼观察。

6.2.2 规格合格率

同6.1.4。

6.2.3 伤残死亡率

用肉眼观察,统计壳残缺、破损、畸形及死亡苗种数量和观察的苗种总数,计算伤残死亡率。

6.2.4 杂质含量

将苗种和杂质分开,分别用感量为0.01 g的天平称量湿重,按杂质湿重/(苗种湿重＋杂质湿重)×100%计算杂质含量。

7 检验规则

7.1 亲贝

7.1.1 组批规则

以一次销售的亲贝作为一个检验批。同一批中来源、规格或年龄相同的亲贝为一组。

7.1.2 抽样方法

每一组随机抽取 50 枚进行检验。

7.1.3 判定规则

按照第 4 章的要求逐项进行检验。如有不合格项,可对原检验批重新取样进行复检,以复检结果为准,有一项不合格则判定该批亲贝不合格。

7.2 苗种

7.2.1 组批规则

以一次交货出售的苗种为一批,以同一批亲贝繁育的、中间育成密度相同的容器和场地培育的苗种为一组。

7.2.2 抽样方法

每组随机抽取 3 个～4 个样品,每个小、中和大规格苗种样品重量分别不少 20 g、50 g 和 100 g。将样品混合均匀后,检验杂质含量;从混合样品中随机抽取 500 个以上的个体检验感官和伤残死亡率;再随机抽取 50 个不含伤残、死亡及畸形的个体检验苗种规格。

7.2.3 判定规则

按照第 5 章的要求逐项进行检验。如有不合格项,可对原检验批重新取样进行复检,以复检结果为准,有一项不合格则判定该批亲贝不合格。

8 运输要求

运输时间在 8 h 以内,将亲贝或苗种洗净装在网袋中,装车(船)后覆盖塑料布或篷布,防止日晒雨淋。运输时间在 8 h 以上时,可用保温箱或冷藏车,气温在 20℃以上时应在保温箱或冷藏车中加冰块降温,温度控制在 5℃以内。

ICS 65.150
B 51

中华人民共和国水产行业标准

SC/T 2059—2014

海蜇 苗种

Rhopilema esculentum seedling

2014-03-24 发布　　　　　　　　　　　　　　　2014-06-01 实施

中华人民共和国农业部 发布

前　言

本标准按照 GB/T 1.1—2009 给出的规则起草。

请注意本文件的某些内容可能涉及专利。本文件的发布机构不承担识别这些专利的责任。

本标准由农业部渔业局提出。

本标准由全国水产标准化技术委员会海水养殖分技术委员会(SAC/TC 156/SC 2)归口。

本标准起草单位：中国海洋大学、中国水产科学院黄海水产研究所、山东省海洋渔业捕捞生产管理站。

本标准主要起草人：游奎、马彩华、陈四清、迟旭朋、高天翔、高增祥、王绍军。

海蜇 苗种

1 范围

本标准规定了海蜇（*Rhopilema esculentum*）苗种的规格、质量要求、检验方法、判定规则和运输方法。

本标准适用于海蜇苗种的质量判定。

2 规范性引用文件

下列文件对于本文件的应用是必不可少的。凡是注日期的引用文件，仅注日期的版本适用于本文件。凡是不注日期的引用文件，其最新版本（包括所有的修改单）适用于本文件。

GB 11607 渔业水质标准

NY 5052 无公害食品 海水养殖用水水质

NY 5071 无公害食品 渔用药物使用准则

3 术语和定义

下列术语和定义适用于本文件。

3.1

螅状幼体 scyphistomae

海蜇螅状幼体在秋季由性成熟的水母体经过产卵、受精、孵化、变态附着的有性繁殖过程所形成。呈柄部粗短的杯状，杯口周围具有多条触手，营固着生活。

3.2

碟状幼体 ephyrae

海蜇螅状幼体通过横裂生殖所产生的初生幼体为碟状幼体，其形态类似于一个微小的碗碟，边缘具有 8 对指状缘瓣，中央具有方形的口，营浮游生活。

3.3

水母体苗种 seedling

水母体苗种包含稚蜇和幼蜇两个发育阶段。

3.3.1

稚蜇 juvenile jellyfish

海蜇碟状幼体形成口腕、肩板器官，口腕初始为 4 对，逐渐发育为 8 对，具有伞状水母体形态的基本雏形。

3.3.2

幼蜇 subadult jellyfish

稚蜇口腕基本愈合，口腕末端开始形成棒状附着器，具有与海蜇水母体成体基本一致的形态特征。

3.4

伞径 umbrella diameter

海蜇水母体在静止状态下，从其伞部边缘一端至相对端的最大长度。

3.5

规格合格率 specification qualified rate

海蜇苗种达到规定规格的数量占苗种总数量的百分比。

3.6

水母体苗种整齐度　larvae uniformity

海蜇水母体世代幼体伞径在其平均值±10％范围内的苗种数量占其总数量的百分比。

3.7

伤残畸形率　misshape rate

不具有完整的组织器官、形态畸形苗种数量占苗种总数的百分比。

3.8

螅状体苗种密度　scyphistomae density

附着基单位面积上附着的海蜇螅状幼体数量。

4　质量要求

4.1　感官要求

4.1.1　螅状体苗种

附着基上除海蜇螅状体外无其他肉眼可见的附着生物,螅状体苗种附着后培育一个月以上,具有16条触手,不受惊扰的情况下在水体中能够自然伸展舒张;附着基提出水面时螅状体不易脱落。

4.1.2　水母体苗种

苗种规格均匀,体表无残缺破损,伞部收缩舒张节律性强,游动正常,活力强。

4.2　苗种规格

水母体苗种规格和螅状体苗种密度要求分别见表1和表2。

表1　海蜇水母体苗种规格

水母体苗种规格	碟状幼体	稚蜇	小规格幼蜇	大规格幼蜇
水母体苗种伞径(D),mm	$D<5$	$5{\leqslant}D<15$	$15{\leqslant}D<30$	$D{\geqslant}30$

表2　海蜇螅状体苗种密度

螅状体苗种密度	低密度苗种	中密度苗种	高密度苗种
螅状体苗种密度(Q),ind./cm^2	$Q<1$	$1{\leqslant}Q<5$	$Q{\geqslant}5$

4.3　可数指标

海蜇水母体苗种规格合格率和螅状体苗种伤残畸形率应分别符合表3和表4的规定。

表3　海蜇水母体苗种规格合格率和伤残畸形率

水母体苗种规格	水母体苗种
规格合格率,％	${\geqslant}90$
伤残畸形率,％	${\leqslant}5$
苗种整齐度,％	${\geqslant}75$

表4　海蜇螅状体苗种伤残畸形率

螅状体苗种密度	低密度苗种	中密度苗种	高密度苗种
伤残畸形率,％	${\leqslant}2$	${\leqslant}3$	${\leqslant}3$

5　检验方法

5.1　苗种定量

5.1.1 螅状体苗种计数

采用随机抽样计数法进行记数。抽样过程中要从附着基的上层、中层和下层分别取样,重复3次,取平均值。

5.1.2 水母体苗种计数

采用随机抽样计数法进行记数。每批次重复取样3次,取平均值。

5.2 规格合格率与苗种整齐度

海蜇水母体苗种抽样计数时,将抽取的样品置于同一个容器中混合均匀,随机地抽取50只以上的海蜇水母体苗种,分批次置于培养皿中,用精度1 mm的刻度尺逐只测量其伞径,统计其规格合格率与苗种整齐度。重复3次,以3次的算术平均值为其结果。

5.3 伤残畸形率

5.3.1 螅状体苗种畸形率检测

抽样计数时,将所剪取的附着基置于培养皿中,静置等待海蜇螅状体自然伸展舒张,检查海蜇螅状体苗种形体残缺破损、不能自然伸展舒张与形态畸形苗种的数量,统计其伤残畸形率。用于抽样计数的螅状体苗种总数量不应低于50只,以所有用于计数抽样小块附着基伤残畸形率的算术平均值为其结果。

5.3.2 水母体苗种畸形率检测

抽样计数时,将抽取的样品置于同一个容器中混合均匀,随机抽取50只以上的水母体苗种,分批次置于培养皿中,检查水母体苗种伞部伤残破损以及口腕与肩板畸形苗种的数量,统计其伤残畸形率。重复3次,以3次的算术平均值为其结果。

6 检验规则

6.1 组批

同一地点来源且同一时间交货出售的苗种为一个检验批次。

6.2 判定规则

6.2.1 按照第5章对海蜇苗种进行取样检测,根据4.2的规定对苗种进行分级,以检测结果是否全部达到第4章所规定的各项指标为其判定依据,有一项不达标即判定为该批次苗种不合格。

6.2.2 如果对检测结果有异议,可由购销双方协商,按本标准规定的方法重新抽样复检两次。两次复检结果均为合格则视为合格,否则视为不合格。

7 海蜇苗种运输

海蜇苗种水源应符合GB 11607的要求,运输用水水质应符合NY 5052的要求,所用器具消毒应符合NY 5071的规定。运输用水的温度差异应小于2℃,盐度差异小于5,盐度范围在20~32之间。海蜇苗种运输应保持空胃状态。

海蜇苗种运输应尽量在早、晚进行,避免阳光暴晒和雨淋。

7.1 运输方法

7.1.1 螅状体苗种的运输

7.1.1.1 海蜇螅状体苗种可以采用密封干运法。在泡沫塑料箱等密封容器底部盛入少量的海水,将海蜇螅状体附着基装入容器中,周围空隙用海水浸湿的毛巾、无纺布等材料填充,然后淋洒海水,顶部再覆盖一层海水浸湿的毛巾或者无纺布,密封包装。运输时间应在10 h以内。

7.1.1.2 海蜇螅状体苗种运输也可以采用帆布桶、玻璃钢桶等大容积无毒容器运输。将海蜇螅状体苗种附着基浸没于海水中,充气运输,运输时间应在24 h以内。

7.1.2 水母体苗种的运输

海蜇水母体苗种一般采用海珍品苗种袋密封包装运输。使用双层 30 cm×30 cm×75 cm 规格的无毒塑料袋,以适宜的水母体苗种密度盛入 1/4 左右的袋体容积可参考表 5 实施;然后充入纯氧,驱逐其中的空气,使袋内压力略大于大气压,扎紧袋口密封。运输时间应在 10 h 以内。

表 5　海蜇水母体苗种运输密度

水母体苗种规格	碟状幼体	稚蜇	小规格幼蜇	大规格幼蜇
水母体苗种伞径(D),mm	$D<5$	$5{\leqslant}D<15$	$15{\leqslant}D<30$	$D{\geqslant}30$
水母体苗种运输密度(Q),只/升或 ind./L^3	$1\,800{\leqslant}Q{\leqslant}3\,000$	$800{\leqslant}Q<1\,800$	$300{\leqslant}Q<800$	$Q<300$

ICS 65.150
B 51

中华人民共和国水产行业标准

SC/T 2060—2014

花鲈 亲鱼和苗种

Spotted sea bass—Brood stock, fry and fingerling

2014-03-24 发布

2014-06-01 实施

中华人民共和国农业部 发布

前　言

本标准按照 GB/T 1.1—2009 给出的规则起草。

请注意本文件的某些内容可能涉及专利。本文件的发布机构不承担识别这些专利的责任。

本标准由农业部渔业局提出。

本标准由全国水产标准化技术委员会海水养殖分技术委员会(SAC/TC 156/SC 2)归口。

本标准起草单位:中国海洋大学。

本标准主要起草人:高天翔、张美昭、张辉、宋娜、李渊、阮树会。

花鲈 亲鱼和苗种

1 范围

本标准规定了花鲈(*Lateolabrax maculates*)亲鱼和苗种、检验方法、检验规则要求。

本标准适用于花鲈养殖中亲鱼和苗种的质量评定。

2 规范性引用文件

下列文件对于本文件的应用是必不可少的。凡是注日期的引用文件,仅注日期的版本适用于本文件。凡是不注日期的引用文件,其最新版本(包括所有的修改单)适用于本文件。

GB/T 18654.2 养殖鱼类种质检验 第2部分:抽样方法

GB/T 18654.3 养殖鱼类种质检验 第3部分:性状测定

GB/T 18654.4 养殖鱼类种质检验 第4部分:年龄与生长的测定

NY 5052 无公害食品 海水养殖用水水质

SC 2050 花鲈

3 亲鱼

3.1 亲鱼来源

3.1.1 捕自自然水域的亲鱼。

3.1.2 自然海区捕获的花鲈苗种或国家级或省级花鲈原(良)种场生产的苗种经人工养殖培育的亲鱼。

3.2 亲鱼年龄

雌、雄亲鱼宜在3龄以上。

3.3 亲鱼质量要求

亲鱼种质应符合SC 2050的规定,其他质量应符合表1的要求。

表1 花鲈亲鱼质量要求

序号	项 目	质量要求
1	形态特征	形体完整,体色鲜明,活力强,体质健壮
2	全长	>350 mm
3	体重	雌性个体>3 000 g,雄性个体>2 000 g
4	成熟亲鱼特征	雌性亲鱼腹部膨大且柔软、生殖孔松弛而红润;雄性亲鱼轻压腹部生殖孔有乳白色精液流出

4 苗种

4.1 苗种来源

4.1.1 从自然海区捕获的苗种。

4.1.2 来源于原(良)种场或用符合第4章规定的亲鱼自繁自育的苗种。

4.2 苗种规格

苗种规格见表2。

SC/T 2060—2014

表 2　苗种规格

苗种规格	全长,mm	体重,g
小规格苗种	30～50	<3.0
大规格苗种	>50	>3.0

4.3　苗种质量要求

4.3.1　外观要求

肉眼观察鱼苗体色正常,大小整齐,游动自如,活力好,对外界刺激反应灵敏,摄食正常。

4.3.2　苗种质量

全长合格率、体重合格率、伤残率、畸形率应符合表 3 的要求。

表 3　花鲈苗种全长合格率、体重合格率、伤残率要求

序号	项　目	要求,%
1	全长合格率	≥95
2	体重合格率	≥95
3	伤残率	≤3
4	畸形率	≤1

4.3.3　检疫

不得检出烂鳃病疾病。

5　检验方法

5.1　亲鱼检验

5.1.1　形态特征

在充足自然光下肉眼观察。

5.1.2　全长体重

按 GB/T 18654.3 的规定执行。

5.1.3　年龄测定

根据全长和鳞片鉴定亲鱼年龄,按 GB/T 18654.4 的规定执行。

5.1.4　性腺发育情况

采用肉眼观察、手指轻压触摸和镜检相结合的方法。

5.1.5　种质

按照 SC 2050 的规定执行。

5.2　苗种检验

5.2.1　外观要求

把苗种放入便于观察的容器中,加入适量水,用肉眼观察,逐项记录。

5.2.2　全长合格率

用直尺(精度 1 mm)测量鱼体吻端至尾鳍末端的水平长度,统计求得全长合格率。

5.2.3　体重合格率

用干净纱布吸去苗种体表水分,用天平等衡器称重,统计求得体重合格率。

5.2.4　伤残率

肉眼观察,统计伤残个体数,计算伤残率。

5.2.5　畸形率

肉眼观察,统计畸形个体数,计算畸形率。

5.2.6 检疫

用肉眼感观诊断和显微镜检查。

6 检验规则

6.1 亲鱼检验规则

6.1.1 检验分类

6.1.1.1 出场检验

亲鱼销售交货或人工繁殖时逐尾进行检验。项目包括外观、年龄、全长和体重,繁殖期还包括繁殖期特征检验。

6.1.1.2 种质检验

按照 SC 2050 的规定检验。

6.1.1.3 型式检验

检验项目为第 3 章规定的全部项目,在非繁殖期可免检亲鱼的繁殖期特征。有下列情况之一时,应进行型式检验:

    a) 更换亲鱼或亲鱼数量变动较大时;

    b) 养殖环境发生变化,可能影响到亲鱼质量时;

    c) 正常生产满两年时;

    d) 出场检验与上次型式检验有较大差异时;

    e) 国家质量监督机构或行业主管部门提出要求时。

6.1.2 组批规则

一个销售批或同一催产批作为一个检验批。

6.1.3 抽样方法

出场检验的样品数为一个检验批,应全数进行检验;型式检验的抽样方法按 GB/T 18654.2 的规定执行。

6.1.4 判定规则

经检验,有不合格项的个体判为不合格亲鱼。

6.2 苗种检验规则

6.2.1 检验分类

6.2.1.1 出场检验

苗种在销售交货或出场时进行检验。检验项目为外观、全长和体重。

6.2.1.2 型式检验

检验项目为第 4 章规定的全部内容。有下列情况之一时,应进行型式检验:

    a) 新建养殖场培育的苗种;

    b) 养殖条件发生变化,可能影响到苗种质量时;

    c) 正常生产满一年时;

    d) 出场检验与上次型式检验有较大差异时;

    e) 国家质量监督机构或行业主管部门提出型式检验要求时。

6.2.2 组批规则

以同一培育池苗种作为一个检验批。

6.2.3 抽样方法

每批苗种随机取样应在 100 尾以上,观察外观、伤残率、畸形率,每批取样应在 50 尾以上,重复两次,取平均值。

6.2.4 判定规则

经检验,如病害项不合格,则判定该批苗种为不合格,不得复检。其他项不合格,应对原检验批取样进行复检,以复检结果为准。

7 运输

7.1 亲鱼运输

亲鱼应随捕随运。运输用水与待放养水体温度差应小于 2℃,盐度差应小于 5。运输方式,可采用活水船或帆布桶充氧、聚乙烯塑料袋充氧运输。

7.2 苗种运输

运输用水与待放养水体温度差应小于 2℃,盐度差应小于 5。可采用聚乙烯塑料袋充氧运输或帆布桶充氧、活水船运输。

7.3 亲鱼和苗种运输用水

亲鱼和苗种运输用水应符合 NY 5052 的要求。

———————————

ICS 65.150
B 51

中华人民共和国水产行业标准

SC/T 2061—2014

裙带菜 种藻和苗种

Brood stock and seedling of wakame

2014-03-24 发布　　　　　　　　　　　　　　　2014-06-01 实施

中华人民共和国农业部 发布

前　言

本标准按照 GB/T 1.1—2009 给出的规则起草。

请注意本文件的某些内容可能涉及专利。本文件的发布机构不承担识别这些专利的责任。

本标准由农业部渔业局提出。

本标准由全国水产标准化技术委员会海水养殖分技术委员会(SAC/TC 156/SC 2)归口。

本标准起草单位:中国水产科学研究院黄海水产研究所。

本标准主要起草人:王飞久、孙修涛、汪文俊、刘福利、李涛、李修良。

裙带菜 种藻和苗种

1 范围

本标准规定了裙带菜(*Undaria pinnatifida*)种藻和苗种的分类与质量要求、检验方法、检验规则以及运输要求。

本标准适用于裙带菜种藻和苗种的质量检验与评定。

2 规范性引用文件

下列文件对于本文件的应用是必不可少的。凡是注日期的引用文件,仅注日期的版本适用于本文件。凡是不注日期的引用文件,其最新版本(包括所有的修改单)适用于本文件。

NY/T 5283—2004   无公害食品   裙带菜养殖技术规范

3 术语和定义

下列术语和定义适用于本文件。

3.1

裙带菜种藻   brood stock of wakame

用于专门培育幼苗的裙带菜亲本。

3.2

孢子囊群   sporangiac sori

裙带菜孢子体成熟时,孢子叶表面形成大量的单室孢子囊连成片构成孢子囊群,明显地凸出藻体表面,为孢子体的繁殖器官。

3.3

畸形个体   malformed individual

藻体出现卷曲、变形、生长不对称等形态不正常的个体。

3.4

苗种   seedling

利用种藻采集孢子,在人工或半人工控制条件下培育出的裙带菜幼苗。

3.5

基质   substratum

苗种附着并赖以生长发育的物质,维尼纶绳是裙带菜苗种常用的基质。

3.6

苗种帘   seedlingmat

由维尼纶绳编制而成,是裙带菜苗种的常用附苗器。

3.7

苗种体长   length of seedling

从藻体的基部到叶梢的全长。

3.8

出场苗种   produced seedling

达到可销售规格的苗种。

3.9

苗种密度 seedling density

单位长度苗绳等基质上附着的苗种的平均数量,单位为株/cm。

3.10

脱苗率 rate of seedling dropping

脱落的苗种数量占苗种总量的百分比。

3.11

缺苗率 rate of non-seedling

1 cm 以上连续无苗种附着的苗绳长度占总苗绳长度的百分比。

4 质量要求

4.1 种藻质量要求

4.1.1 藻体叶片肥大,舒展,浓褐色,叶片上的丛毛不明显。柄粗壮,假根发达。

4.1.2 孢子叶肥厚,面积较大,孢子囊群面积占孢子叶面积的 35% 以上。孢子囊明显凸出叶表面、孢子囊充实并呈浅褐色。

4.1.3 游孢子游动迅速,游动时间超过 0.5 h。

4.1.4 无畸形,无病烂。

4.2 苗种分类与质量要求

4.2.1 分类

分为全人工培育的苗种和海上半人工培育的苗种。其中,全人工培育的苗种分为室内培育后直接出场的苗种和经海上暂养后出场的苗种。

4.2.2 全人工苗种质量要求

全人工苗种类别与质量应符合表1的要求。

表 1 全人工苗种质量要求

基质类别			表面涂树脂,绳直径约 3 mm 的维尼纶帘			绳直径约 2 mm 的维尼纶帘		
苗种培育形式			平铺			垂挂或斜铺		
苗种帘等级			一类苗种帘	二类苗种帘	三类苗种帘	一类苗种帘	二类苗种帘	三类苗种帘
苗种密度 株/cm	室内出场 苗种密度	体长≥2 mm	≥15	≥10	≥5			
		体长≥1 mm	≥25	≥20	≥15			
		体长≥0.2 mm				≥50	≥30	≥15
		体长≥0.1 mm				≥100	≥60	≥30
	海上暂养 苗种密度	体长≥0.5 mm				≥15	≥10	≥5
		体长≥0.3 mm				≥20	≥15	≥10
脱苗率,%			<5	<5	<5	<5	<5	<5
缺苗率,%			<1	<2	<3	<1	<2	<3

4.2.3 海上半人工苗种类别与技术指标

海上半人工培育的苗种类别与质量应符合表2的要求。

表 2 海上半人工培育的苗种质量要求

基质类别及培育模式	苗种绳等级	苗种密度 株/10 cm 体长≥5mm	脱苗率 %	缺苗率 %
聚乙烯或聚乙烯混纺绳 （直径 16 mm～20 mm， 4 折成捆）；垂挂	一类苗种绳	≥6	＜5	＜10
	二类苗种绳	≥4	＜5	＜15
	三类苗种绳	≥2	＜5	＜20

4.2.4 苗种感官要求

密度均匀，外部形态正常，叶片平滑舒展，呈褐色、具光泽。

5 检验方法

5.1 种藻检验方法

5.1.1 藻体形态、色泽、舒展性和孢子囊群大小

采用目视法和尺子测量。

5.1.2 游孢子活力

在采苗前 1 d～3 d，结合采苗当天取样种藻，采用滴水法或浸泡法（水温 15℃～20℃）镜检游孢子活跃程度。

5.1.3 畸形与病烂个体

采用目视法。

5.2 苗种检验方法

5.2.1 器具

尺子(精度 1 mm)、剪刀、计数器、培养皿、显微镜、解剖镜等。

5.2.2 感官指标

对同一批苗种，随机取样苗种帘或苗种绳，直接通过目视或显微镜、解剖镜等进行检验。

5.2.3 体长

5.2.3.1 全人工苗种

对同一批出场苗种，随机取 3 个苗种帘，在每个苗帘上各剪取 2 cm 苗绳段取下苗种，测量体长。

5.2.3.2 海上半人工苗种

对同一批出场苗种，随机取 3 根苗绳，从每根苗绳上各取 10 cm 苗绳段取下苗种，测量体长。

5.2.4 苗种密度

按不同体长组计数，分别计算单位长度(cm)苗种绳等基质上的苗种株数。

5.2.5 脱苗率

在同一批出场苗种中，随机在 3 个苗种帘或 3 根苗种绳上各取 20 cm 的苗绳段，放入水中轻轻地用软毛刷来回刷 4 次，对脱落苗种和取样的全部苗种计数，求出脱苗率。对于垂挂或斜挂维尼纶苗帘上的苗种，其脱苗率通过显微镜或解剖镜计数获得。

5.2.6 缺苗率

在同一批出场苗种中，随机取 3 个苗种帘或 3 根苗种绳，在每个苗种帘或每根苗种绳上测量 1 cm 以上连续无苗种附着的苗绳段长度，计算缺苗率。

6 检验规则

6.1 种藻

6.1.1 一般规则

裙带菜种藻的海上初选按 NY/T 5283—2004 中的 5.2 执行,并按 4.1.1、4.1.5 规定逐棵进行检验。

6.1.2 组批规则

以一次采苗用种藻为一批。

6.1.3 判定规则

各项检验结果全部符合质量要求的,判定为合格种藻。有不合格项的为不合格种藻。

6.2 苗种

6.2.1 一般规则

裙带菜苗种出售前,应经过检验。出场苗种检验的项目包括感官要求、体长、密度、脱苗率、缺苗率。

6.2.2 组批规则

以一次交货出售的苗种为一批。

6.2.3 判定规则

按照体长、密度、脱苗率、缺苗率 4 项指标判定苗种等级。

7 运输

种藻和苗种均采用干运法,途中保持裙带菜表面湿润并防止日晒、风干、雨淋。常温下运输裙带菜种藻,气温最高不超过 23℃,时间控制在 4 h 之内。常温下运输裙带菜苗种,气温最高不超过 21℃,时间控制在 3 h 之内。若采用保温车或其他保温设施,将温度控制在 15℃～20℃,时间控制在 8 h 之内。

ICS 65.150
B 51

中华人民共和国水产行业标准

SC/T 2062—2014

魁蚶　亲贝

Burnt-end ark broodstock

2014-03-24 发布
2014-06-01 实施

中华人民共和国农业部 发布

前　言

本标准按照 GB/T 1.1—2009 给出的规则起草。

请注意本文件的某些内容可能涉及专利。本文件的发布机构不承担识别这些专利的责任。

本标准由农业部渔业局提出。

本标准由全国水产标准化技术委员会海水养殖分技术委员会(SAC/TC 156/SC 2)归口。

本标准起草单位:中国水产科学研究院黄海水产研究所。

本标准主要起草人:刘志鸿、张岩、杨爱国、吴彪、周丽青。

魁蚶　亲贝

1　范围

本标准规定了魁蚶（*Scapharca broughtonii*）亲贝的来源、质量要求、检验方法、检验规则和包装运输要求。

本标准适用于魁蚶亲贝的质量评定。

2　规范性引用文件

下列文件对于本文件的应用是必不可少的。凡是注日期的引用文件，仅注日期的版本适用于本文件。凡是不注日期的引用文件，其最新版本（包括所有的修改单）适用于本文件。

NY 5052　无公害食品　海水养殖用水水质

SC 2052　魁蚶

3　亲贝质量要求

3.1　来源

来自自然海区或原（良）种场。

3.2　种质

应符合 SC 2052 的规定。

3.3　年龄

3 龄～5 龄。

3.4　外观

体形正常，贝壳无错壳、无缺损，壳表绒毛齐整。活力好，闭壳有力。将亲贝放入洁净海水中静置 10 min 后，双壳微启或有足伸出。

3.5　规格

壳长 7 cm 以上，体重 100 g 以上。软体部湿重占体重的比例不低于 35%。

3.6　生殖腺

用于繁殖的亲贝，生殖腺外观丰满，覆盖到消化腺表面。雌性生殖腺呈橘红色，雄性生殖腺呈乳白色或浅黄色。显微镜观察卵呈圆形，形状规则，卵黄均匀，卵径 56 μm～62 μm，精子在海水中游动活泼，全长约 55 μm。

4　检验方法

4.1　来源查证

查阅亲贝培育档案和繁殖生产记录。

4.2　种质

按 SC 2052 的规定执行。

4.3　年龄

亲贝年龄根据体重按照 SC 2052 推断。

4.4　外观

将亲贝放入白瓷盘中，在充足自然光线下用肉眼观察。

4.5 规格

用游标卡尺测量壳长,用感量 0.1 g 的天平称量体重、软体部重。

4.6 生殖腺

解剖后,肉眼观察生殖腺的发育状况;显微镜观察卵和精子的发育程度。

5 检验规则

5.1 组批规则

以一次交货或一次催产作为一个检验批。

5.2 抽样方法

在一个检验批进行随机多点取样,样品 30 个以上。

5.3 结果判定

按照第 3 章的要求检测。如果有不合格项,可以重新加倍取样进行复验。复验仍有不合格项,则判定该批亲贝为不合格。

6 运输

一般采用干运法,将魁蚶壳顶朝下、壳腹缘朝上,按层次装入无毒塑料泡沫箱内。将海水打湿的海绵分层盖在蚶体上,运输温度保持在 3℃～15℃,运输时间控制在 12 h 以内。

ICS 65.150
B 51

中华人民共和国水产行业标准

SC/T 2063—2014

条斑紫菜　种藻和苗种

Brood stock and seedling of *Porphyra yezoensis*

2014-03-24 发布
2014-06-01 实施

中华人民共和国农业部 发布

前　言

本标准按照 GB/T 1.1—2009 给出的规则起草。

请注意本文件的某些内容可能涉及专利。本文件的发布机构不承担识别这些专利的责任。

本标准由农业部渔业局提出。

本标准由全国水产标准化技术委员会海水养殖分技术委员会(SAC/TC 156/SC 2)归口。

本标准起草单位:中国水产科学研究院黄海水产研究所、江苏省紫菜协会、常熟理工学院。

本标准主要起草人:孙修涛、王飞久、汪文俊、许璞、戴卫平、连绍兴、徐家达。

条斑紫菜　种藻和苗种

1　范围

本标准规定了条斑紫菜（*Porphyra yezoensis*）种藻和苗种的来源、质量要求、检验方法以及运输要求。

本标准适用于条斑紫菜种藻和人工丝状体苗种的质量判定。

2　规范性引用文件

下列文件对于本文件的应用是必不可少的。凡是注日期的引用文件，仅注日期的版本适用于本文件。凡是不注日期的引用文件，其最新版本（包括所有的修改单）适用于本文件。

GB 18407.4　农产品安全质量　无公害水产品产地环境要求

GB 21046　条斑紫菜

NY 5052　无公害食品　海水养殖用水水质

3　术语和定义

GB 21046 中界定的以及下列术语和定义适用于本文件。

3.1

种藻　brood stock

用于采集果孢子的人工栽培或自然生长的成熟藻体。

3.2

苗种　seedling

由人工培育的贝壳丝状体成熟放散、附着到苗网上的壳孢子。

3.3

果孢子　zygotospore

由叶状体营养细胞转化形成果孢与精子囊器，成熟后两性细胞接合形成合子，合子经分裂成为果孢子。

3.4

贝壳丝状体　shell-boring conchocelis

由果孢子或自由丝状体切段钻入贝壳内发育而成。

3.5

壳孢子　conchospore

丝状体营养藻丝发育形成孢子囊枝，孢子囊成熟分裂形成并放出壳孢子。

4　质量要求

4.1　经营场所基本要求

种藻和苗种的生产经营环境应符合 GB 18407.4 的要求，所用海水水质应符合 NY 5052 的要求。

4.2　种藻

4.2.1　种质

应符合 GB 21046 的要求。

4.2.2 来源

人工栽培或自然生长藻体。

4.2.3 外观

藻体无病害、弹性强、有光泽、无附着物,生长良好;藻体边缘深紫红色条纹明显。

4.2.4 规格

长度:野生藻株≥15 cm,养殖藻株≥25 cm;叶型(L/W 值):野生≥1.0,养殖≥2.0。

4.2.5 病害

无病害。

4.3 苗种

以网帘散头维尼纶单丝作为附苗检查标准:单丝附苗量达到 50 个/cm~100 个/cm;以网线检查附苗检查标准:10 个/视野~15 个/视野(显微镜 10×10)。

5 检验方法

5.1 种藻

5.1.1 抽样方法

同一地点、同一时间采集的种藻为一个批次,每批次种藻随机抽取不低于 30 株进行检测。

5.1.2 外观

将种藻放入白瓷盘中,在自然光下目视观察。

5.1.3 规格测量

将种藻放入白瓷盘中,在自然光下用直尺(精确到 1 mm)测量每株的最长(L)和最宽(W)。基于均值计算出该批次种藻的 L/W 值。

5.2 苗种

5.2.1 维尼纶单丝散头方法

剪取网帘散头处维尼纶单丝,每个池取 2 个~4 个。每个点取单丝长度为 1.0 cm~1.5 cm,平放在载玻片上,用显微镜计数。由单丝长度和壳孢子附着数计算出每厘米单丝上附着的壳孢子数量。

5.2.2 网线直接检查方法

剪取网绳显微镜检查计数,每个池取 2 个~4 个点,长度为 1.0 cm~1.5 cm,平放在载玻片上,显微镜计数壳孢子附着数,算出平均每视野网绳上壳孢子附着量。

6 检验规则

6.1 种藻

6.1.1 一般规则

按照 4.2 的要求,用目视或显微镜检查,直尺进行测量。

6.1.2 组批规则

以一次选种采苗的为一批。

6.1.3 判定规则

符合 4.2 规定各项要求的叶状体为合格种藻。

6.2 苗种

6.2.1 检验项目和一般规则

按照 4.3 的要求检测待出池苗网壳孢子附着密度。

6.2.2 组批规则

以同一培育池为一组。

6.2.3 判定规则

符合 4.3 要求的为合格苗种。

7 运输要求

7.1 种藻

将新鲜的种藻阴干至藻体出现盐霜后装入透气袋子运输,运输时避免阳光。

7.2 苗网

运输期间需保持湿润,避免阳光直射,防止温度过高,严禁淋上淡水。

———————————

ICS 65.150
B 51

中华人民共和国水产行业标准

SC/T 2064—2014

坛紫菜　种藻和苗种

Brood stock and seedling of *Porphyra haitanensis*

2014-03-24 发布
2014-06-01 实施

中华人民共和国农业部 发布

前　言

本标准按照 GB/T 1.1—2009 给出的规则起草。

请注意本文件的某些内容可能涉及专利。本文件的发布机构不承担识别这些专利的责任。

本标准由农业部渔业局提出。

本标准由全国水产标准化技术委员会海水养殖分技术委员会(SAC/TC 156/SC 2)归口。

本标准起草单位:中国水产科学研究院黄海水产研究所、江苏省紫菜协会。

本标准主要起草人:孙修涛、王飞久、汪文俊、陈昌生、戴卫平、连绍兴。

坛紫菜　种藻和苗种

1　范围

本标准规定了坛紫菜（*Porphyra haitanensis*）种藻和苗种的来源、质量要求、检验方法以及运输要求。

本标准适用于坛紫菜种藻和人工培育苗种的质量判定。

2　规范性引用文件

下列文件对于本文件的应用是必不可少的。凡是注日期的引用文件，仅注日期的版本适用于本文件。凡是不注日期的引用文件，其最新版本（包括所有的修改单）适用于本文件。

GB 18407.4　农产品安全质量　无公害水产品产地环境要求

NY 5052　无公害食品　海水养殖用水水质

3　术语和定义

下列术语和定义适用于本文件。

3.1

种藻　brood stock

用于采集果孢子的人工栽培或自然生长的成熟叶状体。

3.2

苗种　seedling

由人工培育的贝壳丝状体和采集到苗网上的壳孢子。

3.3

果孢子　zygotospore

由叶状体营养细胞转化形成果孢与精子囊器，成熟后两性细胞接合形成合子，合子经分裂成为果孢子。

3.4

贝壳丝状体　shell-boring conchocelis

由果孢子或自由丝状体切段钻入贝壳内发育而成。

3.5　**壳孢子　conchospore**

丝状体营养藻丝发育形成孢子囊枝，孢子囊成熟分裂形成并放出壳孢子。

4　质量要求

4.1　经营场所基本要求

种藻和苗种的生产经营环境应符合 GB 18407.4 的要求，所用海水水质应符合 NY 5052 的要求。

4.2　种藻

4.2.1　来源

人工栽培或自然生长藻体。

4.2.2　外观

藻体无病害，弹性强、有光泽、无附着物，生长良好；叶片暗紫绿色或略带褐色或呈深紫褐色，边缘有成片深紫红色果孢子囊区域。

4.2.3 规格

长度≥20 cm,宽度≥1.6 cm。

4.2.4 病害

无畸形,无病害。

4.3 苗种

4.3.1 贝壳丝状体

4.3.1.1 外观

丝状体分布均匀,无大面积空缺。

4.3.1.2 成熟度

贝壳丝状体由紫红色转为棕褐色,目视或溶壳检查可见壳面伸出大量孢子囊枝(俗称"绒毛")。每枚贝壳壳孢子放散量达10万个/次以上。

4.3.2 附着密度

苗网上单丝壳孢子附着密度为80个/cm～100个/cm;以网线检查附苗检查标准:12个/视野～15个/视野(显微镜10×10)。

5 检验方法

5.1 种藻

5.1.1 抽样方法

同一地点、同一时间采集的种藻为一个批次,每批次种藻随机抽取30株以上进行检测。

5.1.2 外观

将种藻放入白瓷盘中,在自然光下目视观察。

5.1.3 规格测量

将种藻放入白瓷盘中,用直尺测量。

5.2 苗种

5.2.1 贝壳丝状体

5.2.1.1 外观、成熟度

可用目视结合显微镜观察和溶壳检查的方法。溶壳剂参见附录A。

5.2.1.2 壳孢子放散量

每批次随机抽取30枚以上贝壳丝状体,于下午至傍晚,移到海上水流较急的海水中进行刺激,天亮前取回放入水槽或船舱内放散,高峰后取出。充分搅匀壳孢子水,随机取样计数壳孢子,根据水体容积计算总壳孢子数及其平均值,以该平均值作为该批次单枚贝壳丝状体的第一次壳孢子放散量。

5.2.2 壳孢子附苗量检查

5.2.2.1 维尼纶单丝散头方法

剪取网帘散头处维尼纶单丝,每个池取2个～4个点。每个点取单丝长度为1.0 cm～1.5 cm,平放在载玻片上。用显微镜计数,算出每厘米单丝上附着的壳孢子数量。

5.2.2.2 网线直接检查方法

剪取网绳片段,每个池取2个～4个点。每个点取网线长度为1.0 cm～1.5 cm,平放在载玻片上。用显微镜计数,算出每视野网绳上附着的壳孢子数量。

6 检验规则

6.1 种藻

6.1.1 一般规则

按照 4.2 的要求,用目视或显微镜检查,直尺进行测量。

6.1.2 组批规则

以一次选种的采苗为一批。

6.1.3 判定规则

符合 4.2 要求的叶状体为合格种藻。

6.2 苗种

6.2.1 检验项目和一般规则

按照 4.3.1 的要求对待出库贝壳丝状体进行抽样检验,按 4.3.2 的要求抽样检验出库苗网壳孢子附着密度。

6.2.2 组批规则

以同一培育单元为一组。

6.2.3 判定规则

符合 4.3 各项要求的为合格苗种。

7 运输要求

7.1 种藻

将新鲜的种藻阴干至藻体出现盐霜后装入透气袋子运输,运输应避免阳光直射或夜晚进行。

7.2 苗种

7.2.1 贝壳丝状体

运输需防干、防晒,途中喷洒海水保持湿润,运输时间控制在 5 h 以内。

7.2.2 苗帘

运输期间需保持湿润,避免阳光直射,防止温度过高,严禁淋上淡水。

SC/T 2064—2014

附　录　A
（资料性附录）
溶壳剂:柏兰尼液

柏兰尼液（Bailanni liquid）:一种用于检查贝壳丝状体的溶壳剂。其成分为:10％硝酸 4 份,95％酒精 3 份,0.5％铬酸 3 份。

————————

ICS 65.150
B 51

中华人民共和国水产行业标准

SC/T 2065—2014

缢　蛏

Razor clam

2014-03-24 发布

2014-06-01 实施

中华人民共和国农业部 发布

前　言

本标准按照 GB/T 1.1—2009 给出的规则起草。

请注意本文件的某些内容可能涉及专利。本文件的发布机构不承担识别这些专利的责任。

本标准由农业部渔业局提出。

本标准由全国水产标准化技术委员会海水养殖分技术委员会(SAC/TC 156/SC 2)归口。

本标准起草单位:中国海洋大学、中国水产科学研究院。

本标准主要起草人:高天翔、张辉、刘琪、宋娜、李渊。

缢蛏

1 范围

本标准给出了缢蛏(*Sinonovacula constricta* Lamarck，1818)的主要形态构造、生长与繁殖特征、遗传学特性、检测方法和判定规则。

本标准适用于缢蛏的种质检测与鉴定。

2 规范性引用文件

下列文件对于本文件的应用是必不可少的。凡是注日期的引用文件,仅注日期的版本适用于本文件。凡是不注日期的引用文件,其最新版本(包括所有的修改单)适用于本文件。

GB/T 18654.2 养殖鱼类种质检验 第2部分:抽样方法

GB/T 18654.12 养殖鱼类种质检验 第12部分:染色体组型分析

3 名称与分类

3.1 学名

缢蛏(*Sinonovacula constricta* Lamarck，1818)。

3.2 分类位置

隶属软体动物门(Mollusca),双壳纲(Bivalvia),帘蛤目(Veneroida),竹蛏科(Solenidae),缢蛏属(*Sinonovacula*)。

4 可量性状

4.1 壳长(Shell length,SL)

前后壳基部与绞合线平行的最大距离。

4.2 壳高(Shell height,SH)

从壳顶至腹缘基部与绞合线垂直的最大距离。

4.3 壳宽(Shell width,SW)

捏紧两边贝壳使壳宽不再变小时测量其两壳最大距离。

5 主要形态特征

5.1 外部形态特征

5.1.1 外部形态

壳薄而长。壳顶低平,位于背部前端约1/3处;前后端圆,腹缘微内陷,背腹缘近平行,两端开口;壳表白色,被以黄绿色壳皮,壳表生长线显著,自壳顶到中腹部有斜的缢沟1条;外套窦宽大,与外套平行向前伸,约及壳长的2/5,顶端圆,部分与外套线愈合。

足位于壳前端,被具有触手的外套膜包围,侧面观似斧状,末端正面形成椭圆形跖面;水管2个,背侧为出水管,腹侧为进水管。缢蛏外形见图1。

图 1 缢蛏的外形

5.1.2 可数性状

5.1.2.1 自壳顶到中腹部有 1 条斜的缢沟。

5.1.2.2 绞合部左壳具主齿 3 枚,右壳具主齿 2 枚。

5.1.3 可量性状

对壳长 41.8 mm~59.6 mm、湿重 6.5 g~17.4 g 的 80 只缢蛏成体进行可量性状的测量,计算了壳高/壳长、壳宽/壳长的数值,数据见表 1。

表 1 缢蛏可量性状测量结果

41.8 mm~50 mm(壳长)	壳高/壳长	壳宽/壳长
最大值	0.37	0.31
最小值	0.24	0.23
平均值	0.34	0.28
50.1 mm~59.6 mm(壳长)	壳高/壳长	壳宽/壳长
最大值	0.35	0.32
最小值	0.31	0.22
平均值	0.33	0.27

6 生长与繁殖

6.1 生长

缢蛏一般 4 龄个体体长可达 80 mm,5 年以上的可达 120 mm。满 1 龄后,体长生长明显下降,软体部的生长加快。冬季基本不长,春季开始生长,夏季生长最旺,秋季又缓慢下来。5 月~7 月贝壳生长最快,7 月~9 月软体部生长最快。

6.2 繁殖

6.2.1 性成熟年龄

雌雄异体,一年性成熟。

6.2.2 繁殖期、产卵量与性腺特征

性成熟季节依地区而异,我国北方早于南方,辽宁沿海 6 月~8 月,山东沿海 8 月~10 月,浙江沿海 9 月~11 月。各批产卵量的大小依当时海区的理化环境条件而定。体长 5 cm 长的个体怀卵量约为 1×10^6 粒,分批产卵,每次产卵量约为 2×10^5 粒。

性成熟时,雌贝生殖腺呈米黄色,雄贝呈乳白色,性比接近 1∶1。

7 细胞遗传学特性

7.1 染色体数目

缢蛏二倍体体细胞染色体数为:$2n = 38$。

7.2 核型

缢蛏染色体的核型为:20 m+14 sm+2 st+2 t,NF=72。见图 2。

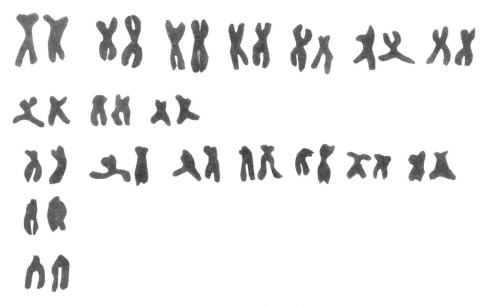

图 2 缢蛏的核型

8 检测方法

8.1 抽样

按 GB/T 18654.2 的规定执行。

8.2 可量性状的测定

用游标卡尺测量壳长、壳高、壳宽等数值,精确到 0.1 mm。电子天平称量总重、软体部重(滤纸尽量吸去水)和壳重,精确到 0.1 g。

8.3 染色体和核型检测

8.3.1 染色体标本的制备

a) 实验用贝于 0.005% 秋水仙素(海水配制)中充气暂养 8 h~10 h,割断闭壳肌,剪取一小块鳃组织;

b) 用 50% 的过滤海水低渗处理 30 min;

c) 0.075 mol/L KCl 低渗 25 min;

d) Carnoy 氏液固定 3 次,每次 15 min~20 min;

e) 50% 冰醋酸解离 20 min~30 min,轻轻吸打;

f) 50℃ 左右温片滴片;

g) 烘干后 10% Giemsa 染液(pH 6.8)染色 30 min(Giemsa 染液配制见附录 A);

h) 自来水冲洗,自然干燥后镜检。

8.3.2 核型分析

按 GB/T 18654.12 的分类标准对染色体分类。

9 判定规则

被检样品符合第 4 章的 4.1、4.2 及第 6 章、第 7 章任一章要求的为合格样品。如果有一项不符合的可以复检,复检不合格的判定为不合格,复检合格的判定为合格。

SC/T 2065—2014

附　录　A
（规范性附录）
Giemsa 染色液配制

A.1　Giemsa 染液母液的配制

称取 Giemsa 粉 0.5 g，甘油 33 mL，甲醇 33 mL。配制时，将 Geimsa 粉置于研钵中，加入少量甘油，研磨至无颗粒，再加入余下的甘油，拌匀后放入 56℃温箱中保温 2 h。然后，取出加入甲醇，充分拌匀，滤纸过滤后用棕色瓶密封，避光保存。静置 2 周后才能使用。

A.2　磷酸缓冲液（pH 6.8）的配制

该液可先配成甲液和乙液，然后混合使用。
甲液：KH_2PO_4 0.907 g，蒸馏水溶解，定容至 100 mL。
乙液：$Na_2HPO_4 \cdot 2H_2O$ 1.18 g，蒸馏水溶解，定容至 100 mL。
使用液（pH 6.8）：甲液 50.8 mL，乙液 49.2 mL，使用液现配现用。

A.3　Giemsa 使用液的配制

原液 1 份，pH 6.8 磷酸盐缓冲液 9 份，使用液现用现配。

ICS 65.150
B 51

中华人民共和国水产行业标准

SC/T 2066—2014

缢蛏 亲贝和苗种

Razor clam—Broodstock and seedling

2014-03-24 发布

2014-06-01 实施

中华人民共和国农业部 发布

前　言

本标准按照 GB/T 1.1—2009 给出的规则起草。

请注意本文件的某些内容可能涉及专利。本文件的发布机构不承担识别这些专利的责任。

本标准由农业部渔业局提出。

本标准由全国水产标准化技术委员会海水养殖分技术委员会(SAC/TC 156/SC 2)归口。

本标准起草单位:浙江省海洋水产养殖研究所。

本标准主要起草人:吴洪喜、柴雪良、谢起浪、周朝生、黄振华、蔡景波。

缢蛏　亲贝和苗种

1　范围

本标准规定了缢蛏（*Sinonovacula constricta*）亲贝和苗种的术语和定义、来源、质量要求、检验方法、检验规则以及包装运输。

本标准适用于缢蛏的亲贝和苗种的质量评定。

2　规范性引用文件

下列文件对于本文件的应用是必不可少的。凡是注日期的引用文件，仅注日期的版本适用于本文件。凡是不注日期的引用文件，其最新版本（包括所有的修改单）适用于本文件。

GB/T 18407.4　无公害水产品产地环境要求

NY 5052　无公害食品　海水养殖用水水质

3　术语和定义

下列术语和定义适用于本文件。

3.1

伤残空壳率　rate of wounded and broken individuals

贝壳残缺、畸形和空壳的苗种个体数占苗种总数的百分比。

3.2

性腺指数　gonad index

亲贝性腺重占软体部重的百分比。

4　亲贝

4.1　来源

自然滩涂、缢蛏原良种场或人工养殖场。产地环境应符合 GB/T 18407.4 的规定。

4.2　质量要求

4.2.1　外观

体形正常，两壳闭合自然；体质健壮，水管伸缩有力；体表洁净，贝壳无破损。

4.2.2　规格

1 龄～2 龄。壳长≥50 mm，或体重≥8 g。

4.2.3　性腺

性腺指数≥10.0%。在繁殖季节，生殖腺饱满，且覆盖整个内脏团表面。雌性性腺呈乳白色。卵子在海水中自由膨胀后，外形呈圆球形或椭球形，卵径 60 μm 以上，卵细胞膜薄而不明显，卵质均匀，核仁清晰。雄性性腺呈奶黄色，入海水呈烟雾状，精子活力强。

4.2.4　检疫

食蛏泄肠吸虫和鳗拟盘肛吸虫不得检出。

5　苗种

5.1　来源

人工育苗场、中间培育场或自然滩涂。产地环境应符合 GB/T 18407.4 的要求。

5.2 质量要求

5.2.1 感官

工厂化培育苗种贝壳长椭圆形,壳薄,半透明,玉白色,生长纹细密,壳顶靠近前端,较低,外韧带发达。中间培育苗种体形正常,贝壳厚实呈半透明,两壳闭合自然,贝壳前端黄色,贝壳腹缘略呈青绿色,其余部分呈玉白色;闭壳肌有力;软体部饱满;水管伸缩灵活,受惊后水管迅速收缩,两壳立即紧闭,同时发出"嗦嗦"的声音。

5.2.2 规格

规格划分见表1。

表 1 苗种规格

苗种规格	工厂化培育苗种	中间培育苗种		
		小规格	中规格	大规格
壳长(L),mm	$L \geqslant 1$	$10 \leqslant L < 15$	$15 \leqslant L < 20$	$L \geqslant 20$

5.2.3 规格合格率、伤残空壳率

应符合表2要求。

表 2 规格合格率、伤残空壳率

项 目	要 求			
	工厂化培育苗种	中间培育苗种		
		小规格	中规格	大规格
规格合格率,%	$\geqslant 95$	$\geqslant 95$	$\geqslant 90$	$\geqslant 90$
伤残空壳率,%	$\leqslant 5$	$\leqslant 3$	$\leqslant 5$	$\leqslant 5$

6 检验方法

6.1 外观

亲贝和中间培育苗种放入白瓷盘中,在充足自然光照下肉眼观察。工厂化培育苗种用显微镜或解剖镜直接观察。

6.2 规格

亲贝和中间培育苗种的壳长用分度值$\geqslant 1$ mm 的直尺测定,体重用精确度$\geqslant 0.1$ g 的电子天平称量。缢蛏亲体测量前,需将贝壳表面附着物清除,擦干贝壳表面海水后,放置于吸水纸上 2 min~3 min,然后分别测定体长和体重。工厂化培育苗种壳长在显微镜下测定。

6.3 性腺

称出随机抽取亲贝样品软体部和性腺的重量,计算出性腺重量与软体部重量的比值,以平均值为性腺指数。逐个打开贝壳,察看生殖腺饱满度和颜色,然后挑少许生殖腺于盛有少许干净海水的单凹载玻片上,待精子激活或卵子自由膨胀后,在显微镜下观察卵粒形状和精子活力,卵径大小用显微镜测定。

6.4 检疫

取性腺和鳃组织,在显微镜下检查。

6.5 规格合格率

将抽取的样品去除伤残、畸形及空壳个体,充分混合均匀,逐个测定壳长,然后计算出规格合格率。

6.6 伤残空壳率

从抽取的样品中挑拣出伤、残、空壳个体,根据统计出的伤、残、空壳个体和总苗数,计算出伤残空壳率。

7 检验规则

7.1 抽样方法

亲贝随机抽取 30 只进行检测;苗种随机抽取 200 只~300 只进行检测。

7.2 判定规则

7.2.1 亲贝

按照检验方法对抽取的样品逐项检验。≥95%个体的壳长或体重符合要求视为规格合格。所有检测项中有一项或一项以上指标不符合要求的,不得作亲贝使用。

7.2.2 苗种

所有检测项目中有一项或一项以上指标不符合要求的,判定本批苗种为不合格。若对判断结果有异议,按本标准规定的方法重新抽样复检,并以复检结果为准。

8 包装运输

8.1 亲贝

将洗净的缢蛏亲贝装入四壁和底部均有小孔的竹质或塑料质的筐内,宜选择在阴天或低温天气运输。途中严防日晒、雨淋和风干,路途运输宜在 72 h 内完成。

8.2 苗种

将缢蛏苗用产地海水洗净,装入四壁和底部均有小孔的竹质或塑料质的筐内,每筐盛苗量以 20 kg~30 kg 为宜。苗筐分层堆叠,最多不要超过 3 层,上下层之间要留有一定的空间。运输时间宜选择在阴天或低温天气。途中严防日晒、雨淋和风干,且要求每 5 h 洒海水 1 次,保持蛏苗湿润,避免积水浸泡苗种。洒用海水应符合 NY 5052 的规定。运输全程宜在 48 h 内完成。

————————

ICS 65.150
B 51

中华人民共和国水产行业标准

SC/T 2067—2014

许 氏 平 鲉

Black rockfish

2014-03-24 发布

2014-06-01 实施

中华人民共和国农业部 发布

前　言

本标准按照 GB/T 1.1—2009 给出的规则起草。

请注意本文件的某些内容可能涉及专利。本文件的发布机构不承担识别这些专利的责任。

本标准由农业部渔业局提出。

本标准由全国水产标准化技术委员会海水养殖分技术委员会(SAC/TC 156/SC 2)归口。

本标准起草单位:中国海洋大学、中国水产科学研究院。

本标准主要起草人:高天翔、张辉、刘琪、宋娜、李渊。

许 氏 平 鲉

1 范围

本标准给出了许氏平鲉(*Sebastes schlegelii* Hilgendorf，1880)的主要形态构造、生长与繁殖、细胞遗传学和生化遗传学特性以及检测方法。

本标准适用于许氏平鲉种质的检测和鉴定。

2 规范性引用文件

下列文件对于本文件的应用是必不可少的。凡是注日期的引用文件，仅注日期的版本适用于本文件。凡是不注日期的引用文件，其最新版本(包括所有的修改单)适用于本文件。

GB/T 18654.2 养殖鱼类种质检验 第2部分:抽样方法

GB/T 18654.12 养殖鱼类种质检验 第12部分:染色体组型分析

GB/T 25877 淀粉胶电泳同工酶分析

3 名称与分类

3.1 学名

许氏平鲉(*Sebastes schlegelii* Hilgendorf，1880)。

3.2 分类位置

硬骨鱼纲(Osteichthyes)，鲉形目(Scorpaeniformes)，鲉科(Scorpaenidae)，平鲉属(*Sebastes*)。

4 主要形态特征

4.1 外部形态

体灰黑色，散布不规则黑斑或白斑，尾鳍后缘及上下端白色。体中长，侧扁，长椭圆形;尾部狭小，甚侧扁;背缘弧形，腹缘浅弧形。尾柄长为尾柄高的1.6倍～1.9倍。头略大，头背缘前端较陡，后段低斜，复缘凹弧形。吻短，圆钝，吻长与眼劲约相等，为眼后头长2/5。眼略大，圆形，颇近吻端，靠近头背缘。口中大，端位，呈45°斜裂，口裂长为头长的2/5;下颌略突出，前端有一向下骨突。

鳞中大，栉鳞，覆瓦状排列，胸部和腹部被小圆鳞。背鳍起点位于鳃盖骨上棘上方，鳍棘部长约为鳍棘部2倍，中间一缺刻，鳍棘膜凹入;臀鳍起点位于背鳍倒数第二鳍棘下方，略短于背鳍鳍条部;胸鳍中大，圆形，下侧位，后端几伸达肛门，具分枝和不分枝鳍条;尾鳍后缘截形，约与腹鳍等长。

许氏平鲉的外部形态见图1。

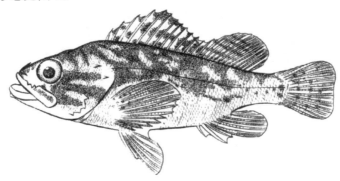

图1 许氏平鲉外部形态

4.2 可量性状

许氏平鲉实测可量性状比例值见表1。

表 1 许氏平鲉实测可量性状比例值

体高/体长	尾柄长/尾柄高	头长/体长	吻长/头长	上颌长/头长	眼径/头长	眼间距/头长
0.31～0.56	1.72～2.49	0.34～0.39	0.22～0.31	0.46～0.52	0.15～0.20	0.20～0.30
眼后头长/头长	吻至背鳍起点长度/体长	腹鳍起点至臀鳍起点长度/体长	背鳍基长/体长	臀鳍基长/体长	腹鳍长/体长	胸鳍长/体长
0.50～0.58	0.30～0.34	0.31～0.42	0.53～0.63	0.11～0.21	0.18～0.22	0.20～0.26

4.3 可数性状

4.3.1 背鳍Ⅺ～ⅩⅣ-12～14;臀鳍Ⅲ-6～11;胸鳍18;腹鳍Ⅰ-5～8;尾鳍17～20。

4.3.2 脊椎骨26～28。

4.3.3 鳃耙数5～9+17～19。

5 生长与繁殖

5.1 生长

分布于黄海的许氏平鲉体长与体重的关系符合指数函数,其关系式见式(1):

$$W_t = 4.74 \times 10^{-4} L_t^{2.885} \quad\cdots\cdots\cdots\cdots\cdots\cdots\cdots\cdots\cdots\cdots\cdots (1)$$

式中:

L_t——t 龄鱼的体长,单位为毫米(mm);

W_t——t 龄鱼的体重,单位为克(g)。

5.2 繁殖

5.2.1 性成熟年龄

雄鱼为 3 龄,雌鱼为 4 龄。

5.2.2 产卵特性

卵胎生,繁殖期在 4 月～6 月,怀卵量在 1.52×10^4 粒～3.25×10^5 粒。

6 遗传学特性

6.1 染色体数目

许氏平鲉的染色体数目为:$2n=48$。

6.2 核型

许氏平鲉染色体核型为:2m+46t,NF=50。见图2。

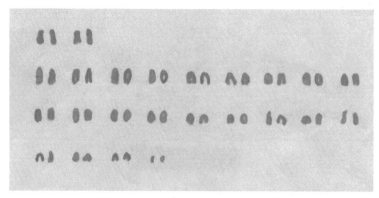

图 2 许氏平鲉的核型

6.3 同工酶

许氏平鲉肝脏异柠檬酸脱氢酶(IDH)同工酶电泳图谱见图3,表现为1条带。

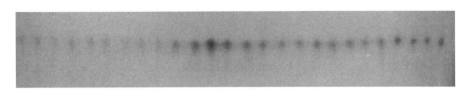

图3　许氏平鲉肝脏 IDH 同工酶电泳图谱

7　检测方法

7.1　抽样

按 GB/T 18654.2 的规定执行。

7.2　形态特征的测定

按 GB/T 18654.3 的规定执行。

7.3　染色体和核型检测

7.3.1　染色体标本的制备

a)　实验用鱼于 0.005%秋水仙素(海水配制)中充气暂养 8 h～10 h,剪取一小块头肾组织;

b)　用 50%的过滤海水低渗处理 30 min;

c)　0.075 mol/L KCl 低渗 25 min;

d)　Carnoy 氏液固定 3 次,每次 15 min～20 min;

e)　50%冰醋酸解离 20 min～30 min,轻轻吸打;

f)　50℃左右温片滴片;

g)　烘干后 10%Giemsa 染液(pH 6.8)染色 30 min(Giemsa 染液配制见附录 A);

h)　自来水冲洗,自然干燥后镜检。

7.3.2　核型分析

观察 100 个左右分散良好的中期分裂相,记数确定二倍体数。从中挑选 10 个分散良好、形态清晰的中期分裂相进行显微拍照、放大、测量。按 GB/T 18654.12 的分类标准对染色体分类。

7.3.3　同工酶

按 GB/T 25877 的规定执行。

8　判定规则

检测结果不符合第 4 章、第 6 章中任何一章要求的,则判定为不合格项,有不合格项的样品为不合格样品。

附 录 A
（规范性附录）
Giemsa 染色液配制

A.1 Giemsa 染液母液的配制

称取 Giemsa 粉 0.5 g，甘油 33 mL，甲醇 33 mL。配制时，先将 Geimsa 粉置研钵中，加入少量甘油，研磨至无颗粒。再加入余下的甘油，拌匀后放入 56℃温箱中保温 2 h。然后，取出加入甲醇，充分拌匀。滤纸过滤后，用棕色瓶密封，避光保存。一般要放置 2 周后才能使用。

A.2 磷酸缓冲液(pH 6.8)的配制

该液可先配成甲液和乙液，然后混合使用。
甲液：KH_2PO_4 0.907 g，蒸馏水溶解，定容至 100 mL。
乙液：$Na_2HPO_4 \cdot 2H_2O$ 1.18 g，蒸馏水溶解，定容至 100 mL。
使用液(pH 6.8)：甲液 50.8 mL，乙液 49.2 mL。该使用液不宜久放，一般现配现用。

A.3 Giemsa 使用液的配制

原液 1 份，pH 6.8 磷酸盐缓冲液 9 份。使用液不宜长期保存，一般现配现用。

————————————

ICS 65.150
B 51

中华人民共和国水产行业标准

SC/T 2071—2014

马 氏 珠 母 贝

Marten's pearl oyster

2014-03-25 发布

2014-06-01 实施

中华人民共和国农业部 发布

SC/T 2071—2014

前　言

本标准按照 GB/T 1.1—2009 给出的规则起草。

请注意本文件的某些内容可能涉及专利。本文件的发布机构不承担识别这些专利的责任。

本标准由农业部渔业局提出。

本标准由全国水产标准化技术委员会海水养殖分技术委员会(SAC/TC 156/SC 2)归口。

本标准起草单位:广西壮族自治区水产研究所。

本标准主要起草人:李咏梅、杨春玲、彭敏、彭金霞、蒋伟明、陈秀荔。

马 氏 珠 母 贝

1 范围

本标准给出了马氏珠母贝(*Pinctada martensii* Dunker,1850)主要形态构造特征、生长与繁殖、细胞遗传学特征、检测方法和判定规则。

本标准适用于马氏珠母贝的种质检测和鉴定。

2 规范性引用文件

下列文件对于本文件的应用是必不可少的。凡是注日期的引用文件,仅注日期的版本适用于本文件。凡是不注日期的引用文件,其最新版本(包括所有的修改单)适用于本文件。

GB/T 18654.12 养殖鱼类种质检验 第12部分:染色体组型分析

3 名称与分类

3.1 学名

马氏珠母贝(*Pinctada martensii* Dunker,1850)。

3.2 分类位置

软体动物门(Mollusca),双壳纲(Bivalvia),翼形亚纲(Pterimorphia),珍珠贝目(Pterioida),珍珠贝科(Pteriidae),珠母贝属(*Pinctada*)。

4 主要形态构造特征

4.1 外部形态特征

4.1.1 外形

贝壳斜四方形,壳顶位于前方,后耳大,前耳稍小。背缘平直,腹缘圆。边缘鳞片层紧密,末端稍翘起。同心生长轮脉极细密,呈片状。两壳不等,左壳稍凸,右壳较平,右壳前耳下方有一明显的足丝凹。绞合线直,韧带紫褐色。沿绞合线下方有一长形齿片。贝壳内面中部珍珠层厚,光泽强,边缘淡黄色。闭壳肌痕大,呈半月形,位于贝壳中央稍偏后方。马氏珠母贝的外形见图1。

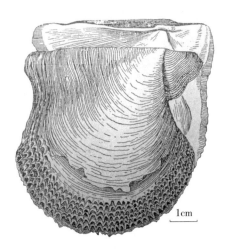

图1 马氏珠母贝的外部形态图(仿张玺)

4.1.2 可数性状

自壳顶的平滑面至壳缘,有 5 条～7 条暗褐色的放射带。

4.1.3 可量性状

对壳长 52.14 mm～72.90 mm、体重 23.20 g～51.90 g 的 50 个个体进行数量性状的测量,数据见表 1。

表 1 马氏珠母贝数量性状统计表

性状	壳长 mm	壳高 mm	壳宽 mm	体重 g	壳高/壳长	壳宽/壳长
平均值	60.76	63.02	22.28	34.29	1.038	0.368
标准差	±4.64	±5.73	±1.84	±6.00	±0.131	±0.036

4.2 内部构造特征

4.2.1 外套膜

分左、右两片,在背面绞合部处愈合,属二孔型。

4.2.2 生殖系统

通常为雌雄异体,一般雄性的生殖腺颜色为乳白色或橙红色,雌性的生殖腺为黄色或浅黄色。

5 生长与繁殖

5.1 生长

5.1.1 体重壳长生长关系式

马氏珠母贝在自然条件下壳长(L)与体重(W)关系式见式(1)。

$$W = 0.0488 \times L^{1.5937} \quad\quad (1)$$

式中:

W——马氏珠母贝壳长 L 时的体重,单位为克(g);

L——马氏珠母贝体重 W 时的壳长,单位为毫米(mm)。

5.1.2 壳长、壳高、壳长及体重测量值

不同年龄组马氏珠母贝个体壳长、壳高测量值见表 2。

表 2 不同年龄组马氏珠母贝个体壳长、壳高测量值

贝龄 龄	壳长 mm	壳高 mm	壳宽 mm	体重 g
1	53.08±5.42	53.92±5.67	20.98±1.61	27.83±6.62
2	54.04±4.77	61.17±4.31	23.60±1.49	42.52±7.55
2.5	61.02±3.18	71.77±0.66	25.73±1.36	55.83±5.59
3	68.89±2.63	77.78±0.53	28.65±1.24	64.81±5.33
3.5	75.47±2.65	84.27±1.09	30.48±1.17	71.63±5.31

5.2 繁殖

5.2.1 性成熟年龄

性成熟年龄为 1 龄。

5.2.2 繁殖期

一年两次,每年 5 月～6 月和 9 月～10 月为繁殖期。

5.2.3 怀卵量

壳高 60 mm～70 mm 的个体,怀卵量为 2×10^6 粒～5×10^6 粒。

5.2.4 生殖方式

卵生型。

6 细胞遗传学特征

6.1 染色体数

$2n=28$。

6.2 核型

核型公式:$2n=14m+6sm+6st+2t$。

染色体总臂数:NF=48。

染色体组型见图2。

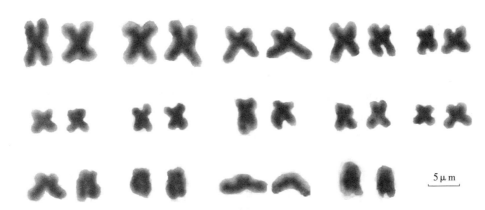

图2 马氏珠母贝成贝鳃细胞中期染色体组型

7 检测方法

7.1 主要生物学性状检测

7.1.1 抽样方法

随机抽样,形态性状测定的样本量不少于30个;繁殖性能测定样本量不少于10个。

7.1.2 性状测定

用游标卡尺测量壳长、壳高、壳宽等数值(具体测量方法如图3),精确到0.1 mm。电子天平称量体重,精确到0.1 g。

壳长(Shell length,SL):前后缘鳞片基部与绞合线平行的最大距离;壳高(Shell height,SH):从壳

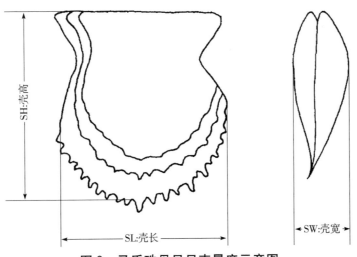

图3 马氏珠母贝贝壳量度示意图

SC/T 2071—2014

顶至腹缘鳞片基部与绞合线垂直的最大距离;壳宽(Shell width,SW):捏紧两边贝壳使壳宽不再变小时测量其两壳最大距离。

7.1.3 年龄鉴定

根据养殖时间测定年龄;或以贝壳表面壳顶为中心呈环行的生长线来判定,在贝壳外表缘有规则的环状鳞片之间,有明显略大于有规则环状鳞片的生长线即作为年龄的分界线。

7.1.4 怀卵量测定

解剖刀划开性腺部分,用过滤海水和解剖刀把覆盖在内脏团上的卵子边刮边冲洗入玻璃烧杯中。然后,用玻璃棒轻轻打散卵块并搅拌,使卵液混合均匀,定容。用吸管吹匀卵液,在几个不同点等量取卵液放在小烧杯中,用细胞计数法计算出卵子密度。重复取样3次以上得出卵子密度平均值,总卵量＝卵液总体积×卵子密度平均值。

7.2 染色体组型检测

7.2.1 染色体标本的制备

a) 剪取小块鳃组织,用海水洗净,放入0.4 g/L秋水仙素中30 min;
b) 用体积分数为20％的人工海水低渗处理50 min(或者用0.075 mol/L KCl低渗处理30 min);
c) 卡诺氏液($V_{甲醇}$：$V_{冰醋酸}$＝3：1)固定约60 min,中间换液4次;
d) 用体积分数为50％的冰醋酸解离制成细胞悬液;
e) 50℃热滴片;
f) 空气干燥后,用10％Giemsa染液(pH 6.8)染色20 min(Giemsa染液配制见附录A);
g) 自来水冲洗,自然干燥后镜检。

7.2.2 组型分析

按照GB/T 18654.12的规定执行。

8 判定规则

被检样品符合第4章中4.1.1、4.1.2以及第6章要求的为合格样品。如果有一项不符合的,可以复检。复检不合格的判定为不合格,复检合格的判定为合格。

134

附　录　A

（规范性附录）

Giemsa 染色液配制

A.1　Giemsa 染液母液的配制

称取 Giemsa 粉 0.5 g，甘油 33 mL，甲醇 33 mL。配制时，先将 Giemsa 粉置于研钵中，加入少量甘油，研磨至无颗粒。再加入余下的甘油，拌匀后放入 56℃温箱中保温 2 h。然后，取出加入甲醇，充分拌匀，滤纸过滤后用棕色瓶密封，避光保存。一般要放置 2 周后才能使用。

A.2　磷酸缓冲液(pH 6.8)的配制

该液可先配成甲液和乙液，然后混合使用。

甲液：KH_2PO_4 0.907 g，蒸馏水溶解，定容至 100 mL。

乙液：$Na_2HPO_4 \cdot 2H_2O$ 1.18 g，蒸馏水溶解，定容至 100 mL。

使用液(pH 6.8)：甲液 50.8 mL，乙液 49.2 mL。该使用液不宜久放，一般现配现用。

A.3　Giemsa 使用液的配制

母液 1 份，pH 6.8 磷酸盐缓冲液 9 份。使用液不宜长期保存，一般现配。

ICS 65.150
B 50

中华人民共和国水产行业标准

SC/T 3043—2014

养殖水产品可追溯标签规程

Guideline of aquaculture products traceability label

2014-03-24 发布

2014-06-01 实施

中华人民共和国农业部 发布

前　言

本标准按照 GB/T 1.1—2009 给出的规则起草。

本标准由农业部渔业局提出。

本标准由全国水产标准化技术委员会水产品加工分技术委员会(SAT/TC 156/SC 3)归口。

本标准起草单位:中国水产科学研究院、北京农业信息技术研究中心。

本标准主要起草人:孙传恒、宋怿、黄磊、杨信廷、孟娣、刘学馨、李文勇、陈曦、陈波。

养殖水产品可追溯标签规程

1 范围

本标准规定了养殖水产品追溯标签的术语和定义、技术内容与技术参数、标签材质、标签印制与使用等。

本标准适用于养殖水产品可追溯标签生成、印制与使用,不适用于电子标签。

2 规范性引用文件

下列文件对于本文件的应用是必不可少的。凡是注日期的引用文件,仅注日期的版本适用于本文件。凡是不注日期的引用文件,其最新版本(包括所有的修改单)适用于本文件。

GB/T 22258 防伪标识通用技术条件

SC/T 3044 养殖水产品可追溯编码规程

SC/T 3045 养殖水产品可追溯信息采集规程

3 术语和定义

下列术语和定义适用于本文件。

3.1

起捕日期 date of fishing

养殖到一定时间后捕获的日期。

3.2

包装日期 date of packaging

装入包装物或容器中,形成销售单元的日期。

3.3

防伪标识 anti-counterfeiting identification

能粘贴、印刷或加挂在养殖水产品或者包装或附属物上,具有防伪功能的标识。

4 技术内容和技术参数

4.1 基本要求

可追溯标签的所有内容,应符合国家法律、法规的规定,并符合相应标准的要求。

4.1.1 明确性

可追溯标签的标注内容应明确,不得以错误的、引起误解的或欺骗性的方式描述或介绍养殖水产品,不得以直接或间接暗示性的文字、图形、符号导致消费者将养殖水产品与另一产品混淆。

4.1.2 规范性

可追溯标签的标注应是规范性的汉字,标签上的文字、图形、符号应清晰,应使消费者购买时易于辨认和识读,标注内容通俗易懂、准确、科学。

4.1.3 一致性

可追溯标签追溯码和监管码所标识的内容应为同一批次生产的养殖水产品,能够实现水产品的追溯。

4.1.4 直观性

可追溯标签色彩搭配、布局合理，产品名称应在标签的醒目位置。

4.2 标识内容

4.2.1 基本标识内容

4.2.1.1 产品名称

用于标识养殖水产品的生物学分类名称，商品名称也可作为生物学分类名称补充。当国家标准或行业标准中已规定了养殖水产品的一个或几个名称时，应选用其中一个。无上述规定的名称时，应使用不使消费者误解或混淆的常用名称。当使用商品名称易造成误解或混淆时，可通过备注生物学分类名称的方式说明。产品名称不得添加带有不实、夸大性质的词语，如"优质××"、"极品××"等。

4.2.1.2 责任主体名称

责任主体名称指生产商、分装商、经销商或进口商依法登记注册的名称。

4.2.1.3 产地地址

按照企业所在的行政管理属地，可到县级或县级以下。

4.2.1.4 生产日期

养殖水产品的生产日期指养殖水产品的起捕日期或包装日期，采用 YYYYMMDD 格式以公历标注。不得以任何方式修改养殖水产品可追溯标签上的生产日期。

4.2.1.5 产品质量等级

产品质量等级按养殖水产品分级标准或按产品规格标准标注。

4.2.2 追溯标识内容

4.2.2.1 追溯编码

可追溯编码应符合 SC/T 3044 的规定。

4.2.2.2 条码表示

标签上可印制一维条码和(或)二维条码，作为产品质量信息的载体，并提高产品标签防伪能力。可追溯编码标准应符合 SC/T 3045 的规定。

4.2.3 推荐标识内容

4.2.3.1 认证标识

通过"无公害农产品"、"绿色食品"、"有机产品"等认证的生产单位，可按照相关认证标志管理办法将认证标志标识在养殖水产品可追溯标签上，但标识不应遮挡文字、条码。

4.2.3.2 标签监制单位

可在标签上标注养殖水产品可追溯标签的监制单位名称。

4.2.3.3 查询方式

标识内容应印有相关信息查询方法，如网址、电话和短信等。查询方式应真实有效，不得以错误、引起误解或欺骗性的方式表示查询方式。

4.3 标签样式

养殖水产品可追溯标签推荐样示参见附录 A。

5 标签材质、印制及使用

5.1 标签材料

可根据各责任主体自身情况选用不同的标签材质，但应满足食品包装级别要求，保持标签字迹、图像清晰，宜采用防水、防撕、耐磨材料。

5.2 防伪标识设计

养殖水产品标签上增加防伪标识，以保证标识内容及所承载数据的安全性。防伪标识应符合

GB/T 22258 的规定。

5.3 标签的生成

标签生成可采用印刷、打印等方式,应确保标签表面的文字、图形、符号清晰,并且要耐磨损,字迹可长时间保留在标签上。

5.4 标签的使用

不易包装的养殖水产品采取附加标签、标识牌、标识带、说明书等形式标明养殖水产品的品名、生产地、生产者或者销售者名称等内容。标签可以挂牌,也可以加贴在产品产地准出证明、批次产品转运记录上或采取其他合适的方式加贴加挂。

附　录　A

（资料性附录）

养殖水产品可追溯标签示例

A.1　养殖水产品可追溯标签示例

A.2　说明

①——追溯码；

②——责任主体名称；

③——生产日期；

④——产品规格（重量或包装）；

⑤——产品名称（分类名称/商品名称）；

⑥——防伪标识；

⑦——标签名称；

⑧——查询方式；

⑨——二维条码；

⑩——标签背景图；

⑪——一维条码；

⑫——标签监制单位。

ICS 65.150
B 50

中华人民共和国水产行业标准

SC/T 3044—2014

养殖水产品可追溯编码规程

Guideline of coding for aquaculture products traceability

2014-03-24 发布

2014-06-01 实施

中华人民共和国农业部 发布

前　言

本标准按照 GB/T 1.1—2009 给出的规则起草。

本标准由农业部渔业局提出。

本标准由全国水产标准化技术委员会水产品加工分技术委员会(SAC/TC 156/SC 3)归口。

本标准起草单位:中国水产科学研究院、北京农业信息技术研究中心。

本标准主要起草人:赵春江、孙传恒、宋怿、黄磊、房金岑、杨信廷、李文勇、孟娣、赵丽、陈波、陈曦。

养殖水产品可追溯编码规程

1 范围

本标准规定了养殖水产品追溯编码的术语和定义、编码规则、编码结构和数据载体。

本标准适用于养殖水产品追溯编码的编制。

2 规范性引用文件

下列文件对于本文件的应用是必不可少的。凡是注日期的引用文件,仅注日期的版本适用于本文件。凡是不注日期的引用文件,其最新版本(包括所有的修改单)适用于本文件。

GB/T 2260 中华人民共和国行政区划分代码

GB/T 7027 信息分类和编码的基本原则与方法

GB 11782 水产及水产加工品分类与名称

GB 12904—2003 商品条码

GB/T 15425 EAN·UCC 系统 128 条码

GB/T 16986 商品条码 应用标识符

3 术语和定义

下列术语和定义适用于本文件。

3.1

追溯单元 traceability unit

需要对其来源、用途和位置的相关信息进行记录和追溯的单个产品或批次产品。

3.2

养殖水产品追溯码 traceability code of aquaculture products

承载对供应链下一环节实现追溯功能的对养殖水产品所赋予的标识代码。

3.3

养殖水产品监管码 supervision code of aquaculture products

用于行政区域内对水产养殖责任主体的产品身份监管所赋予的唯一编码。

3.4

批次 lot number

相似条件下生产或包装的某一产品单元的集合。

3.5

养殖生产单元 aquaculture unit

需要对其来源、用途和位置的相关信息进行记录和追溯的单个或连片养殖生产区域。

3.6

源实体参考代码 source entity reference code

源实体参考代码是贸易项目的一个属性,即养殖生产单元编码,用于跟踪养殖水产品贸易项目的最初来源。

4 编码规则

4.1 基本原则

SC/T 3044—2014

4.1.1 唯一性

一个追溯码对应唯一一个追溯单元。

4.1.2 开放性

参考国际物品编码协会 GS1 的编码规则,保证编码在开放的系统中能够使用。

4.1.3 实用性

追溯编码兼顾国际标准,同时也要满足国内养殖水产品监管需求。

4.1.4 简明性

编码应采用尽可能短的代码长度,形式简单明了,方便输入。

4.2 基本要求

4.2.1 编码对象

编码对象为水产养殖生产责任主体和养殖水产品。

4.2.2 追溯码与监管码

追溯编码包括追溯码和监管码。追溯码应与国际物品编码协会 GS1 的编码规则统一,监管码应满足国内监管实际需求。追溯码和监管码都可用作养殖水产品的追溯编码。

5 编码结构

5.1 总则

追溯编码采用追溯码和监管码相结合的编码方式。追溯码采用国际物品编码协会 GS1 的编码规则,监管码采用行政区划监管为主的编码方式。

5.2 追溯码的结构

5.2.1 结构

5.2.1.1 GTIN+批号/系列号,适用批次/单个的养殖水产品的编码。

5.2.1.2 GTIN+生产日期或包装日期+源实体参考代码,适用所有养殖水产品的编码。源实体参考代码指养殖生产单元(如池塘、网箱等)编码。

5.2.2 全球贸易项目代码(GTIN)的结构

全球贸易项目代码 GTIN14 位结构见表 1,其他结构的 GTIN 见 GB/T 16986 的相应条目。

表 1 GTIN14 位结构

全球贸易项目代码(GTIN)			
指示符[a]	厂商识别代码[b] 项目代码[c]		校验码[d]
N_1	N_2 N_3 N_4 N_5 N_6 N_7 N_8 N_9 N_{10} N_{11} N_{12} N_{13}		N_{14}

注:N 为数字字符。

[a] 指示符为 9 时表示贸易项目为变量的贸易项目。

[b] 厂商识别代码应符合 GB 12904 的要求。

[c] 项目代码由厂商分配的项目号。

[d] 校验码的计算方法按 GB 12904—2003 附录 B 的规定执行。

5.2.3 应用标识符

5.2.3.1 应用标识符字符串的结构符合 GB/T 16986 的要求。

5.2.3.2 常用的应用标识符字符串的含义、格式参见附录 A。

5.3 监管码的结构

监管码适用于水产主管部门对所辖区域内养殖水产品厂商的编码。结构见表 2。

表 2 养殖水产品监管码 27 位结构

养殖水产品监管码						
厂商识别代码[a]		产品批号代码[b]				校验码[c]
行政区划代码	企业代码	产品分类代码	源实体参考代码	生产日期代码	批号顺序代码	校验码
$N_1 N_2 N_3 N_4 N_5 N_6$	$N_7 N_8 N_9 N_{10}$	$N_{11} N_{12} N_{13} N_{14}$	$N_{15} N_{16} N_{17}$	$N_{18} N_{19} N_{20} N_{21} N_{22} N_{23}$	$N_{24} N_{25} N_{26}$	N_{27}

注:N 为数字字符。

[a] 厂商识别代码:行政区划代码＋企业代码。

[b] 产品批号代码:产品分类代码＋源实体参考代码＋生产日期代码＋批号顺序代码。

[c] 校验码的计算方法按 GB 12904—2003 附录 B 的规定执行。

5.3.1 厂商识别代码的结构

厂商识别代码由行政区划代码和企业代码组成。行政区划代码标识县及县以上行政区划代码,按照 GB/T 2260 的规定编码。企业代码由 1 位企业类型识别代码和 3 位企业顺序流水号组成,企业类型识别码主要包括企业、合作社、协会及其他,分别编码为 1、2、3、0。3 位顺序流水号按备案时间由当地相关部门分配。

5.3.2 产品批号代码的结构

产品批号代码由产品分类代码、源实体参考代码、生产日期代码和批号顺序代码组成。产品分类代码采用 GB/T 7027 中层次码要求的设计。

a) 第一层次 2 位数字标识产品类别,如鲜活海水鱼类、冷冻海水鱼类等;

b) 第二层次 2 位数字标识具体产品品种名称,如大黄鱼等,养殖水产品分类参照 GB 11782 的规定,详细代码分类见附录 B;

c) 源实体参考代码标识水产养殖责任主体内部养殖生产单元编码,采用流水顺序号的方式生成;

d) 生产日期代码用养殖水产品的出池日期代码表示,格式为 YYMMDD;

e) 批号顺序代码 3 位数字标识产品批号顺序,采用流水顺序号的方式生成。

5.3.3 监管码的加密

监管码可进行加密,采用专用加密算法提取行政区划代码、企业代码、产品分类代码、源实体参考代码和生产日期代码生成 20 位唯一的监管码,方便输入和防伪。

6 数据载体

6.1 追溯码的数据载体可采用 GS1-128 条码、二维条码或者射频标签。

6.2 采用 GS1-128 条码作为养殖水产品追溯码的数据载体时,应符合 GB/T 15425 的要求。养殖水产品追溯码的条码表示见图 1。

(01)96901234100013(11)070811(251)A0000001

图 1 养殖水产品追溯码的条码表示

6.3 监管码的数据载体采用数字顺列表示,也可采用条码或射频标签表示。

附　录　A

（资料性附录）

GS1 应用标识符的含义、格式及名称

GS1 应用标识符的含义、格式及名称见表 A.1。

表 A.1　GS1 所有应用标识符

AI	数据段含义	格式	数据段名称
00	系列货运包装箱代码	n2＋n18	SSCC
01	全球贸易项目代码	n2＋n14	GTIN
02	物流单元内贸易项目的 GTIN	n2＋n14	CONTENT
10	批号	n2＋an...20	BATCH/LOT
11	生产日期	n2＋n6	PROD DATE
12	付款截止日期	n2＋n6	DUE DATE
13	包装日期	n2＋n6	PACK DATE
15	保质期	n2＋n6	BEST BEFORE 或 SELL BY
17	有效期	n2＋n6	USE BY 或 EXPIRY
20	产品变体	n2＋n2	VARIANT
21	系列号	n2＋an...20	SERIAL
22	医疗卫生行业产品的二级数据	n2＋an...29	QTY/DATE/BATCH
240	附加产品标识	n3＋an...30	ADDTIONAL ID
241	客户方代码	n3＋an...30	CAST. PART. NO.
250	二级系列号	n3＋an...30	SECONDARY SERIAL
251	源实体参考代码	n3＋an...30	REF. TO SOURCE
30	可变数量	n2＋n...8	VAR. COUNT
310n～369n	贸易与物流量度	n4＋n6	
337n	kg/m²	n4＋n6	KG PER m21
37	物流单元内贸易项目的数量	n2＋n...8	COUNT
390n	单一货币区内的应付款金额	n4＋n...15	AMOUNT
391n	具有 ISO 货币代码的应付款金额	n4＋n3＋n...15	AMOUNT
392n	单一货币区内变量贸易项目的应付款金额	n4＋n...15	PRICE
394n	具有 ISO 货币代码的变量贸易项目的应付款金额	n4＋n3＋n...15	PRICE
400	客户订购单代码	n3＋an...30	ORDER NUMBER
401	货物托运代码	n3＋an...30	CONSIGNMENT
402	装运标识代码	n3＋n17	SHIPMENT NO.
403	路径代码	n3＋an...30	ROUTE
410	交货地 EAN·UCC 全球位置码	n3＋n13	SHIP TO LOC
411	受票方 EAN·UCC 全球位置码	n3＋n13	BILL TO
412	供货方 EAN·UCC 全球位置码	n3＋n13	PURCHASE FROM
413	最终收货方 EAN·UCC 全球位置码	n3＋n13	SHIP FOR LOC
414	标识物理位置的 EAN·UCC 全球位置码	n3＋n13	LOC NO
415	开票方 EAN·UCC 全球位置码	n3＋n13	PAY TO
420	同一邮政区域内交货地的邮政编码	n3＋an...20	SHIP TO POST
421	具有 3 位 ISO 国家（或地区）代码的交货地邮政编码	n3＋n3＋an...9	SHIP TO POST
422	贸易项目的原产国（或地区）	n3＋n3	ORIGIN
423	贸易项目初始加工的国家（或地区）	n3＋n3＋n...1	COUNTRY - INITIAL PROCESS.
424	贸易项目加工的国家（或地区）	n3＋n3	COUNTRY - PROCESS

表 A.1（续）

AI	数据段含义	格式	数据段名称
425	贸易项目拆分的国家（或地区）	n3＋n3	COUNTRY - DISASSEMBLY
426	贸易项目全程加工的国家（或地区）	n3＋n3	COUNTRY - FULL PROCESS
7001	北约物资代码	n4＋n13	NSN
7002	UN/ECE 肉类周体与分割产品分类	n4＋an...30	MEAT CUT
703s	具有3位ISO国家（或地区）代码的加工者批准号码	n4＋n3＋an...27	PROCESSOR ♯S4
8001	卷状产品	n4＋n14	DIMENSIONS
8002	蜂窝移动电话标识符	n4＋an...20	CMT NO.
8003	全球可回收资产标识符	n4＋n14＋an...16	GRAI
8004	全球单个资产标识符	n4＋an...30	GRAI
8005	单价	n4＋n6	PRICE PER UNIT
8006	贸易项目组件的标识	n4＋n14＋n2＋n2	GCTIN
8007	国际银行账号代码	n4＋an...30	IBAN
8008	产品生产的日期与时间	n4＋n8＋n...4	PROD TIME
8018	全球服务关系代码	n4＋n18	GSRN
8020	支付单代码	n4＋an...25	REF NO.
8100	GS1-128 优惠券扩展代码- NSC＋Offer Code	n4＋n1＋n5	
8101	GS1-128 优惠券扩展代码-NSC＋Offer Code＋end of offer code	n4＋n1＋n5＋n4	
8102	GS1-128 优惠券扩展代码- NSC	n4＋n1＋n1	
90	贸易伙伴之间相互约定的信息	n2＋an...30	INTERNAL
91～99	公司内部信息	n2＋an...30	INTERNAL
注：a 为字母字符，n 为数字字符，an 为字母数字字符。			

附 录 B
（规范性附录）
水产品分类代码

水产品分类代码见表B.1。

表B.1 水产品分类代码

产品类别	代码	产品品种	代码
鲜活海水鱼类	01	大黄鱼	01
		黄姑鱼	02
		白姑鱼	03
		鲳鱼	04
		鲐鱼	05
		鳓鱼	06
		鲈鱼	07
		鲱鱼	08
		蓝圆鲹	09
		马面鲀	10
		石斑鱼	11
		鲆鱼	12
		鲽鱼	13
		鳀鱼	14
		鳕鱼	15
		海鳗	16
		鳐鱼	17
		鲷鱼	18
		金线鱼	19
		军曹鱼	20
		鲫鱼	21
		美国红鱼	22
		河鲀	23
		其他海水鱼类	24
鲜活海水虾类	02	东方对虾	01
		日本对虾	02
		长毛对虾	03
		斑节对虾	04
		墨吉对虾	05
		宽沟对虾	06
		鹰爪虾	07
		白虾	08
		毛虾	09
		龙虾	10
		中国对虾	11
		南美白对虾	12
		其他海水虾类	13

表 B.1（续）

产品类别	代码	产品品种	代码
鲜活海水蟹类	03	梭子蟹	01
		青蟹	02
		其他海水蟹类	03
鲜活海水贝类	04	鲍鱼	01
		泥蚶	02
		毛蚶	03
		魁蚶	04
		其他蚶	05
		贻贝	06
		红螺	07
		香螺	08
		玉螺	09
		泥螺	10
		其他海水螺	11
		栉孔扇贝	12
		虾夷扇贝	13
		其他扇贝	14
		蛤	15
		大竹蛏	16
		缢蛏	17
		其他蛏	18
		牡蛎	19
		江珧	20
		其他海水贝类	21
海水藻类	05	海带	01
		裙带菜	02
		紫菜	03
		江蓠	04
		麒麟菜	05
		石花菜	06
		羊栖菜	07
		苔菜	08
		其他海水藻类	09
鲜活其他海水动物	06	墨鱼	01
		鱿鱼	02
		章鱼	03
		海参	04
		海胆	05
		海蜇	06
鲜活淡水鱼类	07	青鱼	01
		草鱼	02
		鲢	03
		鳙	04
		鲫	05
		鲤	06
		鲮	07
		鲑（大马哈鱼）	08
		鳜	09

表 B.1（续）

产品类别	代码	产品品种	代码
鲜活淡水鱼类	07	团头鲂	10
		长春鳊	11
		其他鲂、鳊	12
		银鱼	13
		乌鳢（黑鱼）	14
		泥鳅	15
		鲶	16
		鲥	17
		鲈	18
		黄鳝	19
		罗非鱼	20
		虹鳟	21
		鳗鲡	22
		鲟	23
		鳇	24
		鲴	25
		黄颡鱼	26
		短盖巨脂鲤	27
		长吻鮠	28
		池沼公鱼	29
		其他淡水鱼类	30
鲜活淡水虾类	08	日本沼虾	01
		罗氏沼虾	02
		中华新米虾	03
		秀丽白虾	04
		中华小长臂虾	05
		青虾	06
		克氏原螯虾	07
		南美白对虾	08
		其他淡水虾类	09
鲜活淡水蟹类	09	中华绒螯蟹	01
		其他淡水蟹类	02
鲜活淡水贝类	10	中华圆田螺	01
		铜锈环棱螺	02
		大瓶螺	03
		其他淡水螺	04
		三角帆蚌	05
		褶纹冠蚌	06
		背角无齿蚌	07
		河蚬	08
		其他淡水贝类	09
鲜活淡水藻类	11	螺旋藻	01
		其他淡水藻类	02
鲜活其他淡水动物	12	鳖（甲鱼）	01
		牛蛙	02
		棘胸蛙	03
		蜗牛	04
		龟	05

表 B.1（续）

产品类别	代码	产品品种	代码
冷冻海水鱼类	13	冻大黄鱼	01
		冻小黄鱼	02
		冻黄姑鱼	03
		冻白姑鱼	04
		冻带鱼	05
		冻鲳	06
		冻鲅	07
		冻鲐	08
		冻鲈	09
		冻蓝圆鲹	10
		冻石斑鱼	11
		冻鲕鱼	12
		冻海鳗	13
		冻河鲀	14
		冻比目鱼	15
		冻鲆鱼	16
		冻沙丁鱼	17
		冻马面鲀	18
		冻鱼块	19
		冻鱼片	20
		冻其他海水鱼类	21
冷冻海水虾类	14	冻对虾	01
		冻去头对虾	02
		冻鹰爪虾	03
		冻虾仁	04
		冻龙虾	05
		冻其他海水虾类	06
冷冻海水贝类	15	冻扇贝柱	01
		冻赤贝肉	02
		冻贻贝肉	03
		冻杂色蛤肉	04
		冻蛏肉	05
		冻文蛤肉	06
		冻海螺肉	07
		冻牡蛎肉	08
		其他冻海水贝类	09
其他冷冻海产品	16	冻梭子蟹	01
		冻鱿鱼	02
		冻墨鱼	03
		冻墨鱼片	04
冷冻淡水鱼类	17	冻银鱼	01
		冻青鱼	02
		冻草鱼	03
		冻鲢	04
		冻鳙	05
		冻鲤	06
		冻鲮	07
		冻鲑	08

表 B.1（续）

产品类别	代码	产品品种	代码
冷冻淡水鱼类	17	冻鲥	09
		冻鳜	10
		冻泥鳅	11
		冻鳝鱼片	12
		冻黑鱼片	13
		其他冻淡水鱼类	14
冷冻淡水虾类	18	冻淡水虾	01
		冻淡水虾仁	02
冷冻淡水贝类	19	冻田螺肉	01
		冻蚬肉	02
		其他冻淡水贝类	03

附　录　C
（资料性附录）
养殖水产品追溯编码示例

示例:养殖水产品的追溯编码见图 C.1。

(01)96901234100013(11)070811(251)A0000001

监管码: 29669 26127 10769 84292

图 C.1　养殖水产品追溯编码

图 C.1 中,第一行是养殖水产品追溯码,包括三段代码;第二行是监管码。

C.1　养殖水产品追溯码示例

C.1.1　代码结构

(01)96901234100013(11)070811(251)A0000001

——01:应用标识符,表示后面的数据项是一个 14 位的 GTIN;

——9:指示符,指示水产类型的厂商;

——6901234:厂商识别代码,表示具体的养殖企业;

——10001:项目代码,表示某种规格的养殖水产品;

——3:校验码;

——11:应用标识符,表示后面的数据项是一个 6 位,按 YYMMDD 格式的生产日期;

——070811:07 年 8 月 11 日;

——251:应用标识符,表示后面的数据项是一个 1 至 30 位的编号;

——A0000001:养殖水产品出池池塘编码。

C.1.2　代码的含义

某个水产养殖责任主体于 2007 年 8 月 11 日在编号 A0000001 的池塘内起捕的某种规格的白虾产品。
追溯码的条码表示如图 C.2 所示。

(01)96901234100013(11)070811(251)A0000001

图 C.2　养殖水产品追溯码示例

C.2　养殖水产品监管码

C.2.1　代码结构

370200100102080010708110010

——370200：行政区划代码，表示山东省青岛市；

——1：厂商类型识别代码，表示厂商类型为企业；

——001：山东省青岛市行政区内水产养殖责任主体顺序流水号；

——02：产品类别编号；

——08：产品品种编号；

——001：某水产养殖责任主体产品出池的池塘编号，按池塘顺序流水号由厂商内部编码；

——070811：表示一个6位，按YYMMDD格式的生产日期，日期为07年8月11日；

——001：批号顺序流水号；

——0：校验码。

C.2.2 代码的含义

山东省青岛市（行政区划代码为370200）的某厂商2007年8月11日起捕的批号顺序为001的白虾产品。

C.3 监管码的条码表示

监管码的条码表示如图C.3所示。通过系统查询平台（网站、手机短信或电话）可以查询、验证该码所表示的追溯信息。

370200100102080010708110010

图C.3 监管码示例

C.4 加密后监管码的条码表示

在监管码的基础上，采用专用加密算法提取行政区划代码、企业代码、产品分类代码、源实体参考代码、生产日期代码生成20位唯一的监管码，通过系统查询平台（网站、手机短信或电话）可以查询、验证该码所表示的追溯信息。加密监管码的条码表示如图C.4所示。

29669 26127 10769 84292

图C.4 加密后的养殖水产品监管码示例

ICS 65.150
B 52

中华人民共和国水产行业标准

SC/T 3045—2014

养殖水产品可追溯信息采集规程

Guideline of data record for aquaculture products traceability

2014-03-24 发布
2014-06-01 实施

中华人民共和国农业部 发布

前　言

本标准按照 GB/T 1.1—2009 给出的规则起草。

本标准由农业部渔业局提出。

本标准由全国水产标准化技术委员会水产品加工分技术委员会(SAC/TC 156/SC 3)归口。

本标准起草单位:中国水产科学研究院、北京农业信息技术研究中心。

本标准主要起草人:黄磊、宋怿、马兵、杨信廷、孙传恒、孟娣、李文勇、陈波、陈曦。

养殖水产品可追溯信息采集规程

1 范围

本标准规定了养殖水产品可追溯信息采集的术语和定义、信息记录和采集的要求、信息的分类和信息记录内容要求以及生产记录和信息采集细则。

本标准适用于水产养殖生产单位对本组织可追溯体系的设计和实施,政府行政监管追溯信息系统建立可参照执行。

2 规范性引用文件

下列文件对于本文件的应用是必不可少的。凡是注日期的引用文件,仅注日期的版本适用于本文件。凡是不注日期的引用文件,其最新版本(包括所有的修改单)适用于本文件。

GB/T 29568 农产品追溯要求 水产品

3 术语和定义

下列术语和定义适用于本文件。

3.1

接收信息 receiving data

供应链上的组织在接收追溯单元时从其上游组织获得的信息以及交易本身产生的信息,属于外部追溯信息。

3.2

输出信息 outputing data

供应链上的组织在输出追溯单元时向其下游组织输出的信息以及交易本身产生的信息,属于外部追溯信息。

3.3

基本追溯信息 basic traceability data

为达到追溯目的,能够实现组织间和组织内各环节间有效链接的最少信息,如产品批次编号、生产日期等。

3.4

扩展追溯信息 extended traceability data

除基本追溯信息外,与产品追溯相关的其他信息,可以是产品质量或用于商业目的的信息。

3.5

生产记录 produce record

养殖水产品生产过程的记录信息。

3.6

生产档案 produce file

养殖水产品生产过程中所涉及的所有记录和文档的集合。

4 可追溯信息记录和采集的要求

4.1 可追溯信息记录要求

可追溯生产记录和其他生产档案的控制应符合 GB/T 29568 的规定,并达到以下要求:

a) 生产记录和其他生产档案可以为电子化形式,也可以为纸质形式,但当要求时应能够出示;

b) 生产记录和其他生产档案应保存至产品上市后 2 年,且不少于 2 个生产周期;

c) 填写生产记录时,应记录完全、规范、准确;

d) 生产记录和其他生产档案应有专人负责。

4.2 可追溯信息采集要求

a) 生产单位可建立电子化的水产品质量安全可追溯体系,并采集有关生产单位和产品信息;

b) 生产单位应确保与追溯范围内上、下游组织间和组织内各环节间信息的有效传递和链接;

c) 生产单位销售自养水产品应至少采集生产单位名称、地址,产品种类、规格,起捕日期等信息,并在产品附具的《产品标签》或产地证明上注明;

d) 生产单位采集信息的内容应符合第 5 章的要求,并应与相关组织间对需要采集的追溯信息达成共识,在实现追溯目标的基础上宜加强扩展追溯信息的交流与共享。

5 可追溯信息的分级和内容要求

5.1 可追溯信息的分级

将养殖水产品可追溯信息分为 4 级,并遵循表 1 的要求。

表 1 养殖水产品可追溯信息分级表

名　称		内　容	记录分级
基本追溯信息		为达到追溯目的,能够实现组织间和组织内各环节间有效链接的最少信息	1 级
扩展追溯信息	质量安全信息	与产品质量安全水平直接相关的信息	2 级
	附件信息	与产品质量安全水平或追溯性有一定关联或与生产过程环境管理、社会责任等相关的信息	3 级
	其他信息	其他与产品质量安全和追溯不直接相关的信息,如人员信息、财务信息等	4 级

5.2 可追溯信息记录内容要求

a) 生产单位应根据追溯范围和目的的不同,确定生产记录和生产档案的内容;

b) 生产单位应记录外部基本追溯信息(1 级);

c) 当追溯目标包括保证产品质量安全水平时,应记录外部信息中的基本质量安全信息(2 级);可记录外部信息中的附加信息(3 级),以提高生产单位的质量安全保证能力和信誉水平;

d) 当追溯范围包括生产单位内部追溯时,应记录内部追溯信息中的基本追溯信息(1 级),并根据需要确定扩展追溯信息的内容要求;

e) 生产单位还可记录其他与产品追溯有关的信息(4 级)。

6 可追溯生产记录和信息采集细则

6.1 生产单位基础信息

生产单位基础信息记录和采集细则见表 2。

表2 生产单位基础信息记录和采集细则表

分　类		描　述	分级	是否应采集
(1)生产单位主体信息				
外部追溯信息（输出信息）	责任主体信息	名称、厂商识别代码（如果有）	1	是
		地址、邮政编码、法人代表姓名、联系电话	3	否
		类型（企业、合作社、协会、事业单位等）	3	否
		员工情况（总人数、管理人员数、技术人员数）	4	否
	生产信息	生产经营范围、生产规模、年产量	3	否
	经营信息	固定资产、年总利润、年总销售量（额）、年总出口量（额）等信息	4	否
	评定和认证信息	生产单位通过质量安全评定和认证的情况，包括评定和认证品种、产品名称、范围、等级、发证机构、证书编号等	2	是（适用时）
	荣誉信息	各类表彰、奖励方面的信息	4	否
(2)养殖场（区）信息				
内部追溯信息	养殖场（区）识别信息	名称、编号、地址	1	是
	养殖场（区）描述	养殖产品名称、养殖模式、生产规模	1	是
		养殖证号、水域滩涂使用证号、生产许可证号等	2	是（适用时）
		布局（平面布局图）、生产管理形式	3	否
	环境信息	水源、水质、底质等检测报告，环境评价报告，环境监测报告等	2	是（适用时）
	危害分析和关键控制点信息	危害分析和关键控制点（HACCP）计划表	3	否
(3)养殖生产单元信息				
内部追溯信息	养殖生产单元识别信息	名称、编号	1	是
	养殖场（区）描述	养殖产品名称	1	是
		所属养殖场、负责人	1	是
	环境信息	水深、面积	3	否
	设施设备信息	库房名称、编号，进水、排水设施名称、规格、编号，投饵机、增氧设备等设备名称、规格、编号等	3	否
(4)人员（养殖户）信息				
内部追溯信息	人员识别信息	姓名、编号	1	是
	人员描述	职务、所属养殖场	1	是
		年龄、教育经历	3	否
	质量安全信息	质量安全责任、相关培训经历、相关资质	2	是
(5)客户信息				
外部追溯信息（接收信息）	客户识别信息	客户名称、编号、负责人	1	是
	客户描述信息	客户地址、联系方式	1	是

6.2 投入品（和包装物）控制信息

6.2.1 苗种亲本采购、自育生产、投放

苗种亲本采购、自育生产、投放信息记录和采集细则见表3。

表 3　苗种亲本采购、自育生产、投放信息记录和采集细则表

分　类		描　述	分级	是否应采集
(1) 苗种、亲本的采购				
外部追溯信息（接收信息）	来源责任主体信息	名称、厂商识别代码(如果有)	1	是
		地址、法人代表姓名、联系方式	3	否
		苗种生产许可证编号	2	是
		质量安全评定和认证信息	3	否
	追溯单元识别信息	苗种产品名称(学名、商品名)、批次编号、数量、规格	1	是
	追溯单元交易信息	购买日期、地点、交易量(尾数、重量等)、经手人	1	是
	追溯单元描述	生产日期	2	是
		产品质量标准、产品批准文号、检验、检疫证明	3	否
(2)苗种的自育生产				
内部追溯信息	追溯单元识别信息	苗种名称、批次编号、数量、规格	1	是
	生产操作信息	生产日期、负责人	1	是
		发病及用药情况、处方人、施药人	2	是(适用时)
(3)苗种的投放				
内部追溯信息	批次变更信息	名称、数量与规格、原批次编号、来源、规格	1	是
	追溯单元识别信息	产品名称、批次编号、数量、规格	1	是
	生产操作信息	投放日期、时间、养殖生产单元名称、编号	1	是
		投放量(数量、重量、密度等)、负责人	1	是
		投放地点	3	否
		消毒、试水情况	3	否

6.2.2　饲料、饲料添加剂、肥料和其他原料的采购、自制、储存和使用

饲料、饲料添加剂、肥料和其他原料的采购、自制、储存和使用信息记录和采集细则见表4。

表 4　饲料、饲料添加剂、肥料和其他原料的采购、自制、储存和使用信息记录和采集细则表

分　类		描　述	分级	是否应采集
(1)饲料、饲料添加剂、肥料和其他原料的采购				
外部追溯信息（接收信息）	来源主体信息	名称、厂商识别代码(如果有)	1	是
		地址、法人代表姓名、联系方式	3	否
		生产许可证编号	2	是
		质量安全评定和认证信息	3	否
	追溯单元识别信息	产品名称、批次编号、数量、规格	1	是
	追溯单元交易信息	购买日期、地点、收货数量、经手人	1	是
	追溯单元描述	产品质量标准、产品批准文号	2	是
		生产日期、保质期	2	是
		主要成分、配比	3	否
(2)饲料、饲料添加剂、肥料和其他原料的自制				
内部追溯信息	追溯单元识别信息	产品名称、批次编号、数量、规格	1	是
	追溯单元描述	生产日期、负责人	1	是
		原(配)料名称、来源	2	是
(3)饲料、饲料添加剂和其他原料的储存				
内部追溯信息	批次变更信息	名称、数量与规格、原批次编号、来源	1	是
	追溯单元识别信息	产品名称、批次编号、数量、规格	1	是
	出入库信息	库房名称和编号	1	是
		出入库时间、责任人(管理员及领用人)	1	是
		入库验收信息	3	否
(4)饲料、饲料添加剂和其他原料的使用(投喂)				
内部追溯信息	追溯单元识别信息	产品名称、批次编号、数量、规格	1	是
	投喂信息	养殖生产单元名称、编号、养殖产品名称	1	是
		投喂日期、时间、数量、负责人	1	是
		投喂方法、投喂率、摄食情况	3	否

6.2.3 渔用药物及其他化学剂和生物制剂的采购、储存、使用

渔用药物及其他化学剂和生物制剂的采购、储存、使用信息记录和采集细则见表5。

表5　渔用药物及其他化学剂和生物制剂的采购、储存、使用信息记录和采集细则表

分　类		描　述	分级	是否应采集
（1）渔用药物的采购				
外部追溯信息（接收信息）	来源主体信息	名称、厂商识别代码（如果有）	1	是
		地址、法人代表姓名、联系方式	3	否
		生产许可证编号	2	是
		质量安全评定和认证信息	3	否
	追溯单元识别信息	产品名称、批次编号、数量、规格	1	是
	追溯单元交易信息	购买日期、地点、收货数量、经手人	1	是
		验收信息	3	否
	追溯单元描述	产品质量标准、生产许可证编号和产品批准文号	2	是
		主要成分、生产日期、保质期	2	是
（2）渔用药物的储存				
内部追溯信息	追溯单元变更信息（分批、并批）	名称、数量与规格、原追溯单元编号、来源（产地）	1	是
	追溯单元识别信息	名称、批次编号、数量、规格	1	是
	出入库信息	库房名称和编号	1	是
		出入库时间、责任人（管理员及领用人）	2	是
		入库验收信息	3	否
（3）渔用药物的使用				
内部追溯信息	追溯单元识别信息	产品名称、批次编号、数量、规格	1	是
	使用信息	养殖生产单元名称、编号、养殖产品名称	1	是
		使用日期、数量（剂量）、使用人	1	是
		使用方法、处方人（开药人）	2	是
		使用时间、病害症状、死亡数	3	否

6.3 生产过程信息

生产过程信息记录和采集细则见表6。

表6　生产过程信息记录和采集细则表

分　类		描　述	分级	是否应采集
（1）日常养殖信息				
内部追溯信息	追溯单元识别信息	产品名称、批次编号、数量、规格	1	是
	日常养殖操作信息	日期、天气、气温、水温及养殖产品状态	3	否
	病害防治记录	发病时间、症状、诊断、处方、处方出具人签名、治疗效果等	2	是（适用时）
（2）移池（换塘）信息				
内部追溯信息	追溯单元变更信息	名称、数量与规格、原追溯单元编号、来源	1	是
	追溯单元识别信息	产品名称、批次编号、数量、规格	1	是
（3）水质管理信息				
内部追溯信息	追溯单元识别信息	产品名称、批次编号、数量、规格、负责人	1	是
	水质指标信息	水体颜色、透明度、水温、pH、溶氧、氨氮、COD等	2	是（适用时）
	水质调控信息	进水、排水、增氧等	2	是（适用时）

6.4 质检管理信息

质检管理信息记录和采集细则见表7。

表 7　质检管理信息记录和采集细则表

分　类		描　述	分级	是否应采集
（1）生产单位自检				
内部追溯信息	追溯单元识别信息	产品名称、批次编号、数量、规格	1	是
	检测信息	项目、内容、依据、结果、负责人	2	是
（2）外部检测				
内部追溯信息	追溯单元识别信息	产品名称、批次编号、数量、规格	1	是
	检测信息	检测单位名称、检测时间	2	是
		项目、内容、依据、结果、负责人	2	是

6.5　收获、储存、运输和销售信息

收获、储存、运输和销售信息记录和采集细则见表 8。

表 8　收获、储存、运输和销售信息记录和采集细则表

分　类		描　述	分级	是否应采集
（1）产品收获、储存信息				
内部追溯信息	追溯单元识别信息	产品名称、批次编号、数量、规格	1	是
	追溯单元描述	收获负责人	2	是
		停药期、产品检测报告	2	是（适用时）
		收货方法、净化情况	3	否
		储存方式、地点、时间、投入品、负责人	1	是（适用时）
		暂养方式、地点、时间、投入品、负责人	1	是（适用时）
（2）产品运输、销售信息				
内部追溯信息	追溯单元识别信息	产品名称、批次编号、数量、规格	1	是
	追溯单元描述	承运人、承运车辆牌照号	2	是
		装运时间、运输方式	2	是
		投入品名称、批次编号、数量（用量）、规格、使用人	2	是（适用时）
		客户名称、编号	2	是

ICS 67.120.30
X 20

中华人民共和国水产行业标准

SC/T 3048—2014

鱼类鲜度指标 K 值的测定
高效液相色谱法

Determination of K value as fishery freshness index—
High performance liquid chromatography

2014-03-24 发布

2014-06-01 实施

中华人民共和国农业部 发布

前　言

本标准按照 GB/T 1.1—2009 给出的规则起草。

本标准由农业部渔业局提出。

本标准由全国水产标准化技术委员会水产品加工分技术委员会(SAC/TC 156/SC 3)归口。

本标准起草单位:福建省水产研究所、南海水产研究所、农业部渔业产品质量监督检验测试中心(厦门)、北京市水产技术推广站。

本标准主要起草人:钱卓真、汤水粉、杨贤庆、吴成业、刘淑集、张园、曹爱英。

鱼类鲜度指标 K 值的测定 高效液相色谱法

1 范围

本标准规定了鱼类鲜度指标 K 值的高效液相色谱测定方法。

本标准适用于鱼类可食部分中鲜度指标 K 值的测定。

2 规范性引用文件

下列文件对于本文件的应用是必不可少的。凡是注日期的引用文件,仅注日期的版本适用于本文件。凡是不注日期的引用文件,其最新版本(包括所有的修改单)适用于本文件。

GB/T 6682 分析实验室用水规格和试验方法。

3 术语和定义

下列术语和定义适用于本文件。

3.1

腺苷三磷酸降解产物 the breakdown products of ATP

鱼类死后,其肌肉内腺苷三磷酸(Adenosine Triphosphate,ATP)依次降解为腺苷二磷酸(Adenosine Diphosphate,ADP)、腺苷酸(Adenosine Monophosphate,AMP)、肌苷酸(Inosinic Acid,IMP)、次黄嘌呤核苷(Inosine,HxR)和次黄嘌呤(Hypoxanthine,Hx)。

3.2

K 值 K value

K 值是腺苷三磷酸降解产物次黄嘌呤核苷、次黄嘌呤量之和与腺苷三磷酸关联化合物总量(ATP+ADP+AMP+IMP+HxR+Hx)的百分比。

4 测定方法

4.1 方法原理

样品中的腺苷三磷酸及其降解产物用高氯酸提取,氢氧化钠溶液调节 pH,沉淀,除去杂质,用 C_{18} 色谱柱分离,紫外检测器检测,外标法定量;以测得的次黄嘌呤核苷、次黄嘌呤量之和与腺苷三磷酸关联化合物总量的百分比作为鲜度指标。

4.2 试剂和材料

所用试剂除另有规定外,均为分析纯。

4.2.1 水:试验用水应符合 GB/T 6682 中一级水指标。

4.2.2 磷酸。

4.2.3 高氯酸。

4.2.4 氢氧化钠。

4.2.5 磷酸二氢钾(KH_2PO_4)。

4.2.6 磷酸氢二钾($K_2HPO_4 \cdot 3H_2O$)。

4.2.7 10%(V/V)高氯酸溶液:量取高氯酸 50 mL,用水稀释至 500 mL,并置于 4℃冰箱中冷藏保存。

4.2.8 5%(V/V)高氯酸溶液:量取高氯酸 25 mL,用水稀释至 500 mL,并置于 4℃冰箱中冷藏保存。

4.2.9 10 mol/L 氢氧化钠溶液:称取氢氧化钠 400 g,用水溶解并加水稀释至 1 000 mL。

4.2.10 1 mol/L 氢氧化钠溶液:称取氢氧化钠 40 g,用水溶解并加水稀释至 1 000 mL。

4.2.11 0.02 mol/L 磷酸二氢钾溶液:准确称取 2.722 g 磷酸二氢钾(4.2.5),用水溶解并加水定容至 1 000 mL。

4.2.12 0.02 mol/L 磷酸氢二钾溶液:准确称取 4.566 g 磷酸氢二钾(4.2.6),用水溶解并加水定容至 1 000 mL。

4.2.13 腺苷三磷酸、腺苷二磷酸、腺苷酸、肌苷酸、次黄嘌呤核苷、次黄嘌呤标准品:纯度≥99.0%。

4.2.14 标准储备液:准确称取腺苷三磷酸、腺苷二磷酸、腺苷酸、肌苷酸、次黄嘌呤核苷各 10 mg(精确至 0.000 01 g),用水定容于 10 mL 棕色容量瓶中,此溶液浓度为 1.00 mg/mL;准确称取次黄嘌呤 5 mg(精确至 0.000 01 g),用水定容于 10 mL 棕色容量瓶中,此溶液浓度为 0.500 mg/mL。各标准储备液置于 4℃冰箱中冷藏保存,保存期不超过一周。

4.2.15 混合标准工作溶液:取适量标准储备液,用流动相配置系列标准溶液,使腺苷三磷酸、腺苷二磷酸、腺苷酸、肌苷酸、次黄嘌呤核苷浓度为 0.200 $\mu g/mL$、0.500 $\mu g/mL$、1.00 $\mu g/mL$、5.00 $\mu g/mL$、15.0 $\mu g/mL$、40.0 $\mu g/mL$、100 $\mu g/mL$;使次黄嘌呤浓度为 0.100 $\mu g/mL$、0.250 $\mu g/mL$、0.500 $\mu g/mL$、2.50 $\mu g/mL$、7.50 $\mu g/mL$、20.0 $\mu g/mL$、50.0 $\mu g/mL$;使用时现配现用。

4.2.16 流动相:0.02 mol/L 磷酸二氢钾溶液(4.2.11)+0.02 mol/L 磷酸氢二钾溶液(4.2.12)=1+1 (V/V),用磷酸调节 pH 至 6.0。

4.3 仪器和设备

4.3.1 高效液相色谱仪,配有紫外检测器。

4.3.2 冷冻离心机:8 000 r/min,4℃。

4.3.3 涡旋振荡器。

4.3.4 pH 计:精度 0.01。

4.3.5 微孔滤膜:0.22 μm,水相。

4.3.6 分析天平:感量 0.000 01 g。

4.3.7 天平:感量 0.01 g。

4.3.8 均质机。

4.4 测定步骤

4.4.1 试样的制备

将样品去头、去鳞、去皮、去内脏,沿脊背取肌肉部分;在 4℃下匀质混匀。

4.4.2 提取

称取均质后的样品(2.00±0.02) g 放入离心管内,加入高氯酸溶液(4.2.7)20 mL,涡旋振荡1 min,在 4℃下 8 000 r/min 离心 10 min,取出上清液。再用高氯酸溶液(4.2.8)10 mL 提取沉淀物中的待测物,在 4℃下 8 000 r/min 离心 10 min。重复操作一次,合并上清液。用氢氧化钠溶液(4.2.9)调提取液 pH 近 6.0,然后再用氢氧化钠溶液(4.2.10)继续调节 pH 至 6.0~6.4。

将已调节 pH 后的溶液转移至经预冷的容量瓶中,用 4℃水定容至 50 mL。在 4℃下 8 000 r/min 离心 10 min,0.22 μm 微孔滤膜过滤,滤液于 4℃下保存,待测。

4.4.3 色谱参考条件

a) 色谱柱:C_{18}柱,250 mm×4.6 mm(i.d.),粒径 5 μm;或性能相当者;

b) 流速:1.0 mL/min;

c) 柱温:35℃;

d) 检测波长:254 nm;

e) 进样量:20 μL。

4.4.4 色谱测定

取标准工作液和试样提取液等体积进样,按 4.4.3 测定、外标法定量,标准溶液和试样提取液中腺苷三磷酸关联化合物的响应值均应在仪器检测的线性范围内。标准品色谱图参见附录 A。

4.5 结果计算和表达
4.5.1 各组分含量计算

试样中腺苷三磷酸、腺苷二磷酸、腺苷酸、肌苷酸、次黄嘌呤核苷、次黄嘌呤含量按式(1)计算,计算结果保留两位有效数字。

$$M_i = \frac{C_i \times V}{m \times F_i} \quad\text{……………………………………} (1)$$

式中:

M_i ——试样中腺苷三磷酸、腺苷二磷酸、腺苷酸、肌苷酸、次黄嘌呤核苷、次黄嘌呤含量,单位为微摩尔每克(μmol/g);

C_i ——标准工作溶液中腺苷三磷酸、腺苷二磷酸、腺苷酸、肌苷酸、次黄嘌呤核苷、次黄嘌呤的浓度,单位为微克每毫升(μg/mL);

V ——最终定容体积,单位为毫升(mL);

m ——称取的试样质量,单位为克(g);

F_i ——腺苷三磷酸摩尔质量 551 g/mol、腺苷二磷酸摩尔质量 426 g/mol、腺苷酸摩尔质量 365 g/mol、肌苷酸摩尔质量 392 g/mol、次黄嘌呤核苷摩尔质量 268 g/mol、次黄嘌呤摩尔质量 136 g/mol。

4.5.2 K 值计算

将式(1)计算所得结果分别代入式(2),计算出 K 值,单位为百分率。

$$K\text{值} = \frac{M_{HxR} + M_{Hx}}{M_{ATP} + M_{ADP} + M_{AMP} + M_{IMP} + M_{HxR} + M_{Hx}} \times 100 \quad\text{……………………} (2)$$

式中:

M_{ATP}——样品中腺苷三磷酸的含量,单位为微摩尔每克(μmol/g);

M_{ADP}——样品中腺苷二磷酸的含量,单位为微摩尔每克(μmol/g);

M_{AMP}——样品中腺苷酸的含量,单位为微摩尔每克(μmol/g);

M_{IMP}——样品中肌苷酸的含量,单位为微摩尔每克(μmol/g);

M_{HxR}——样品中次黄嘌呤核苷的含量,单位为微摩尔每克(μmol/g);

M_{Hx}——样品中次黄嘌呤的含量,单位为微摩尔每克(μmol/g)。

5 灵敏度、准确度和精密度

5.1 线性范围

腺苷三磷酸、腺苷二磷酸、腺苷酸、肌苷酸、次黄嘌呤核苷为 0.200 μg/mL～100 μg/mL;次黄嘌呤为 0.100 μg/mL～50.0 μg/mL。

5.2 灵敏度

本方法检出限:腺苷三磷酸、腺苷二磷酸、腺苷酸、肌苷酸、次黄嘌呤核苷为 5.00 mg/kg;次黄嘌呤为 2.50 mg/kg。

本方法定量限:腺苷三磷酸、腺苷二磷酸、腺苷酸、肌苷酸、次黄嘌呤核苷为 10.0 mg/kg;次黄嘌呤为 5.00 mg/kg。

5.3 准确度

腺苷三磷酸、腺苷二磷酸、腺苷酸、肌苷酸在添加浓度分别为 25 mg/kg～800 mg/kg 时,回收率为 70%～120%。

次黄嘌呤、次黄嘌呤核苷在添加浓度为 20 mg/kg~600 mg/kg 时,回收率为 70%~120%。

5.4 精密度

在重复性条件下获得的两次独立测试结果的相对标准偏差≤15%。

附　录　A

（资料性附录）

液相色谱图

A.1　腺苷三磷酸、腺苷二磷酸、腺苷酸、肌苷酸、次黄嘌呤核苷、次黄嘌呤标准品液相色谱图

见图 A.1。

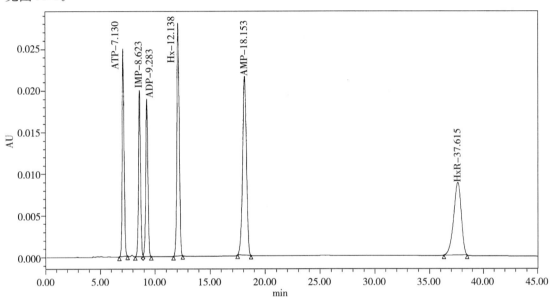

图 A.1　腺苷三磷酸、腺苷二磷酸、腺苷酸、肌苷酸、次黄嘌呤核苷、次黄嘌呤标准品(10 μg/mL)的液相色谱图

A.2　鲫鱼未加标样品液相色谱图

见图 A.2。

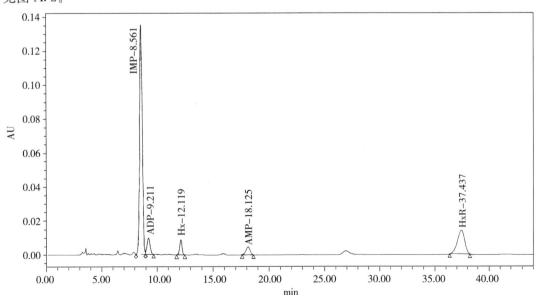

图 A.2　鲫鱼未加标样品液相色谱图

171

A.3 鲕鱼加标样品的液相色谱图

见图 A.3。

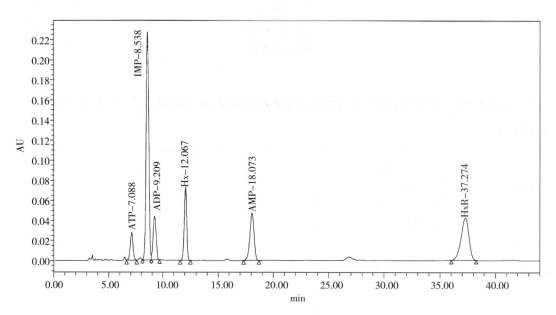

图 A.3 鲕鱼加标样品的液相色谱图

（ATP、ADP、AMP、IMP 加标量均为 400 mg/kg，H_X、$H_X R$ 加标量均为 300 mg/kg）

ICS 67.120.30
X 20

中华人民共和国水产行业标准

SC/T 3122—2014

冻 鱿 鱼

Frozen squid

2014-03-24 发布
2014-06-01 实施

中华人民共和国农业部 发布

前　言

本标准按照 GB/T 1.1—2009 给出的规则起草。

本标准由农业部渔业局提出。

本标准由全国水产标准化技术委员会水产品加工分技术委员会(SAC/TC 156/SC 3)归口。

本标准起草单位:浙江省海洋开发研究院、中国水产科学研究院南海水产研究所、浙江兴业集团有限公司。

本标准主要起草人:郑斌、杨贤庆、郝云彬、马永钧、杨会成、周秀锦、周宇芳。

冻 鱿 鱼

1 范围

本标准规定了冻鱿鱼的分类、要求、试验方法、检验规则、标识、包装、运输和贮存。

本标准适用于以枪乌贼科(Loliginidae)、柔鱼科(Ommastrephidae)等鲜品为原料,经加工的冻整只鱿鱼、冻鱿鱼胴体、冻带(去)皮开片鱿鱼和其他加工工艺的生冻鱿鱼及其制品。

2 规范性引用文件

下列文件对于本文件的应用是必不可少的。凡是注日期的引用文件,仅注日期的版本适用于本文件。凡是不注日期的引用文件,其最新版本(包括所有的修改单)适用于本文件。

GB 2760 食品安全国家标准 食品添加剂使用标准

GB 2762 食品安全国家标准 食品中污染物限量

GB 5749 生活饮用水卫生标准

GB 7718 食品安全国家标准 预包装食品标签通则

JJF 1070 定量包装商品净含量计量检验规则

SC/T 3016—2004 水产品抽样方法

3 分类

主要产品分类见表1。

表 1 主要产品分类

产品名称	产 品 特 征
整只鱿鱼	胴体、头足、鳍须基本完整的鱿鱼
鱿鱼胴体	胴体基本完整,去头足、内脏(肠、墨),去鳍(或不去)和去表皮(或不去)的鱿鱼
冻带皮开片鱿鱼	胴体剖割开片,去内脏、去头足(或不去)、去鳍(或不去)的鱿鱼
冻去皮开片鱿鱼	胴体剖割开片,去表皮、内脏、头足、鳍须的鱿鱼

4 要求

4.1 原料

4.1.1 鱿鱼

原料新鲜,品质良好。

4.1.2 水

加工用水应为饮用水或清洁海水。饮用水应符合 GB 5749 的要求;清洁海水应达到 GB 5749 中微生物、有害污染物的要求,且不含异物。

4.2 食品添加剂

应符合 GB 2760 的规定。

4.3 规格

整只鱿鱼和鱿鱼胴体规格按个体大小划分;冻带(去)皮开片鱿鱼和其他加工工艺的生冻鱿鱼规格与产品标识应一致;每一规格大小应基本均匀。

4.4 感官

4.4.1 冻品外观

冻品外观见表2。

表2 冻品外观

冻品名称	冻品外观
块冻品	表面不得有变形、破碎、融解现象,冰被完好、无干耗
单冻品	冰衣完好,无融化现象,个体完整、个体间易分离、无粘连

4.4.2 解冻后感官要求

解冻后的感官要求见表3。

表3 解冻后鱿鱼的感官要求

项目	要求
外观及色泽	整只鱿鱼和鱿鱼胴体所属外观基本完整,带(去)皮开片和其他加工工艺的鱿鱼产品具有自身的外观特征;各产品具有该类鱿鱼产品固有色泽,无变色、无干耗
气味	具鱿鱼固有的气味,无异味
杂质	无外来杂质
蒸煮试验	有鱿鱼固有的香味,口感肌肉组织紧密有弹性,滋味鲜美

4.5 理化指标

理化指标的规定见表4。

表4 理化指标

项目	指标
冻品中心温度,℃	≤−18

4.6 安全指标

应符合GB 2762的规定。

4.7 净含量

应符合JJF 1070的规定。

5 试验方法

5.1 感官检验

5.1.1 常规方法

在光线充足、无异味的环境中,将试样放在白色搪瓷盘或不锈钢工作台上,按4.4.1检验冻品外观;将冻品解冻后按4.4.2的规定逐项进行检验。当感官检验不能确定产品品质时,进行蒸煮试验。

5.1.2 蒸煮试验

在容器中加入500 mL饮用水,将水烧开后,取约50 g用清水洗净的样品,置于容器中,盖好盖子,煮沸1 min后,打开盖,嗅蒸汽气味,再品尝肉质。

5.2 冻品中心温度

5.2.1 块冻产品:用钻头钻至冻块几何中心部位,取出钻头立即插入温度计,等温度计指示温度不再下降时,读数。

5.2.2 单冻产品:可将温度计插入最小包装的中心位置,至温度计指示的温度不再下降时,读数。

5.3 安全指标

按GB 2762的规定检验安全指标。

5.4 净含量的测定

按 JJF 1070 的规定执行。

6 检验规则

6.1 组批规则与抽样方法

6.1.1 组批规则

在原料来源及生产条件基本相同时,同一天或同一班组生产的同品种产品为一批。按批号抽样。

6.1.2 抽样方法

按 SC/T 3016—2004 的规定执行。

6.2 检验分类

6.2.1 出厂检验

每批产品必须进行出厂检验。出厂检验由生产单位质量检验部门执行,检验项目为感官、净含量和冻品中心温度。检验合格签发检验合格证,产品凭检验合格证入库或出厂。

6.2.2 型式检验

有下列情况之一时应进行型式检验。检验项目为本标准中规定的全部项目。

a) 停产 6 个月以上,恢复生产时;

b) 原料变化或改变主要生产工艺,可能影响产品质量时;

c) 鱿鱼生长环境发生变化时;

d) 国家质量监督机构提出进行型式检验要求时;

e) 出厂检验与上次型式检验有大差异时;

f) 正常生产时,每年至少 2 次的周期性检验。

6.3 判定规则

6.3.1 感官检验所检项目全部符合 4.4 的规定,合格样本数符合 SC/T 3016—2004 中表 A.1 的规定,则判为批合格。

6.3.2 净含量应符合 JJF 1070 的规定。

6.3.3 其他项目检验结果全部符合本标准要求时,判定为合格。

6.3.4 所检项目中若有一项指标不符合标准规定时,允许加倍抽样将此项指标复验一次,按复验结果判定本批产品是否合格。

6.3.5 所检项目中若有二项或二项以上指标不符合标准规定时,则判本批产品不合格。

7 标签、包装、运输、贮存

7.1 标签

标签应符合 GB 7718 的规定,并注明鱿鱼捕获区域。

7.2 包装

7.2.1 包装材料

所用塑料袋、纸盒、瓦楞纸箱等包装材料应洁净、无毒、无异味、坚固,质量应符合食品包装用品安全指标。

7.2.2 包装要求

一定数量的小袋装入大袋(或盒),再装入纸箱中。箱中产品要求排列整齐,大袋或箱中加产品合格证。纸箱底部用黏合剂粘牢,上下用封箱带粘牢或用打包带捆扎。

7.3 运输

7.3.1 应用冷藏或保温车船运输,并保持产品温度低于 -15℃。

7.3.2 运输工具应清洁卫生、无异味。运输中防止日晒、虫害、有害物质的污染,不得靠近或接触有腐蚀性物质,不得与气味浓郁的物品混运。

7.4 贮存

7.4.1 贮藏库温度应低于−18℃。不同品种,不同规格,不同等级、批次的冻鱿鱼应分别堆垛,并用木板垫起,堆放高度以纸箱受压不变形为宜。

7.4.2 产品贮藏于清洁、卫生、无异味、有防鼠防虫设备的库内。

ICS 67.120.30
X 20

中华人民共和国水产行业标准

SC/T 3215—2014
代替 SC/T 3215—2007

盐 渍 海 参

Salted sea cucumber

2014-03-24 发布

2014-06-01 实施

中华人民共和国农业部 发布

前　言

本标准按照 GB/T 1.1—2009 给出的规则起草。

本标准是对 SC/T 3215—2007《盐渍海参》的修订。本标准与 SC/T 3215—2007 相比,主要修改内容如下:

——增加了原辅材料、加工要求、原料处理方法的规定;

——将产品划分为三个等级;

——增加了蛋白质、附盐的规定,修改了产品规格、盐分指标;

——净含量、污染物、兽药残留的规定直接引用相关标准法规规定。

本标准由农业部渔业局提出。

本标准由全国水产标准化技术委员会水产品加工分技术委员会(SAC/TC 156/SC 3)归口。

本标准起草单位:中国水产科学研究院黄海水产研究所、大连棒棰岛海产股份有限集团、獐子岛集团股份有限公司、大连市海洋渔业协会、大连海洋岛水产集团股份有限公司、大连财神岛集团有限公司、国家水产品质量监督检验中心。

本标准主要起草人:王联珠、殷邦忠、吴岩强、朱文嘉、赵世明、李晓庆、张华、孙晶、李春茂、郭莹莹、宋春丽、黄万成、卢丽娜、顾晓慧、王盛军。

本标准的历次版本发布情况为:

——SC/T 3215—2007。

盐 渍 海 参

1 范围

本标准规定了盐渍海参的要求、试验方法、检验规则及标签、包装、运输、贮存。

本标准适用于以鲜、活刺参（*Stichepus japonicus*）为原料,经去内脏、清洗、预煮、盐渍等工艺制成的产品。以其他品种海参为原料加工的产品可参照执行。

2 规范性引用文件

下列文件对于本文件的应用是必不可少的。凡是注日期的引用文件,仅注日期的版本适用于本文件。凡是不注日期的引用文件,其最新版本(包括所有的修改单)适用于本文件。

GB 2733　鲜、冻动物性水产品卫生标准

GB 2762　食品安全国家标准　食品中污染物限量

GB 3097　海水水质标准

GB 5009.3　食品安全国家标准　食品中水分的测定

GB 5009.5　食品安全国家标准　食品中蛋白质的测定

GB 5461　食用盐

GB 5749　生活饮用水卫生标准

GB 7718　食品安全国家标准　预包装食品标签通则

GB 28050　食品安全国家标准　预包装食品营养标签通则

JJF 1070　定量包装商品净含量计量检验规则

SC/T 3011　水产品中盐分的测定

SC/T 3016—2004　水产品抽样方法

农业部公告第 235 号　动物性食品中兽药残留最高限量

3 要求

3.1 原辅材料

3.1.1 鲜、活刺参

应符合 GB 2733 的规定。

3.1.2 盐

应符合 GB 5461 的规定。

3.1.3 加工用水

加工用水应为饮用水或清洁海水。饮用水应符合 GB 5749 的规定,清洁海水应符合 GB 3097 中一类海水的规定。

3.2 产品规格

同规格个体大小应基本均匀,单位重量所含的数量应与标示规格一致。

3.3 感官要求

应符合表 1 的规定。

表 1 感官要求

项 目	一级品	二级品	合格品
色泽	黑色或褐灰色		
组织	肉质组织紧密,富有弹性	肉质组织较紧密,有弹性	
形态	体形完整,肉质肥满,刺挺直,切口整齐	体形完整,肉质较肥满,刺较挺直,切口较整齐	
气味与滋味	具本产品固有气味与滋味,无异味		
其他	无混杂物		

3.4 理化指标

应符合表 2 的规定。

表 2 理化指标

单位为百分率

项 目	一级品	二级品	合格品
蛋白质	≥12	≥9	≥6
盐分(以 NaCl 计)	≤20	≤22	≤25
水分	≤65		
附盐	≤3.0		

3.5 净含量

应符合 JJF 1070 的规定。

3.6 污染物

应符合 GB 2762 的规定。

3.7 兽药残留

应符合农业部公告第 235 号的规定。

4 试验方法

4.1 产品规格

取 10 只~20 只盐渍海参,称重(精确至 0.1 g),并换算为每 500 g 样品中海参数量。

4.2 感官

将样品平摊于白搪瓷盘内,按 3.3 的要求逐项检验,并检查海参体内部。

4.3 蛋白质

4.3.1 去除试样上附盐,用滤纸沾除试样体表水分后,绞碎备用。

4.3.2 取按 4.3.1 处理的试样,按 GB 5009.5 的规定执行。

4.4 盐分

取按 4.3.1 处理的试样,按 SC/T 3011 的规定执行。

4.5 水分

取按 4.3.1 处理的试样,按 GB 5009.3 的规定执行。

4.6 附盐

取至少 3 只海参,称重 m_1(精确至 0.01 g),去除海参体表及体内附着的肉眼可见盐粒,再称海参重 m_2,附盐含量按式(1)计算,至少做两个平行样。

$$X = \frac{m_1 - m_2}{m_1} \times 100 \quad \cdots\cdots\cdots\cdots\cdots\cdots\cdots\cdots (1)$$

式中:

X ——附盐含量,单位为百分率(%);

m_1 ——试样质量,单位为克(g);

m_2 ——去除附盐后试样质量,单位为克(g)。

4.7 净含量检验

按 JJF 1070 规定的方法执行。

4.8 污染物

4.8.1 试样处理:取 2 只海参,清洗并去除嘴部石灰质后,置入 1 000 mL 高型烧杯中,倒入约 800 mL 蒸馏水(水量应浸没参体),盖上表面皿,大火煮沸;然后,调至小火,保持沸腾 30 min,凉至室温后,换水后置于 0℃~10℃冰箱中,放置 24 h;再重复煮沸一次,放置 24 h 后,取出,用滤纸沾除体表水分,绞碎备用。

注意:煮沸过程中应保持水量浸没参体。

4.8.2 取按 4.8.1 处理的试样进行污染物的检测,检测方法按 GB 2762 的规定执行。

4.9 兽药残留

取按 4.8.1 处理的试样进行兽药残留的检测,检测方法采用我国已公布的适用于海参中兽药残留检测的相关方法标准。

5 检验规则

5.1 组批规则与抽样方法

5.1.1 组批规则

同一产地,同一条件下加工的同一品种、同一等级、同一规格的产品组成检查批;或以交货批组成检验批。

5.1.2 抽样方法

按 SC/T 3016—2004 规定执行。

5.2 检验分类

产品分为出厂检验和型式检验。

5.2.1 出厂检验

每批产品必须进行出厂检验。出厂检验由生产单位质量检验部门执行,检验项目为感官、盐分、水分、附盐。检验合格签发检验合格证,产品凭检验合格证入库或出厂。

5.2.2 型式检验

有下列情况之一时,应进行型式检验。检验项目为本标准中规定的全部项目。

 a) 长期停产,恢复生产时;

 b) 原料变化或改变主要生产工艺,可能影响产品质量时;

 c) 加工原料来源或生长环境发生变化时;

 d) 国家质量监督机构提出进行型式检验要求时;

 e) 出厂检验与上次型式检验有大差异时;

 f) 正常生产时,每年至少 2 次的周期性检验。

5.3 判定规则

5.3.1 感官检验所检项目全部符合 3.4 条规定,合格样本数符合 SC/T 3016—2004 中表 A.1 的规定,则判本批合格。

5.3.2 规格应与产品标示相符合;每批平均净含量不得低于标示量。

5.3.3 所检项目中若有一项指标不符合标准规定时,允许加倍抽样将此项指标复验一次,按复验结果判定本批产品是否合格。

5.3.4 所检项目中若有两项或两项以上指标不符合标准规定时,则判本批产品不合格。

6 标签、包装、运输、贮存

6.1 标签

预包装产品的标签必须符合 GB 7718 及 GB 28050 的规定,并标明产地及食用方法。散装销售的产品应有同批次的产品质量合格证书。

6.2 包装

6.2.1 包装材料

所用塑料袋、纸盒、瓦楞纸箱等包装材料应洁净、坚固、无毒、无异味,质量符合相关食品卫生标准规定。

6.2.2 包装要求

箱中产品要求排列整齐,箱中应有产品合格证。包装应牢固、防潮、不易破损。

6.3 运输

运输工具应清洁卫生、无异味;运输中防止受潮、日晒、虫害、有害物质的污染;不得靠近或接触腐蚀性的物质;不得与有毒有害及气味浓郁物品混运。

6.4 贮存

6.4.1 本品应贮存于 0 ℃以下的仓库。贮存仓库必须清洁、卫生、无异味,有防鼠防虫设施,并防止有害物质污染和其他损害。

6.4.2 不同品种、规格、批次的产品应分别堆垛,并用木板垫起,与地面距离不少于 10 cm,与墙壁距离不少于 30 cm,堆放高度以纸箱受压不变形为宜。

————————————

ICS 67.120.30
X 20

中华人民共和国水产行业标准

SC/T 3307—2014

冻 干 海 参

Lyophilized sea cucumber

2014-03-24 发布

2014-06-01 实施

中华人民共和国农业部 发布

SC/T 3307—2014

前　言

本标准按照 GB/T 1.1—2009 给出的规则起草。

本标准由农业部渔业局提出。

本标准由全国水产标准化技术委员会水产品加工分技术委员会(SAC/TC 156/SC 3)归口。

本标准起草单位:中国水产科学研究院黄海水产研究所、大连棒棰岛海产股份有限公司、大连市海洋渔业协会、大连海洋岛水产集团股份有限公司、大连财神岛集团有限公司、青岛佳日隆海洋食品有限公司、国家水产品质量监督检验中心。

本标准主要起草人:王联珠、殷邦忠、朱文嘉、吴岩强、李晓庆、张华、孙晶、李春茂、宋春丽、卢丽娜、顾晓慧、王盛军、姜玉宝。

冻 干 海 参

1 范围

本标准规定了冻干海参的要求、试验方法、检验规则及标签、包装、运输、贮存。

本标准适用于以鲜活刺参(*Stichepus japonicus*)、冷冻刺参、盐渍刺参等为原料,经真空冷冻干燥等工序制成的产品;以其他品种海参为原料加工的产品可参照执行。

2 规范性引用文件

下列文件对于本文件的应用是必不可少的。凡是注日期的引用文件,仅注日期的版本适用于本文件。凡是不注日期的引用文件,其最新版本(包括所有的修改单)适用于本文件。

GB 2733 鲜、冻动物性水产品卫生标准

GB 2762 食品安全国家标准 食品中污染物限量

GB 5009.3 食品安全国家标准 食品中水分的测定

GB 5009.5 食品安全国家标准 食品中蛋白质的测定

GB 5749 生活饮用水卫生标准

GB 7718 食品安全国家标准 预包装食品标签通则

GB/T 20941 水产食品加工企业良好操作规范

GB 28050 食品安全国家标准 预包装食品营养标签通则

GB 29921 食品安全国家标准 食品中致病菌限量

JJF 1070 定量包装商品净含量计量检验规则

SC/T 3011 水产品中盐分的测定

SC/T 3016—2004 水产品抽样方法

SC/T 3215 盐渍海参

农业部公告第 235 号 动物性食品中兽药残留最高限量

3 要求

3.1 原辅材料

3.1.1 鲜活、冷冻海参应符合 GB 2733 的规定,盐渍海参应符合 SC/T 3215 的规定。

3.1.2 加工用水:加工用水应符合 GB 5749 的规定。

3.2 加工要求

生产人员、环境、车间及设施、生产设备及卫生控制程序应符合 GB/T 20941 的规定。

3.3 感官要求

应符合表 1 的规定。

表 1 冻干海参感官要求

项 目	要 求
色泽	黑灰色或灰白色,色泽较均匀
外观	体形完整,海参刺基本无残缺,表面无损伤
气味	无异味
杂质	无外来杂质

3.4 理化指标

应符合表2的规定。

表 2　冻干海参理化指标

项　目	要　求
蛋白质,%	$\geqslant 70$
水分,%	$\leqslant 12$
盐分,%	$\leqslant 1.0$

3.5 安全指标

污染物指标应符合 GB 2762 的规定,微生物指标应符合 GB 29921 的规定。

3.6 兽药残留

应符合农业部公告第 235 号的规定。

3.7 净含量

应符合 JJF 1070 的规定。

4 试验方法

4.1 试样制备

取至少 3 只冻干海参,粉碎至 20 目,密封、备用。

4.2 感官

将样品平摊于白搪瓷盘内,于光线充足、无异味的环境中,按 3.3 的要求逐项检验。

4.3 蛋白质

取 4.1 处理的试样,按 GB 5009.5 的规定执行。

4.4 水分

取 4.1 处理的试样,按 GB 5009.3 的规定执行。

4.5 盐分

取 4.1 处理的试样,按 SC/T 3011 的规定执行。

4.6 净含量检验

按 JJF 1070 规定的方法执行。

4.7 安全指标

4.7.1 污染物指标

取 2 只冻干海参,浸泡于蒸馏水中约 24 h 复水。取出用滤纸沾除体表水分,绞碎后,再按 GB 2762 的规定执行。

4.7.2 微生物指标

无菌操作,取至少 3 只海参,称取 2 g 样品剪碎,加入 198 mL 无菌水中混匀,形成 10^{-2} 稀释液,再按 GB 29921 的规定执行。

4.8 兽药残留

取按 4.7.1 处理的样品,进行兽药残留检测。检测方法:采用我国已公布的适用于海参兽药残留检测的方法标准。

5 检验规则

5.1 组批规则与抽样方法

5.1.1 组批规则

同一产地、同一条件下加工的同一品种、同一等级、同一规格的产品组成检查批;或以交货批组成检验批。

5.1.2 抽样方法

按 SC/T 3016 的规定执行,抽样量为 50 g。

5.2 检验分类

5.2.1 出厂检验

每批产品必须进行出厂检验。出厂检验由生产单位质量检验部门执行,检验项目为感官、水分、盐分、净含量偏差等。检验合格签发检验合格证,产品凭检验合格证入库或出厂。

5.2.2 型式检验

有下列情况之一时,应进行型式检验。检验项目为本标准中规定的全部项目。

a) 长期停产,恢复生产时;

b) 原料变化或改变主要生产工艺,可能影响产品质量时;

c) 加工原料来源或生长环境发生变化时;

d) 出厂检验与上次型式检验有大差异时;

e) 正常生产时,每年至少两次的周期性检验。

5.3 判定规则

5.3.1 感官检验所检项目全部符合 3.3 规定,合格样本数符合 SC/T 3016—2004 表 A.1 规定,则判本批合格。

5.3.2 规格符合标示规格;每批平均净含量不得低于标示量。

5.3.3 所检项目中若有一项指标不符合标准规定时,允许加倍抽样将此项指标复验一次,按复验结果判定本批产品是否合格。微生物指标不得复检。

5.3.4 所检项目中若有两项或两项以上指标不符合标准规定时,则判本批产品不合格。

6 标签、包装、运输、贮存

6.1 标签

销售包装的标签应符合 GB 7718 及 GB 28050 的规定,注明产地、食用方法。

散装销售的产品应有同批次的产品质量合格证书。

6.2 包装

6.2.1 包装材料

所用塑料袋、纸盒、瓦楞纸箱等包装材料应洁净、坚固、无毒、无异味,质量应符合相关食品卫生标准的规定。

6.2.2 包装要求

一定数量的小包装装入大袋(或盒),再装入纸箱中。箱中产品要求排列整齐,箱中应有产品合格证。包装应牢固、密封、防潮、不易破损。

6.3 运输

运输工具应清洁卫生、无异味,运输中防止受潮、日晒、虫害、有害物质的污染,不得靠近或接触腐蚀性的物质,不得与有毒有害及气味浓郁的物品混运。

6.4 贮存

6.4.1 本品应贮存于阴凉、干燥的仓库。贮存仓库必须清洁、卫生、无异味,有防鼠防虫设施,并防止有害物质污染和其他损害。

6.4.2 不同品种、规格、批次的产品应分别堆垛,并用木板垫起,与地面距离不少于 10 cm,与墙壁距离不少于 30 cm,堆放高度以纸箱受压不变形为宜。不能接触油性物质。

———————————

ICS 67.120.30
X 20

中华人民共和国水产行业标准

SC/T 3308—2014

即 食 海 参

Ready-to-eat sea cucumber

2014-03-24 发布

2014-06-01 实施

中华人民共和国农业部 发布

前　言

本标准按照 GB/T 1.1—2009 给出的规则起草。

本标准由农业部渔业局提出。

本标准由全国水产标准化技术委员会水产品加工分技术委员会(SAC/TC 156/SC 3)归口。

本标准起草单位:中国水产科学研究院黄海水产研究所、大连棒棰岛海产股份有限公司、獐子岛集团股份有限公司、大连市海洋渔业协会、山东好当家海洋发展股份有限公司、大连海洋岛水产集团股份有限公司、大连财神岛集团有限公司、国家水产品质量监督检验中心。

本标准主要起草人:王联珠、殷邦忠、朱文嘉、吴岩强、赵世明、李晓庆、张华、胡炜、孙晶、李春茂、黄万成、孙永军、宋春丽、顾晓慧、王盛军。

即 食 海 参

1 范围

本标准规定了即食海参的产品形式、要求、试验方法、检验规则及标签、包装、运输与贮存。

本标准适用于以鲜活刺参（*Stichepus japonicus*）、冷冻刺参、盐渍刺参、干刺参等为原料，经加工制成的即食产品；以其他品种海参为原料制成的即食海参可参照执行。

2 规范性引用文件

下列文件对于本文件的应用是必不可少的。凡是注日期的引用文件，仅注日期的版本适用于本文件。凡是不注日期的引用文件，其最新版本（包括所有的修改单）适用于本文件。

GB 317　白砂糖

GB 2717　酱油卫生标准

GB 2733　鲜、冻动物性水产品卫生标准

GB 2760　食品安全国家标准　食品添加剂使用标准

GB 2762　食品安全国家标准　食品中污染物限量

GB/T 5009.45—2003　水产品卫生标准的分析方法

GB 5461　食用盐

GB 5749　生活饮用水卫生标准

GB 7718　食品安全国家标准　预包装食品标签通则

GB/T 8967　谷氨酸钠(味精)

GB/T 10786—2006　罐头食品的检测方法

GB/T 15691　香辛料调味品通用技术条件

GB/T 20941　水产食品加工企业良好操作规范

GB 28050　食品安全国家标准　预包装食品营养标签通则

GB 29921　食品安全国家标准　食品中致病菌限量

JJF 1070　定量包装商品净含量计量检验规则

SC/T 3016—2004　水产品抽样方法

SC/T 3206　干海参

SC/T 3215　盐渍海参

农业部公告第235号　动物性食品中兽药残留最高限量

3 产品形式

3.1 未调味即食海参

原料经清洗、去脏、发制、杀菌或冷冻等工序制成的产品。

3.2 调味即食海参

原料经清洗、去脏、发制、入味、烘干、杀菌等工序制成的产品。

4 要求

4.1 原辅料

4.1.1 鲜活、冷冻海参应符合 GB 2733 的规定，干海参应符合 SC/T 3206 的规定，盐渍海参应符合

SC/T 3215 的规定。

4.1.2　食品添加剂:应符合 GB 2760 的规定。

4.1.3　加工用水:应符合 GB 5749 的规定。

4.1.4　食用盐:应符合 GB 5461 的规定。

4.1.5　酱油:应符合 GB 2717 的规定。

4.1.6　白砂糖:应符合 GB 317 的规定。

4.1.7　谷氨酸钠:应符合 GB/T 8967 的规定。

4.1.8　香辛料:应符合 GB/T 15691 的规定。

4.2　加工要求

生产人员、环境、车间及设施、生产设备及卫生控制程序应符合 GB/T 20941 的规定。

4.3　感官要求

感官要求应符合表 1 的规定。冷冻即食海参解冻后的感官要求应符合表 1 的规定。

表 1　感官要求

项　目	要　求	
	未调味即食海参	调味即食海参
色泽	黑褐色、黑灰色或灰色,色泽较均匀	
组织形态	体形完整,肉质肥厚,刺挺直,切口整齐,表面无损伤;肉质软硬适中,有弹性,适口性好;充水包装的产品,填充水的透明度好,允许略有悬浮颗粒	体形完整,肉质肥厚,刺挺直,切口整齐,表面无损伤;肉质软硬适中,有弹性,适口性好
滋气味	具有海参固有的滋味,无异味	具有海参固有的滋味,咸淡适中,无异味
杂质	无外来杂质,不牙碜	

4.4　理化指标

应符合表 2 的规定。

表 2　理化指标

项　目	指　标
固形物	与标识相符
pH	6.5~8.5

4.5　安全指标

污染物指标应符合 GB 2762 的规定,微生物指标应符合 GB 29921 的规定。

4.6　净含量

应符合 JJF 1070 的规定。

4.7　兽药残留

兽药残留限量应符合农业部公告第 235 号的规定。

5　试验方法

5.1　感官

将样品平摊于白搪瓷盘内,于光线充足、无异味的环境中,按 3.4 的要求逐项检验。

5.2　固形物

按 GB/T 10786—2006 中 4.2.2.2 的规定执行。

5.3　pH

按 GB/T 5009.45—2003 中 6.2 的规定执行。

194

5.4 净含量检验

按 JJF 1070 规定的方法执行。

5.5 安全指标

污染物指标按 GB 2762 的规定执行,微生物指标按 GB 29921 的规定执行。

5.6 药物残留

药残检测应采用我国已公布的适用于海参中药物残留检测的相关方法标准。

6 检验规则

6.1 组批规则与抽样方法

6.1.1 组批规则

同一产地、同一条件下加工的同一品种、同一等级、同一规格的产品组成检查批;或以交货批组成检验批。

6.1.2 抽样方法

按 SC/T 3016—2004 的规定执行。

6.2 检验分类

6.2.1 出厂检验

每批产品必须进行出厂检验。出厂检验由生产单位质量检验部门执行,检验项目为感官、固形物、pH、净含量等。检验合格签发检验合格证,产品凭检验合格证入库或出厂。

6.2.2 型式检验

有下列情况之一时,应进行型式检验。检验项目为本标准中规定的全部项目。

a) 长期停产,恢复生产时;

b) 原料变化或改变主要生产工艺,可能影响产品质量时;

c) 加工原料来源或生长环境发生变化时;

d) 国家质量监督机构提出进行型式检验要求时;

e) 出厂检验与上次型式检验有大差异时;

f) 正常生产时,每年至少 2 次的周期性检验。

6.3 判定规则

6.3.1 感官检验所检项目全部符合 4.3 的规定,合格样本数符合 SC/T 3016—2004 中表 A.1 规定,则判本批合格。

6.3.2 固形物与标识相符;每批平均净含量不得低于标示量。

6.3.3 所检项目中若有一项指标不符合标准规定时,允许加倍抽样将此项指标复验一次,按复验结果判定本批产品是否合格。微生物指标不得复检。

6.3.4 所检项目中若有两项或两项以上指标不符合标准规定时,则判本批产品不合格。

7 标签、包装、运输、贮存

7.1 标签

销售包装的标签必须符合 GB 7718 及 GB 28050 的规定,并需注明产地及食用方法。

7.2 包装

7.2.1 包装材料

所用塑料袋、纸盒、瓦楞纸箱等包装材料应洁净、坚固、无毒、无异味,符合相关食品卫生标准规定。

7.2.2 包装要求

包装环境应符合卫生要求。一定数量的小包装,装入纸箱中。箱中产品要求排列整齐,并有产品合格证。包装应牢固、防潮、不易破损。

7.3 运输

运输工具应清洁卫生、无异味,运输中防止受潮、日晒、虫害、有害物质的污染。宜采用冷藏或冷冻运输。

7.4 贮存

7.4.1 冷藏贮存温度为0℃～5℃,冷冻贮存温度为−18℃以下。

7.4.2 贮存库应清洁、卫生、无异味、有防鼠防虫设备。

7.4.3 不同品种、规格、批次的产品应分别堆垛,并用木板垫起,与地面距离不少于10 cm,与墙壁距离不少于30 cm,堆放高度以纸箱受压不变形为宜。

ICS 67.120.30
X 20

中华人民共和国水产行业标准

SC/T 3702—2014

冷 冻 鱼 糜

Frozen surimi

2014-03-24 发布

2014-06-01 实施

中华人民共和国农业部 发布

SC/T 3702—2014

前　言

本标准按照 GB/T 1.1—2009 给出的规则起草。

本标准由农业部渔业局提出。

本标准由全国水产标准化技术委员会水产加工分技术委员会(SAC/TC 156/SC 3)归口。

本标准起草单位:中国水产科学研究院黄海水产研究所、福建安井食品股份有限公司、浙江龙生水产制品有限公司、宁波大学、国家水产品质量监督检验中心。

本标准主要起草人:殷邦忠、王联珠、黄建联、朱文嘉、顾晓慧、杨文鸽、陈莘莘、翟毓秀、郭莹莹、严小军。

冷 冻 鱼 糜

1 范围

本标准规定了冷冻鱼糜的术语和定义、要求、试验方法、检验规则、标识、包装、运输、贮存等。

本标准适用于以鱼类为原料,经去头、去内脏、采肉、漂洗、精滤、脱水、混合、速冻等工序生产的产品。

2 规范性引用文件

下列文件对于本文件的应用是必不可少的。凡是注日期的引用文件,仅注日期的版本适用于本文件。凡是不注日期的引用文件,其最新版本(包括所有的修改单)适用于本文件。

GB 317　白砂糖

GB 2733　鲜、冻动物性水产品卫生标准

GB 2760　食品安全国家标准　食品添加剂使用卫生标准

GB 2762　食品安全国家标准　食品中污染物限量

GB 5009.3　食品安全国家标准　食品中水分的测定

GB/T 5009.45—2003　水产品卫生标准的分析方法

GB 5461　食用盐

GB 5749　生活饮用水卫生标准

GB/T 27304　食品安全管理体系　水产品加工企业要求

JJF 1070　定量包装商品净含量计量检验规则

SC/T 3016—2004　水产品抽样方法

农业部公告第 235 号　动物性食品中兽药残留最高限量

3 术语和定义

下列术语和定义适用于本文件。

3.1

冷冻鱼糜　frozen surimi

原料鱼经去头、去内脏、采肉、漂洗、精滤、脱水、混合、速冻等工序生产的产品,主要作为鱼糜制品的原料。

3.2

杂点　spot

在规定条件下,用肉眼观察到鱼糜中的非外来杂质,主要是鱼皮、鱼刺、鱼鳞等。

3.3

白度　whiteness

在规定条件下,使鱼糜受热凝固(制成鱼糕)后,用白度仪检测其表面光反射率与标准白板表面光反射率的比值,即 R_{457} 蓝光白度。

3.4

凝胶强度　gel strength

在规定条件下,使鱼糜受热凝固(制成鱼糕)后的凝胶形成能力,也称为弹性。可用弹性仪或质构仪检测,凝胶强度值为破断力与破断距离乘积,以克·厘米(g·cm)表示。

SC/T 3702—2014

3.5

破断力 breaking force

弹性仪或质构仪的载物平台与探头的恒速相向运动,挤压到鱼糕破裂所得到的最大力,以克(g)表示。

3.6

破断距离 distance to rupture

弹性仪或质构仪的载物平台与探头的恒速相向运动,从刚接触鱼糕至鱼糕破裂的位移距离,以厘米(cm)表示。

4 要求

4.1 原辅材料

4.1.1 原料鱼

新鲜,品质良好,应符合 GB 2733 及相关规定。

4.1.2 食用盐

应符合 GB 5461 的规定。

4.1.3 白砂糖

应符合 GB 317 的规定。

4.1.4 加工用水

应符合 GB 5749 的规定。

4.1.5 食品添加剂

应符合 GB 2760 的规定。

4.2 加工过程

人员、环境、车间及设施、生产设备及卫生控制等加工过程的管理应符合 GB/T 27304 的规定。

4.3 感官要求

应符合表 1 的规定。

表 1 感官要求

项目	要 求
色泽	白色、类白色
形态	解冻后呈均匀柔滑的糜状
气味及滋味	具新鲜鱼类特有的、自然的气味,无异味
杂质	无外来夹杂物

4.4 理化指标

应符合表 2 的规定。

表 2 理化指标

项目	指 标							
	SSA 级	SA 级	FA 级	AAA 级	AA 级	A 级	AB 级	B 级
凝胶强度,g·cm	≥700	≥600	≥500	≥400	≥300	≥200	≥100	<100
杂点,点/5 g	≤10	≤12			≤15			≤20
水分,%	≤76.0				≤78.0			≤80.0
pH	6.5~7.4							
产品中心温度,℃	≤−18.0							
白度*	符合双方约定							
淀粉	不得检出							
* 根据双方对产品白度约定的要求进行。								

4.5 安全指标

4.5.1 污染物指标

应符合 GB 2762 的规定。

4.5.2 兽药残留指标

以养殖鱼为原料的产品中兽药残留应符合农业部 235 号公告的规定。

4.6 净含量

应符合 JJF 1070 的规定。

5 试验方法

5.1 感官检验

将试样置于白色搪瓷盘或不锈钢工作台上，于光线充足、无异味的环境中按 4.3 的要求逐项进行感官检验。

5.2 凝胶强度的测定

按附录 A 的规定执行。

5.3 杂点的测定

5.3.1 取 5 g 按附录 A 解冻的样品，置于无色透明的薄膜袋中，碾压使之成为厚度小于 1 mm 的均匀平面，肉眼观察、计数。

5.3.2 计数时，长度 2 mm 以上的计为 1 点，1 mm～2 mm 之间的两个计为 1 点，1 mm 以下的忽略不计。

5.4 水分的测定

取 5 g 按附录 A 解冻的样品，按 GB 5009.3 的规定执行。

5.5 pH 的测定

取 10 g 按附录 A 解冻的样品，按 GB/T 5009.45—2003 中 6.2 的规定执行。

5.6 中心温度的测定

用经过预冷的探针或钻头，对被测样品的几何中心打孔，孔洞的深度最少要有 2.5 cm，孔径大小应以能插入探针为宜；然后，插入经过预冷的探针，待稳定后记录温度值。

5.7 白度的测定

按附录 B 的规定执行。

5.8 淀粉的测定

按附录 C 的规定执行。

5.9 污染物的测定

按 GB 2762 的规定执行。

5.10 兽药残留的测定

按我国已公布的适用于鱼类兽药残留检测的相关方法标准执行。

5.11 净含量的测定

按 JJF 1070 的规定执行。

6 检验规则

6.1 组批

在原料来源及生产条件基本相同的情况下，同一班次生产的产品作为一检验批。

6.2 抽样

按 SC/T 3016—2004 的规定执行。

6.3 检验分类

6.3.1 出厂检验

每批产品必须进行出厂检验。出厂检验由生产单位质量检验部门执行,检验项目为感官、凝胶强度、杂点、pH、水分、冻品中心温度、净含量偏差等。检验合格签发检验合格证,产品凭检验合格证入库或出厂。

6.3.2 型式检验

有下列情况之一时,应进行型式检验。检验项目为本标准中规定除白度外的所有项目。

a) 长期停产 6 个月以上,恢复生产时;

b) 原料变化或改变主要生产工艺,可能影响产品质量时;

c) 出厂检验与上次型式检验有大差异时;

d) 质检机构提出进行型式检验要求时;

e) 正常生产时,每年至少 2 次的周期性检验。

6.4 判定规则

6.4.1 感官检验所检项目全部符合 4.3 的规定,合格样本数符合 SC/T 3016—2004 中表 A.1 的规定,则判本批合格。

6.4.2 每批平均净含量不得低于标识量。

6.4.3 所检项目中若有一项指标不符合标准规定时,允许加倍抽样将此项指标复验一次,按复验结果判定本批产品是否合格。

6.4.4 所检项目中若有两项或两项以上指标不符合标准规定时,则判本批产品不合格。

7 标识、包装、运输、贮存

7.1 标识

包装的标识内容主要包括:产品名称、原料鱼品种、商标、净含量、配料表、贮存要求、产品标准、质量等级、生产者或经销者的名称、地址、生产日期、保质期等。

7.2 包装

所用塑料袋(盒)、纸盒、瓦楞纸箱等包装材料应洁净、坚固、无毒、无异味,质量符合相关食品安全标准规定。包装应牢固、防潮、不易破损。

7.3 运输

运输工具应采用清洁、干燥的冷藏车,运输过程中温度应低于－15℃,不得与有毒、有害物品混装。

7.4 贮存

产品贮存于卫生、无异味的冷库中,库温应低于－18℃。不同规格、不同批次的产品应分别堆垛,并用垫板垫起,堆放高度以纸箱受压不变形为宜。

贮存环境应符合卫生要求,清洁、无毒、无异味、无污染,防止虫害和有毒物质的污染及其他损害。

附　录　A
（规范性附录）
冷冻鱼糜凝胶强度的测定

A.1　原理

向半解冻的鱼糜添加食用盐，经斩拌、灌肠、加热、冷却后制成鱼糕。以载物平台恒速相向运动，探头挤压直到鱼糕破裂，测得破断力和破断距离，二者乘积即为鱼糜的凝胶强度。

A.2　仪器与材料

A.2.1　弹性仪或质构仪：测试最大速度≥60 mm/min，配有直径为 5 mm 的球形探头。

A.2.2　恒温水浴锅：温度范围为室温至 100℃。

A.2.3　温度计：量程为−20℃～110℃。

A.2.4　灌肠机：充填管直径≤33 mm。

A.2.5　斩拌机。

A.2.6　聚氯乙烯肠衣：折径为 52 mm。

A.3　操作步骤

A.3.1　鱼糕的制作

A.3.1.1　预解冻

将冷冻鱼糜置于塑料袋中，密封后于流水或室温下解冻，至样品中心温度约−5℃时，备用。

A.3.1.2　斩拌

a)　斩拌在低于 20℃时进行，并应注意随时检测温度；

b)　称取上述样品约 1 000 g，放入已预冷的斩拌机中斩拌，至样品温度为 0℃～3℃时，均匀撒入约 30 g 食用盐，继续斩拌约 10 min，至浆料黏稠、细腻，温度为(11±3)℃；

c)　取出浆料，放入灌肠机中。

A.3.1.3　灌肠

立即用灌肠机将浆料灌入折径为 52 mm 的肠衣，扎牢二端口。灌注时，鱼浆应紧密，不得有明显的气泡。

A.3.1.4　加热及冷却

将灌肠放入(90±1)℃水浴锅中，保持温度加热 30 min 后，立即取出并投入冰水中，充分冷却 30 min；取出置于 20℃室温，静置 12 h～24 h。

A.3.1.5　切段

将冷却后的灌肠剥去肠衣，切成 25 mm 鱼糕段，切面应整齐、光滑，不得有破裂口。

A.3.2　凝胶强度测量

将上述切好的鱼糕置于载物平台上，中心对准探头。将载物平台与探头以 60 mm/min 的速度恒定相向运动，直至探头插入鱼糕中，测得破断力(以 g 表示，精确至 1 g)和破断距离(以 cm 表示，精确至 0.01 cm)，应连续检测 10 个平行样。

A.3.3　结果计算

凝胶强度按式(A.1)计算。结果计算时,去除最大值和最小值,计算其余平行样的凝胶强度的算术平均值,计算结果保留整数。

$$X = \frac{1}{n} \sum_{i=1}^{n} W_i \times L_i \quad \cdots\cdots\cdots\cdots\cdots\cdots\cdots\cdots\cdots\cdots\cdots \quad (A.1)$$

式中:

X ——凝胶强度,单位为克厘米(g·cm);

W_i ——破断力,单位为克(g);

L_i ——破断距离,单位为厘米(cm);

n ——检测平行样数;

i ——检测平行样序号。

A.3.4 当对检测结果有异议时,以弹性仪测定作为仲裁方法。

附　录　B

（规范性附录）

冷冻鱼糜白度的测定

B.1　原理

通过样品对蓝光的反射率与标准白板对蓝光的发射率进行对比,得到样品的白度。

B.2　仪器

白度仪:波长 457 nm,读数精确至 0.1。标准白板需要定期校准。

B.3　操作过程

B.3.1　在 457 nm 下,用标准白板对仪器进行校对。

B.3.2　将按 A.3.1 制备的鱼糕平放于试样座,待显示值稳定后即可记下白度值。白度仪测得值即为样品的白度值。

B.3.3　同一样品应连续测定至少 3 个白度值,其结果之差的绝对值应不超过 0.2,结果保留一位小数。

附 录 C
（规范性附录）
冷冻鱼糜中淀粉的定性检测

C.1 原理

直链淀粉遇碘呈蓝色,支链淀粉遇碘呈紫红色,糊精遇碘呈蓝紫、紫、橙等颜色。根据此原料定性检测鱼糜中掺入的淀粉。

C.2 仪器和试剂

C.2.1 碘（I_2）:分析纯。

C.2.2 碘化钾（KI）:分析纯。

C.2.3 1 mol/L碘液:称取13 g I_2 及35 g KI,先溶解于20 mL蒸馏水中,然后于1 000 mL容量瓶中定容,摇匀,置于棕色瓶中备用,有效期为1个月。

C.2.4 0.07 mol/L碘液:取6.67 mL 0.1 mol/L的碘液于100 mL容量瓶定容,摇匀,贮存于棕色瓶中,现用现配。

C.2.5 玻璃平皿:直径70 mm或80 mm。

C.3 材料与方法

C.3.1 检测方法

取按附录A解冻的样品约2 g,平摊于置于白色平面上的玻璃平皿内(厚度小于1 mm),滴入0.07 mol/L碘液1滴～2滴,观察颜色变化,同时以蒸馏水做空白对照试验。

C.3.2 结果判定

玻璃平皿中试样明显变为蓝色、紫红色或橙色等,则判定试样中含有淀粉类物质。

ICS 65.150
B 56

中华人民共和国水产行业标准

SC/T 5001—2014
代替 SC/T 5001—1995

渔具材料基本术语

The basic terminology of fishing gear materials

2014-03-24 发布

2014-06-01 实施

中华人民共和国农业部 发布

前　言

本标准按照 GB/T 1.1—2009 给出的规则起草。

本标准代替 SC/T 5001—1995《渔具材料基本术语》。本标准与 SC/T 5001—1995 相比,除编辑性修改外主要技术变化如下:

——增加了"参考文献";

——参照参考文献中出现的名词和术语对我国目前渔业生产、科研、教育及其出版物中出现的渔具材料用语进行了修改和补充。

本标准由农业部渔业局提出。

本标准由全国水产标准化技术委员会渔具及渔具材料分技术委员会(SAC/TC 156/SC 4)归口。

本标准起草单位:中国水产科学研究院东海水产研究所、农业部绳索网具产品质量监督检验测试中心和威海好运通网具科技有限公司。

本标准主要起草人:石建高、汤振明、柴秀芳、刘根鸿、王磊、陈晓雪、张孝先、刘永利。

本标准的历次版本发布情况为:

——GB 3938—1983;

——SC/T 5001—1995。

渔具材料基本术语

1 范围

本标准规定了渔具材料及其有关性能与测试、外观疵点的基本术语的定义。

本标准适用于我国渔业生产、科研、检测、教育及其出版物中的渔具材料用语。

2 术语和定义

2.1

渔具材料　fishing gear material

直接用来装配成渔具的材料。

注:渔具材料主要包括网线、网片、绳索、浮子和沉子等材料。

2.2

网材料　netting material

用来制造网渔具、网箱箱体的网线、网片或绳索材料。

2.3

渔用材料　materials for fishery equipment and engineering

渔业装备与工程上使用的材料。

2.4

渔用纤维材料　fibrous materials for fishery

用来制造渔具的纤维材料。

注:渔用纤维材料是制造网线、网片和绳索的主要基体材料。渔用纤维材料按原料来源一般可分为渔用天然纤维和渔用化学纤维。

2.4.1

纤维　fiber

长宽比在 10^3 数量级以上、粗细为几微米到上百微米的柔软细长体。

注:纤维有连续长丝和短纤之分,纤维按原料来源可分为天然纤维和化学纤维。

2.4.2

天然纤维　natural fiber

由纤维状的天然物质直接分离、精制而成的纤维。

注:天然纤维包括植物纤维、动物纤维和矿物纤维。

2.4.3

化学纤维　chemical fiber;manufactured fiber;man-made fiber

用天然或人工合成的高分子物质为原料制成的纤维。

注:按原料不同,化学纤维分为人造纤维和合成纤维两大类。

2.4.4

人造纤维　artificial fiber

以天然高分子物质为原料,经化学或机械加工制得的化学纤维。

2.4.5

合成纤维　synthetic fiber

以单体经人工合成获得的聚合物为原料制得的化学纤维。

2.4.6

超高分子量聚乙烯纤维 ultra high molecular weight polyethylene fiber

由分子量在100万～500万的聚乙烯所纺出的纤维。

注:超高分子量聚乙烯纤维又称高强高模聚乙烯纤维。渔用超高分子量聚乙烯纤维一般为复丝、长丝和单丝。

2.4.7

渔用高强度聚乙烯纤维 high strength polyethylene fiber for fisheries

断裂强度不小于64.4 cN/tex的渔用聚乙烯纤维。

2.4.8

长丝 filament;continuous filament

长度可达几十米以上的天然丝和可按实际要求制成的任意长度的细丝状纤维。

2.4.9

复丝 multifilament

一定数量的长丝集中一起,通过加捻或抱合所形成的一根单纱或丝束。

2.4.10

短纤维 staple;staple fiber

较短的天然纤维和由长丝切断成适合纺纱要求长度的纤维。

注:短纤维粗度与长丝相仿,长度一般在40 mm～120 mm之间,或大于120 mm,借捻合方法所产生的抱合力,将若干纤维集合在一起,可形成一根连续的单纱。短纤维又称短丝或短纤。

2.5

单纱 single yarn

由短纤维沿轴向排列并经加捻而成,或用长丝(加捻或不加捻)组成的具有一定粗度和力学性质的产品。

2.5.1

短纤纱 spun yarn

由短纤维经加捻纺成的具有一定粗度的单纱。

2.5.2

牵切纱 stretch-break yarn

通过牵切方法得到的短纤维再经梳理、加捻纺成的具有一定粗度的纱。

2.5.3

长丝纱 filament yarn

一根或多根长丝经加捻形成的具有一定粗度的纱。

2.5.4

单丝纱 monofilament yarn

多根单丝经加捻所形成的具有一定粗度的纱。

2.5.5

复丝纱 multifilament yarn

两根或两根以上长丝经加捻所组成的纱。

2.5.6

混纺纱 mixed yarn

用两种以上不同种类的纤维混合纺成的纱。

2.6

网线 netting twine;fishing twine

可直接用于编织网片的线型材料。

注:网线简称线。网线应具备下列基本物理和机械性能:一定的粗度、强力,良好的柔挺性、弹性和结构稳定性,粗细均匀,光滑耐磨。

2.6.1
高强度聚乙烯网线 high-strength polyethylene netting twine
以高强度聚乙烯单丝制成的网线。

2.6.2
超高分子量聚乙烯网线 ultra high molecular weight polyethylene netting twine
以超高分子量聚乙烯纤维制成的网线。

2.6.3
单丝 monofilament
具有足够强力适合于作为一根单纱或网线单独使用的长丝。

2.6.4
线股 netting twine strand
网线半成品。

2.6.5
编线 braided netting twine
由若干根偶数线股(如6根、8根、12根、16根)成对或单双股配合,相互交叉穿插编织而成的网线(见图1)。

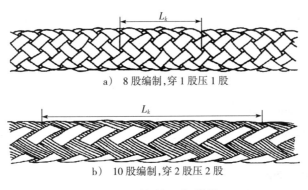

a) 8股编制,穿1股压1股

b) 10股编制,穿2股压2股

图1 编线的一般结构

注:编线亦称编织线。

2.6.5.1
线芯 netting twine core
在编线或多股复捻线的中央部位,配置若干根单纱或长丝或线为填充物的总称。

2.6.6
捻线 twisted netting twine
将线股用加捻方法制成的网线。

2.6.6.1
单捻线 single twisted netting twine
将若干根单纱或单丝并合在一起,经过一次加捻而成的网线。

2.6.6.2
复捻线 folded twisted netting twine
将若干根单纱或单丝加捻成线股,再将数根(一般为3根)线股以与线股相反的捻向加捻而成的网线。

2.6.6.3

复合捻线　cable twisted netting twine

将数根(3 根或 4 根)复捻线以与其相反的捻向加捻制成的网线。

2.6.7

混合线　mixed netting twine

用两种或两种以上的纤维混合制成的网线。

2.7

粗度　fineness;size

纤维、单纱、网线和绳索的粗细程度。

注:粗度一般以直径、横截面积、单位长度的重量、单位重量的长度等表示。常用表示粗度的单位有 mm、mm²、旦尼
尔(D)、特克斯(tex)和公制支数(公支)等。

2.7.1

支数(N)　count

纤维、单纱单位重量的长度。

2.7.1.1

公制支数　metric count

纤维、单纱每克重量的长度米数。按式(1)计算。

$$N_m = \frac{L}{G} \quad\cdots\cdots\cdots\cdots\cdots\cdots\cdots\cdots\cdots\cdots\cdots\cdots\cdots\cdots \quad (1)$$

式中:

N_m ——纤维或单纱的公制支数,单位为米每克或千米每千克(m/g 或 km/kg);

L ——纤维或单纱的长度,单位为米或千米(m 或 km);

G ——纤维或单纱的重量,单位为克或千克(g 或 kg)。

2.7.1.2

公称支数　nominal count

纤维或单纱名义上的支数。

2.7.1.3

设计支数　systematic count

纺纱工艺中,为使纤维或单纱成品的支数符合公称支数而定的纺纱支数。

2.7.1.4

实测支数　actual count

实际测量纤维或单纱得出的支数。

2.7.2

线密度　linear density

纤维、单纱、绳纱单位长度的重量。

注:线密度单位以 tex 或 ktex 或 D 表示。

2.7.2.1

旦尼尔(旦)　denier

纤维、单纱、绳纱、网线、绳索 9 000 m 长度的重量克数。

2.7.2.2

特克斯(特)　tex

指纤维、单纱、绳纱 1 000 m 长度的重量克数。

注1:毫特(mtex):为"特"的千分之一,1 000 m长的网线重 0.001 g 为 1 mtex。

注2:分特(dtex):为"特"的十分之一,1 000 m长的网线重 0.1 g 为 1 dtex。

注3:千特(ktex):为"特"的一千倍,1 m长的网线重 1 g 为 1 ktex。

2.7.3

总线密度　total linear density

网线、绳索加捻前各根单纱(或丝)以及捻缩在内的线密度总和。

注:总线密度单位以 tex 或 ktex 表示。

2.7.4

综合线密度　resultant linear density

网线、绳索的线密度。

示例:

网线 23 tex×6×3

从单纱计算出来的总线密度 ρ_{zt}＝23×6×3＝414 tex。

网线本身的综合线密度 ρ_z＝R460 tex。

注:计算出来的总线密度 ρ_{zt} 与综合线密度 ρ_z 之间的差数为 46 tex。这种差数主要是因为网线在加捻和并合时由于工序所引起的网线线密度的增加而造成的。

2.7.5

名义线密度　nominal linear density

在销售合同、发票或包装上注明的产品线密度。

[GB/T 14343—2008,定义 2.1]

2.7.6

结构号数　structure number

表示网线粗度和结构的号数,以式(2)、式(3)两种方法表示。

$$\frac{N_m}{S\times n} \quad\cdots\cdots\cdots\cdots\cdots\cdots\cdots\cdots\cdots\cdots\cdots\cdots\cdots\cdots\cdots\cdots (2)$$

式中:

N_m ——单纱或单丝的公制支数;

S 　——每根线股中所含单纱或单丝的根数;

n 　——线股数量。

$$\rho_x\times S\times n\cdots\cdots\cdots\cdots\cdots\cdots\cdots\cdots\cdots\cdots\cdots\cdots\cdots\cdots (3)$$

式中:

ρ_x ——单纱或单丝的线密度,单位为特克斯(tex);

S 　——每根线股中所含单纱或单丝的根数;

n 　——线股数量。

2.7.7

实际号数　actual number

实测条件下网线单位重量的长度。

注:实际号数单位以 m/g 表示。

2.7.8

标准号数　standard number

标准条件下网线单位重量的长度。

注:标准号数单位以 m/g 表示。

2.8

捻度(T_m)　amount of twist

单纱、网线或绳索上一定长度内的捻回数。

注:捻度单位以 T/m 表示。

2.8.1

加捻　twisting

对并合的单纱、线股、网线或绳索加以一定捻回的工艺过程。

2.8.2

退捻　twist off

退去单纱、线股、网线或绳索上的捻回工艺过程。

2.8.3

捻回　twist

在单纱、网线或绳索上所加的每一扭转的工艺过程。

2.8.4

捻向　direction of twist

单纱或网线、绳索上捻回的扭转方向。

注:捻向分 Z 捻和 S 捻两种(见图 2)。

2.8.4.1

Z 捻　Z-twist

捻向从左下角倾向右上角时称 Z 捻(见图 2a)。

2.8.4.2

S 捻　S-twist

捻向从右下角倾向左上角时称为 S 捻(见图 2b)。

a) Z 捻　　　　b) S 捻

图 2　捻向

2.8.5

同向捻　twist in same direction

初捻与复捻的捻向相同的捻合。

2.8.6

交互捻　interactive twist

初捻与复捻的捻向相反的捻合。

2.8.7

纺织捻　textile twist

将纤维并合、牵伸、加捻成单纱(或绳纱)的捻合工艺。

2.8.8

初捻　initial twist

将单纱(或绳纱)并合加捻成线股(或绳股)的捻合工艺。

2.8.9

复捻 folded twist

将线股(或绳股)并合加捻成复捻线(或复捻绳)的捻合工艺。

2.8.10

复合捻 cable twist

将复捻线(或复捻绳)并合加捻成复合捻线(或复合捻绳)的捻合工艺。

2.8.11

外捻 outer twist

网线、绳索成品的捻度。

2.8.12

内捻 inner twist

构成网线、绳索各股的捻度。

注:复合捻线的内捻为其中复捻线的捻度。

2.8.13

公称捻度 nominal twist

单纱、网线或绳索名义上的捻度。

2.8.14

实测捻度 actual twist

实际测得的网线捻度。

2.8.15

计算捻度 calculated twist

根据加工机械传动系统的参数计算的捻度。

2.8.16

临界捻度 critical twist

断裂强力达到最高值时的捻度。

2.8.17

捻系数 twist factor

用于不同粗度或线密度的加捻程度比较。捻系数以式(4)、式(5)表示。

$$\alpha = \frac{T_m}{\sqrt{N}} \quad\cdots\cdots\cdots\cdots\cdots\cdots\cdots\cdots\cdots\cdots\cdots\cdots\cdots\cdots (4)$$

式中:

α ——捻系数;

T_m——捻度;

N——单纱支数(或网线实际号数)。

$$\alpha = T_m \times \sqrt{\frac{\rho_x}{1\,000}} \quad\cdots\cdots\cdots\cdots\cdots\cdots\cdots\cdots\cdots\cdots\cdots\cdots (5)$$

式中:

α ——捻系数;

T_m——捻度;

ρ_x——单纱(或网线)1 000 m重量克数。

绳索的捻系数以式(6)表示。

$$\alpha = \frac{h}{d} \quad \text{·····································} \quad (6)$$

式中：

α——捻系数；

h——捻距,单位为米(m)；

d——绳索直径,单位为米(m)。

2.8.18

捻回角　twist angle

由线股(或绳股)与网线(或绳索)的轴线构成的夹角。

2.8.19

捻距　pitch of twist

网线上线股(或绳索上绳股)一个捻回的升距长度(见图3)。

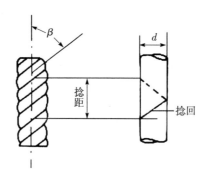

图3　捻回角(β)和捻距

2.8.20

捻度比　ratio of twist

内捻与外捻的比值。

2.8.21

捻缩　twist shrinkage

加捻网线(或线股)所引起的线股(或单纱)长度的变化(一般是缩短)。

注:捻缩用捻缩率和捻缩系数表示。

2.8.21.1

捻缩率　percentage of twist shrinkage

单纱加捻成网线后长度的缩短值对其原长度的百分比。以式(7)表示。

$$u = \frac{L_1 - L_2}{L_1} \times 100 \quad \text{·······························} \quad (7)$$

式中：

u ——捻缩率,单位为百分率(%)；

L_1——单纱长度,单位为米(m)；

L_2——网线长度,单位为米(m)。

2.8.21.2

捻缩系数　coefficient of twist shrinkage

单纱加捻成网线后的长度对其原长度的百分比。以式(8)表示。

$$K_u = \frac{L_2}{L_1} \times 100 \quad \text{······························} \quad (8)$$

式中：
K_u——捻缩系数，单位为百分率(%)；
L_1——单纱长度，单位为米(m)；
L_2——网线长度，单位为米(m)。

2.8.22

松紧度 tightness

编线的松紧程度。

注：对于结构相同的编线，松紧度用单位长度(1 m)内的花节数量来表示。

2.8.22.1

花节 pick；stitch

编线表面由线股穿插构成的花纹。

2.8.22.2

花节长度 stitch length

编线上线股形成一个完整编结圈的螺距长度。

注：螺距长度在8股编线中通过4个花节；在16股编线中通过8个花节(见图1)。

2.9

网片 netting；webbing

由网线编织成的一定尺寸网目结构的片状编织物。

2.9.1

网目 mesh

由网线按设计形状组成的一个孔状结构。

注：菱形网目由4个结或连接点和4根等长的目脚所构成。网目形状包括菱形网目、方形网目和六角形网目等(图4)。

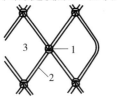

a) 菱形网目网片　　　b) 方形网目网片　　　c) 正六角形网目网片

说明：
1——网结或网目连接点；　　　3——网目。
2——目脚；

图4　各种网目网片

2.9.2

目脚 bar

网目中相邻两结或连接点间的一段网线(见图4)。

2.9.3

网结 knot

有结网片中目脚间的连接结构(见图5)。

a) 活结　　　b) 死结　　　c) 双死结

图5　网结种类

注:网结简称"结",网结形式有活结、死结和双死结等。

2.9.4

连接点 joint

无结网片中目脚间的交叉点。

2.9.5

网目尺寸 mesh size

网目的伸直长度。

注:网目尺寸用目脚长度、网目长度和网目内径3种尺寸表示。

2.9.5.1

目脚长度 bar size

网目中两个相邻结或连接点的中心之间当目脚充分伸直而不伸长时的距离。

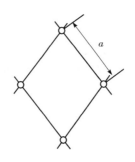

图6 目脚长度

注:目脚长度相当于一个目脚和一个网结或连接点的长度之和。目脚长度亦称"节"(见图6中的a)。在正六角形网目中,正六角形网目的6个目脚的目脚长度相同(见图4c中的a),但在不规则六角形网目中,六角形网目的目脚长度可能存在两个不同的值。

2.9.5.2

网目长度 mesh size

当网目充分拉直而不伸长时,其两个对角结或连接点中心之间的距离(见图7)。

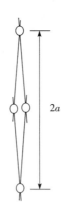

图7 网目长度

注:网目长度简称"目大"。

2.9.5.2.1

有结网片的网目长度 mesh size of knotted netting

当网目沿纵向充分拉直而不伸长时,两个对角结中心之间的距离。

注:有结网片的网目长度相当于目脚长度的两倍($2a$)。

2.9.5.2.2

无结网片的网目长度 mesh size of knotless netting

当网目沿最长轴方向充分拉直而不伸长时,两个对角连接点中心之间的距离。

2.9.5.3

网目内径(M_j) inner diameter of mesh

当网目充分拉直而不伸长时,其两个对角结(或连接点)内缘之间的距离(见图8)。

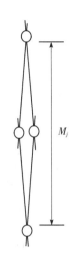

图8　网目内径

2.9.5.3.1

有结网片的网目内径 inner diameter of mesh of knotted netting

当沿网目纵向充分拉直而不伸长时,其两个对角结内缘之间的距离。

2.9.5.3.2

无结网片的网目内径 inner diameter of mesh of knotless netting

当沿网目最长轴方向充分拉直而不伸长时,其两个对角连接点内缘之间的距离。

2.10

网片方向 netting direction

网片尺度的方向。

注1:无结网片的方向,一般也与网线的总走向有关,但并不完全如此。因为,网线总走向有时也不易判断。一般情况是,其网目最长轴方向与网线总走向相平行。如果网目的两个轴长相等,则网片方向就无法确定。这时,网目的尺寸可按任一方向来确定。

注2:网片方向仅指菱形网目网片。

2.10.1

纵向 N-direction

网片长度的方向。

2.10.1.1

有结网片的纵向 N-direction of knotted netting

与有结网片网线总走向相垂直的方向(见图9)。

2.10.1.2

无结网片的纵向 N-direction of knotless netting

网目最长轴的方向。

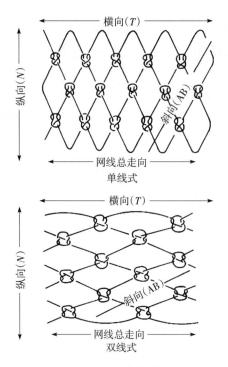

图9 有结网片方向

2.10.1.2.1

经编网片的纵向 N-direction for warp knitting netting

经编网片网目最长轴的方向。

2.10.1.2.2

插捻网片纵向 N-direction of inserting-twisting netting

捻合和经线方向。

2.10.1.2.3

平织网片纵向 N-direction of plain netting

编织的经线方向。

2.10.2

横向 T-direction

网片宽度的方向。

2.10.2.1

有结网片的横向 T-direction of knotted netting

与结网网线总走向相平行的方向(见图9)。

2.10.2.2

无结网片的横向 T-direction of knotless netting

与纵向相垂直的方向。

2.10.2.2.1

插捻网片横向 T-direction of inserting-twisting netting

与经线穿插的纬线方向。

2.10.2.2.2

平织网片横向 T-direction of plain netting

编织的纬线方向。

2.10.3

斜向　AB-direction

网片上与目脚相平行的方向(见图9)。

2.11

网片尺寸　size of netting

网片尺寸用宽度与长度的乘积来表示。

示例:

1 000 T×100 N(横向1 000目,纵向100目)。

1 000 T×5 m(横向1 000目,纵向5 m)。

2.11.1

网片长度　netting length

网片的纵向(N)尺度。

注:网片长度用网目数表示,也可用网片充分拉直而不伸长时的长度表示,单位以m表示。

2.11.2

网片宽度　netting width

网片横向(T)尺度。

注:网片宽度用网目数表示,也可用网片充分拉直而不伸长时的宽度表示,单位以m表示。

2.12

有结网片　knotted netting

由网线通过做结构成的网片。

注:有结网片按其网结的种类可分为活结网片、死结网片和双死结网片等。

2.12.1

活结网片　reef knotted netting

采用活结编成的网片。

2.12.2

死结网片　weaver's knotted netting

采用死结编成的网片。

2.12.3

双死结网片　double weaver's knotted netting

采用双死结编成的网片。

2.13

无结网片　knotless netting

由网线或网线的各线股相互交织而构成的没有网结的网片。

注:无结网片按结构分为经编网片、辫编网片、绞捻网片、插捻网片、平织网片和成型网片。

2.13.1

经编网片　warp knitting netting

由两根相邻的网线,沿网片纵向各自形成线圈并相互交替串连而构成的网片。

注:经编网片也称套编网片。由于衬纱的多少或编织物结构的不同,经编网片可有多种(见图10a)。

2.13.2

辫编网片　braiding netting

由两根相邻网线的各线股做相互交叉并辫编而构成的网片(见图10b)。

2.13.3

绞捻网片　twisting netting

由两根相邻网线的各线股做相互交叉并捻合而构成的网片(见图10c)。

2.13.4

插捻网片　inserting-twisting netting

纬线插入经线的线股间,经捻合经线而构成的网片。

2.13.5

平织网片　plain netting

经线与纬线一上一下相互交织而构成的平布状网片。

2.13.6

成型网片　shaping netting

用热塑性合成材料经挤压成型制成的网片。

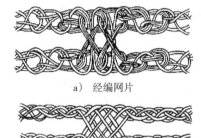

a) 经编网片

b) 辫编网片

c) 绞捻网片

图 10　无结网片

2.13.7

线圈　loop

一弯纱在其底部和顶部与其他弯纱相互串套,构成针织物的基本组成单元。

2.13.8

横列　course

针织物中线圈在横向联结而成的行列。

2.13.9

编织密度　stitch density

针织物在规定长度内的线圈数。

2.13.10

定型　finalizing the design

在外力拉伸或加热作用下,使网片达到与定网目尺寸的后处理方式。

2.13.11

名义股数　nominal ply

网片目脚截面单丝或单纱根数之和。

2.13.11.1

聚乙烯经编型机织网片的名义股数　nom number of share of stock of PE knotless netting

网片目脚中成圈纱根数的 3 倍与衬纬纱总根数之和;或者为其截面单丝或单纱根数之和。

2.13.11.2

聚乙烯平织网片的名义股数　nom number of share of stock of PE plain netting

网片纵向目脚的股数。

2.13.12

绞捻网片的单丝数　number of monofilament of twisted knotless netting

网片每个目脚的用丝数。

2.14

绳索　rope

由若干根绳纱(或绳股)捻合或编织而成的、直径大于 4 mm 的有芯或无芯的制品。

2.14.1

渔用超高分子量聚乙烯绳索　ultra high molecular weight polyethylene ropes for fisheries

以超高分子量聚乙烯纤维为基本单元,采用绳索制造工艺制成的渔用绳索。

2.14.2

单捻绳　simple twisted rope

由若干根绳纱(或钢丝)经一次加捻制成的绳索。

2.14.3

复捻绳　folded twisted rope

由若干根绳纱(或钢丝)加捻制成绳股,再将若干根绳股加捻制成的绳索。

2.14.4

复合捻绳　cable twisted rope

用复捻绳为绳股,采用与复捻绳相反的捻向加捻制成的绳索。

注:复合捻绳亦称缆绳。

2.14.5

绳纱　rope yarn

纤维经梳理、并条,或由若干根长丝一次加捻制成的具有一定粗度和强度的粗纱。

2.14.6

绳股　rope strand

将若干根绳纱(或单丝、钢丝)并合,加捻或编织在一起而具有一定长度、粗度和强度的半成品。

2.14.7

芯子　core

配置在绳索的中心的填料,用植物纤维、合成纤维或钢丝等经加捻(或不加捻)制成的具有一定粗度和强度的绳纱或细绳。

2.14.7.1

绳芯　core of rope

沿绳索的纵轴配置在绳索中央部位的芯子。

2.14.7.2

股芯　core of strand

沿绳股的纵轴配置在绳股中央部位的芯子。

2.15

钢丝绳　wire rope

由钢丝捻合制成的绳索。

2.16

混合绳　mixed rope

由不同材料按一定的数量比例混合制成的绳索。

注：渔用混合绳一般是用植物纤维或合成纤维与钢丝混合制成。

2.17

白棕绳　manila rope

以龙舌兰麻或蕉麻等植物纤维为原料制成的绳索。

2.18

编绳　braided rope

由若干根绳股采用编织或编绞方式制成的有绳芯或无绳芯的绳索。

2.19

浮子　float

在水中具有浮力或在运动中能产生升力，且形状和结构适合于装配在渔具上的属具。

2.20

浮标　buoy

装有旗号或带有灯具、电波发射器等附件，浮于水面，用来标识渔具在水中位置的各种浮具。

2.21

沉子　sinker

在水中具有沉降力或在运动中能产生下沉力，且形状与结构适合于装配在渔具上的属具。

2.22

浮率　rate of floating force

浮子单位重量所具有的浮力。亦即浮子的浮力对其在空气中重量的比值。

［选自 SC/T 5003—2002，做了适当修改］

2.23

抗压　compress stress

浮子承受一定的水压力而不变形。

［选自 SC/T 5003—2002］

2.24

沉降力　sinking force

渔具材料在水中的重量。

注：沉降力等于材料在空气中的重量与其沉没在水中所排开水的重量之差值，单位一般以 N 表示。

2.25

吸湿性　hydroscopic，hydroscopic property

纤维材料及其制品在空气中吸收和放散水蒸气的性能。

2.25.1

湿量　hydrous mass

渔具材料含有水分时的质量。

［选自 GB/T 6503—2008］

2.25.2

恒重　constant mass

纺织材料试验经过烘干处理，相隔一定时间，前后两次称量差异不超过规定范围时的质量。

［选自 GB/T 6503—2008］

2.26

回潮率　moisture regain

纤维材料及其制品的含水重量与干燥重量之差数,对其干燥重量的百分比。

2.26.1

标准回潮率　standard equilibrium regain

纤维材料及其制品在标准温、湿度条件下达到吸湿平衡时的回潮率。

2.26.2

公定回潮率　official regain,convention moisture regain

为贸易和检验等要求,对纤维材料及其制品所规定的回潮率。

2.26.3

实测回潮率　actual regain

在某一温、湿度条件下实际测得的回潮率。

2.27

含水率　moisture content

纤维材料及其制品的含水重量与干燥重量之差数,对其含水重量的百分比。

2.28

吸水性　water imbibition

纤维材料及其制品在水中吸收水的性能。

2.29

绳索含油率　oil content of rope

从绳索中抽取的油分重量对其原重量的百分比。

2.30

树脂附着率　resin content

树脂处理前、后网材料的重量差对其处理前重量的百分比。

2.31

标准环境　standard atmosphere

优先选用的、规定了空气温度和湿度且限制了大气压强和空气循环速度范围的恒定环境。

注:标准环境空气中不含明显的外加成分,且环境未受到任何明显的外加辐射影响。

2.31.1

标准条件　standard atmosphere

测试纤维材料及其制品的性能时,所规定的恒温恒湿条件。

注:标准条件下空气温度为(20±2)℃,空气相对湿度为63%～67%。

2.31.2

状态调节环境　conditioning atmosphere

进行试验前保存样品或试样的恒定环境。

［选自 GB/T 2918—1998］

2.31.3

试验环境　test atmosphere

在整个试验期间样品或试样所处的恒定环境。

［选自 GB/T 2918—1998,定义 2.3］

2.31.4

状态调节　conditioning

为使样品或试样达到温度和湿度的平衡状态所进行的一种或多种操作。

[选自 GB/T 2918—1998]

2.31.5

状态调节程序　conditioning procedure

状态调节环境和状态调节周期的结合。

[选自 GB/T 2918—1998]

2.31.6

室温　ambient temperature

相当于没有控制温、湿度的实验室一般大气条件的环境。

[选自 GB/T 2918—1998]

2.31.7

干态试样　dry specimen

放置在标准大气条件下的试验室内,平衡 6 h 以上的试样。

2.31.8

湿态试样　wet specimen

放置在水温(20±2)℃的水中浸 6 h 以上的试样。

2.32

公量　conditioned weight

纤维材料及其制品按公定回潮率折算的重量。

2.33

收缩率　shrinkage

材料经处理(浸水、热定型或树脂处理等)后长度的缩小值对其原长度的百分比。

2.33.1

缩水率　shrinkage in water

材料浸水后长度的缩小值对其原长度的百分比。

2.34

强度　tenacity

纤维材料及其制品抵抗外力破坏的强弱程度。

注:强度一般用拉伸下材料的单位线密度、单位横截面积的强力表示。

2.34.1

断裂强力　strength,breaking load;breaking force;maximum force

材料被拉伸至断裂时所能承受的最大负荷。

注:断裂强力亦称强力,单位一般以 N 表示。

2.34.1.1

网线断裂强力　breaking load of netting twine;breaking load of netting yarns

网线断裂试验中所测得的最大强力。

注:网线断裂强力可分为干断裂强力、湿断裂强力、干结节断裂强力和湿结节断裂强力。

2.34.1.2

网线破裂点强力　load at rupture of netting twine;load at rupture of netting yarns

网线试样或网线试样的最初部分达到断裂强力点或之后的最终强力。

2.34.1.3

结节断裂强力　knot breaking load

结节断裂强力即打死结后的网线在断裂试验中所测得的最大强力。

注:结节断裂强力分为干态结节断裂强力和湿态结节断裂强力。

2.34.1.4

绳索最低断裂强力 lowest break strength of rope

按规定的方法对每一绳索样品进行断裂强力试验,其试验结果中的最小值为绳索最低断裂强力。

2.34.1.5

干态网目断裂强力 dry mesh breaking force

标准大气下网目被拉伸至断裂时所测得的最大强力。

2.34.1.6

湿态网目断裂强力 wet mesh breaking force

湿态下网目被拉伸至断裂时所测得的最大强力。

2.34.1.7

断脱强力 force at rupture

在规定条件下进行的拉伸试验过程中,试样断开前瞬间记录的最终的力。

2.34.2

最大负荷 maximum load

试验中所得到的最大拉伸力。

2.34.3

断裂应力 tensile strength

材料被拉伸至断裂时,其单位横断面积上所承受的最大拉应力。

注:断裂应力单位一般以 N/mm^2 表示。

2.34.4

断裂强度 breaking strength

规定状态下,试样的单位综合线密度的断裂强力。

注:断裂强度是与断裂应力相当的强度指标。由于网线和绳索的横断面积与"旦"或"特"有关,因此,断裂强度单位
一般以 cN/tex、cN/dtex 和 g/D 表示。

2.34.5

干强力 dry strength

材料在自然干燥状态下的强力。

2.34.6

湿强力 wet strength

材料在浸湿状态下的强力。

2.34.7

结强力 knot strength

材料打结后(死结、活结等),在打结处的断裂强力。

2.34.7.1

死结强力 weaver's knot strength

材料打死结后,在打结处的断裂强力。

2.34.7.2

活结强力 reef knot strength

材料打活结后,在打结处的断裂强力。

2.34.7.3

单线结强力　overhand knot strength

材料打单线结(单根网线做一环圈形成的结)后,在打结处的断裂强力。

2.34.8

定伸长负荷　load at certain elongation

在规定条件下,使纤维材料及其制品达到一定伸长时所需的力。

注:定伸长负荷单位以 N 表示。

2.34.9

实测强力　actual strength

在某一条件下实际测得的强力。

2.34.10

修正强力　correct strength

在非标准条件下测得的强力,按规定的修正系数修正后的强力值。

2.34.11

总强力　total strength

网线(或绳索)的单纱(或绳纱)平均断裂强力的总和。

2.34.12

束纤维强力　bundle strength

由成束的纤维试样测得的强力。

2.34.13

强力利用率　rate of utilization of strength

网线(或绳索)的实际强力对其总强力的百分比。

2.34.14

强力保持率　rate of preservation of strength

材料经试验后的剩余强力对其原强力的百分比。

2.34.15

网片强力　netting strength

网片的断裂强力。

注:网片强力可用单个网目的断裂强力、网片的断裂强力和网片撕裂强力 3 种方法表示。

2.34.15.1

网目强力　mesh strength

单个网目的断裂强力。

2.34.15.2

网片断裂强力　netting breaking strength

规定尺寸的矩形网条试样的断裂强力。

2.34.15.3

网片撕裂强力　netting tearing strength

在规定条件下,连续撕破网片试样上若干个结所需的力。

2.34.15.4

网目连接点断裂强力　breaking strength of mesh joint

在规定条件下,绞捻网片的网目连接点断裂强力。

2.35

结牢度　knot stability,knot fastness

网结抵抗滑脱变形的能力。

注：结牢度以网结在拉伸中出现滑移时所需的力来表示，单位以 N 表示。

2.36

延伸性 extensibility

材料在拉力作用下，产生伸长变形的特性。

2.36.1

伸长 extension

因拉力的作用引起试样长度的增量。

2.36.2

总伸长 total elongation

在一定外力拉伸下材料产生的总伸长值，包括弹性伸长和塑性伸长两部分。

2.36.3

预负荷伸长 extension at preload

在相当于 1% 最大负荷的外加负荷下所测的夹持长度的增加值。

2.36.4

断裂长度 breaking length

当试样重量等于断裂强力时所计算出的长度。

注：当以 daN 为单位计算时，断裂长度以 km 表示，它在数值上等于以 cN/tex 为单位所计算出的强度值。

2.36.5

弹性伸长 elastic elongation

材料总伸长值中，当外力卸除后可以恢复原状的伸长值。

注：弹性伸长包括急弹性伸长和缓弹性伸长两部分。

2.36.5.1

急弹性伸长 fast-elastic elongation

材料的弹性伸长中，当卸除外力后立即恢复的部分伸长值。

2.36.5.2

缓弹性伸长 slow-elastic elongation

材料的弹性伸长中，当外力卸除后，须经过相当时间才会逐渐恢复原状的部分伸长值。

2.36.6

塑性伸长 plastic elongation

材料的总伸长值中，当外力卸除后，不能恢复原状的伸长值。

注：塑性伸长又称永久伸长。

2.36.7

伸长率 elongation，percentage of elongation

在小于断裂强力的任一负荷作用下，材料的伸长值对其原长度的百分比。

2.36.8

断裂伸长 breaking elongation

材料被拉伸到断裂时所产生的总伸长值。

2.36.9

断裂伸长率 percentage of breaking elongation，elongation at break

材料被拉伸到断裂时所产生的伸长值对其原长度的百分比。

2.36.9.1

50%结节断裂强力时的伸长率　elongation at half the knot breaking load

网线试样在50%结节断裂强力作用下的伸长率。

2.36.9.2

网片断裂伸长率　percentage of netting breaking elongation

网片材料被拉伸到断裂时所产生的伸长值对其原长度的百分比。

2.36.10

断脱伸长率　elongation at rupture

对应于断脱强力的伸长率。

2.36.11

定负荷伸长率　constant load elongation

在规定负荷下的伸长率。

2.36.12

最大负荷下伸长率　elongation at maximum load

在最大负荷下试样所显示的伸长率。

2.36.13

负荷—伸长曲线　load/elongation curve

一种图形表示法,表示经预加张力后的试样在外力作用下所产生的伸长变化和受力大小之间的关系。

2.37

弹性　elasticity

材料在外力作用下产生变形,当外力卸除后可恢复其原有尺寸的性质。

注:弹性一般用弹性恢复率或弹性模量表示。

2.37.1

定伸长弹性　fixed elongation elasticity

材料按规定伸长值加以拉伸所产生的弹性。

2.37.2

定负荷弹性　fixed load elasticity

材料按规定的外力加以拉伸所产生的弹性。

2.37.3

弹性恢复率　elastic recovery

材料的弹性伸长在其总伸长中所占的百分比。

注:弹性恢复率又称弹性恢复系数或弹性度。

2.37.4

弹性模量　elastic modulus

在材料弹性极限内,正应力对线应变的比值。

2.38

韧性　toughness

材料在外力作用下产生变形而吸收功的特性。

注:韧性大小用韧度表示。

2.38.1

韧度　toughness

表示韧性的指标。韧度一般用材料拉伸曲线下的面积值来表示(见图11)。

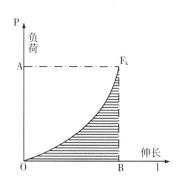

图 11 韧度计算图

韧度的大小按式(9)计算。

$$R = P \times l \times Q \cdots\cdots\cdots\cdots\cdots\cdots\cdots\cdots\cdots\cdots (9)$$

式中:

R——韧度,单位为焦耳(J);

P——负荷,单位为牛(N);

l——伸长,单位为米(m);

Q——韧度系数,由式(10)求得。

$$Q = \frac{S_1}{S} \cdots\cdots\cdots\cdots\cdots\cdots\cdots\cdots\cdots\cdots (10)$$

式中:

Q——韧度系数;

S_1——图 11 中阴影部分 OF_kB 的面积,单位为平方米(m^2);

S——图 11 中矩形 OAF_kB 的面积,单位为平方米(m^2)。

2.38.2

断裂韧度 breaking toughness;work of rupture

材料在断裂负荷下的韧度。

注:韧度一般用材料拉伸曲线下的面积值来表示,断裂韧度又称断裂功。

2.39

柔挺性 flexural stiffness

材料抵抗横向弯曲变形的能力。

注:柔挺性用产生一定弯曲变形所需的力表示。

2.40

耐磨性 abrasion resistance

材料抵抗机械磨损的性能。

注:耐磨性用试样摩擦到断裂时的摩擦次数或摩擦一定次数后的强力保持率来表示。

2.41

耐老化性 ageing stability

材料抵抗光、热、氧、水分、机械应力及辐射能等作用,而不使自身脆化的能力。

注:耐老化性用材料老化后的强力保持率(即老化系数)来表示,并以外观和尺寸变化程度作为另一指标。

2.41.1

耐候性 resistance to weathering

材料抵抗日光、降雨、温湿度和工业烟尘等气候因素综合影响的能力。

注:耐候性用耐候试验后材料的强力保持率来表示。

2.41.2

耐光性 sun light resistance

材料抵抗日光紫外线破坏作用的能力。

注：耐光性用试样经曝晒一定时间后的强力保持率来表示。

2.41.3

耐腐性 resistance to rotting

材料抵抗细菌及化学物质破坏的能力。

注：耐腐性用材料在腐蚀条件下经一定时间后的强力保持率来表示。

2.41.4

存放样品 file specimen

存放在稳定条件下用来比较耐老化试验暴露前后性能变化的部分材料。

2.41.5

对照材料 control

一种与试样材料有相似成分和结构的材料，用来与耐老化试验材料同时暴露后进行性能比较。

2.41.6

对照样品 control specimen

耐老化试验中用来暴露的对照材料的一部分。

2.41.7

辐照度 irradiance

单位时间单位面积上所照射的某波长或某波长带内的辐射能量。

注：辐照度单位以 W/m^2 表示。

2.41.8

辐照量 radiant exposure

辐照度的时间积分。

注：辐照量单位为 J/m^2。

2.41.9

光谱能量分布 spectral power distribution

某光源发射的或某物体接受的绝对或相对辐射能量，是波长的函数。

2.41.10

黑板温度计 black panel thermometer

一种温度测量装置，由一块金属底板和一个热敏元件组成，热敏元件紧贴在金属地板的中央，整个装置的受光面涂有黑色涂层，可以均匀地吸收全日光谱辐射。

［选自 GB/T 14522—2008］

2.41.11

荧光紫外灯 fluorescent ultraviolet lamp

发射 400 nm 以下紫外光的能量至少占输出光能80％的荧光灯。

［选自 GB/T 16422.3—1997］

2.41.12

Ⅰ型荧光紫外灯 type Ⅰ fluorescent ultraviolet lamp

发射 300 nm 以下的光能低于总输出光能2％的一种荧光紫外灯。

注：Ⅰ型荧光紫外灯通常称为 UV-A灯。

［选自 GB/T 16422.3—1997］

2.41.13

Ⅱ型荧光紫外灯　typeⅡ fluorescent ultraviolet lamp

发射 300 nm 以下的光能低于总输出光能 10％的一种荧光紫外灯。

注：Ⅱ型荧光紫外灯通常称为 UV-B 灯。

［选自 GB/T 16422.3—1997］

2.41.14

冷凝暴露　condensate exposure

试样表面经规定的辐照时间后转入模拟夜间的无辐照状态，此时，试样表面仍受暴露室内热空气和水蒸气的饱和混合物加热作用，而试样背面继续收到周围空间的空气冷却，形成试样表面冷凝的暴露状态。

［选自 GB/T 16422.3—1997］

2.42

拉伸强度　tensile strength

纤维、网线或绳索试样被拉伸直至断裂时单位面积的力值。

注：纤维、网线或绳索拉伸强度单位以 MPa 或 kPa 表示；而土工布及其有关产品宽条拉伸试验中，拉伸强度是指试样被拉伸直至断裂时每单位宽度的最大强力，单位为 kN/m。

［选自 GB/T 15788—2005］

2.43

疲劳强度　fatigue strength

材料抵抗多次负荷或多次变形所引起的内部结构恶化或破断的能力。

注：用断裂时外力反复作用的次数来表示。

2.44

冲击强度　impact strength

材料受冲击负荷作用而断裂时，其单位横断面积上所承受的冲击功。

注：冲击强度单位为 N·cm/cm^2。

2.45

割线模量　secant stiffness

单位宽度的负荷值与特定伸长率值之比。

注：割线模量单位为 kN/m。

2.46

均匀性　regularity

表示对材料某一性质所测得的许多数据间的均匀程度（或变异程度）。

2.46.1

变异系数　coefficient of variation

对材料某一性质所测得一列数据的均方差对平均数的百分比。

注：变异系数是表示材料均匀性的相对指标。变异系数按式（11）计算。

$$CV_b = \sqrt{\frac{\sum_{i=1}^{n}(x_i - \bar{x})^2}{(n-1)_{\bar{x}^2}}} \times 100 \cdots\cdots\cdots\cdots\cdots\cdots\cdots\cdots\cdots (11)$$

式中：

CV_b　——变异系数，单位为百分率（％）；

n　——样品的个数；

x_i　——第 i 个样品的测试值；

$\overline{x}$ ——实验室样品的算术总平均值。

2.46.2

不匀率 **coefficient of mean deviation**

对材料某一性质所测得一列数据的平均差对平均数的百分比。

注:不匀率是表示材料均匀性的相对指标。不匀率按式(12)计算。

$$H = \frac{2(\overline{x} - \overline{x}_1) \times n_1}{N \times \overline{x}} \times 100 \quad \cdots\cdots\cdots\cdots\cdots\cdots\cdots\cdots\cdots\cdots (12)$$

式中:

H ——不匀率,单位为百分率(%);

N ——样品的个数;

n_1 ——数值小于 $\overline{x}$ 的样品个数;

$\overline{x}$ ——实验室样品的算术总平均值;

$\overline{x}_1$ ——小于 $\overline{x}$ 的各样品的算术平均值。

2.47

试样长度 **specimen length**

在规定的预加张力作用下被测定的样品长度。

注:试样长度单位为 mm。

2.47.1

隔距长度 **gauge length**

试验装置上夹持试样的两有效夹持线间的距离。

2.47.2

初始长度 **initial length**

在规定的预张力时,试验装置上夹持试样的两有效夹持线间的距离。

2.47.3

名义夹持长度 **nominal gauge length**

在试样上的与外加负荷平行的两个标记点之间的初始距离。

注:当用夹具的位移测量时,名义夹持长度为初始夹具间的距离。

2.47.4

额定夹距长度 **nominal gauge length**

在预加张力作用下,网线试样在试验机的上下夹持面之间的长度。

2.48

厚度 **thickness**

对试样施加规定压力的两基准板间的垂直距离。

2.48.1

名义厚度 **nominal thickness**

对于厚度均匀的试样,在(20±0.1)kPa 压力下测得的试样厚度。

2.49

预加张力 **pre-tension**

测定纤维材料及其制品的物理机械性能时,为使试样均匀伸直(不是伸长),长度一致,所预加的一定张力。

注:预加张力通常按试验材料某一长度的自重来确定。所有长度或伸长值的测定都必须在规定的预加张力下进行。
预加张力亦简称预张力。

2.49.1

网目尺寸测量用的预加张力 pre-tension for determination of the mesh size
在网目尺寸测量时,每个目脚上所平均预加的张力应等于相同材料、规格网线的(250±25)m 长度的自重。

2.50
拉伸速度 tensile speed
拉伸试验中材料被拉伸的速度。
注:拉伸速度单位为 mm/min。

2.51
等加负荷 constant rate-of-load
测试纤维材料及其制品的强力时,施加外力的一种方式。
注:等加负荷对试样施加的负荷与时间成正比。

2.52
等加伸长 constant rate-of-extension
测试纤维材料及其制品的强力时,施加外力的一种方式。
注:等加伸长使单位时间内试样增加的伸长相等。

2.53
等速拉伸 constant rate-of-traverse
测试纤维材料及其制品的强力时,施加外力的一种方式。
注:等速拉伸使单位时间内试样一端的移动距离相等。

2.54
断裂时间 time-to-break
测定纤维材料及其制品的强力时,从试样开始受到负荷的瞬间直到断裂为止所经过的时间。

2.55
测试持续时间 duration of testing
从预加张力后的网线试样开始受力的瞬间到50%结节断裂强力时所需的时间。

2.56
单丝外观疵点 exterior defect of monofilament
单丝上出现的小毛刺、压痕和硬伤等外观疵点。

2.56.1
毛丝 broken filament
表面有小毛刺,手感较明显的单丝。

2.56.2
压痕丝 pressed filament
受压后变形的单丝。

2.56.3
硬伤丝 damaged filament
表面严重损伤的单丝。

2.56.4
单体丝 monomer filament
表面有白色粉末析出的单丝。

2.56.5
成型不良丝 deformed filament

丝卷扭曲或排列紊乱的单丝。

2.57

网线外观疵点 exterior defect of netting twine

网线结构松散、表面粗糙、多股少股等外观疵点。

2.57.1

多股少股线 uneven twine

线股中出现多余或缺少单纱(复丝纱或单丝或短纤纱)的根数的网线。

2.57.2

背股线 coarse twine

因线股粗细不匀、加捻时张力不同或捻度不一致等原因造成线股扭曲处最高点不在一直线上的网线。

2.57.3

松紧线 tight and loose twine

由于局部加捻过紧以及内外捻比例不当,线股之间相互松弛或捻度不一的网线。

2.57.4

起毛线 roughed twine

表面由于摩擦或其他原因引起结构松散、表面粗糙的网线。

2.57.5

油污线 dirty twine

线绞上沾有油、污、色和锈等斑渍的网线。

2.57.6

小辫子线 plait twine

线股局部扭曲,呈小辫子状,并突出捻线表面的网线。

2.57.7

绞形扭曲线 disordered twine

整绞扭曲不平直的网线。

2.58

网片外观疵点 exterior defect of the netting

网片上出现的破目、漏目和 K 型网目等外观疵点。

2.58.1

破目 broken mesh

目脚断裂而使网目破损。

2.58.2

漏目 shorted mesh

漏织而造成的异形网目。

2.58.3

K 型网目 K mesh

目脚长短不同的网目。

2.58.4

活络结 loose knot

一根网线成圈不良而使另一根网线能够滑动的网结。

2.58.5

扭结　contorted knotted

网结的上下两目成180°夹角。

2.58.6

缺股　deficiency strand

构成无结网片目脚的线股中出现缺少的单纱或单丝。

2.58.7

并目　incorporating mesh

相邻目脚中因网线编连而不能展开的网目。

2.58.8

跳纱　leaping yarn

一段纱越过了数个应该与其相联结的线圈纵行。

2.59

浮子外观疵点　exterior defect of float

浮子上出现的凹凸、错位或椭孔等外观疵点。

2.59.1

凹凸　concave and emboss

表面凹陷或凸起。

2.59.2

错位　displacement

合模不正,两个半球偏离位置。

2.59.3

椭孔　elliptical hole

中心孔呈椭圆形。

2.59.4

色斑　stain

与表面主色不同的杂色面或点。

参 考 文 献

[1] GB/T 3291.1—2006 纺织 纺织材料性能和试验术语 第1部分:纤维与纱线
[2] GB/T 3291.2—2006 纺织 纺织材料性能和试验术语 第3部分:通用
[3] GB/T 3923.1—1997 纺织品 织物拉伸性能 第1部分:断裂强力和断裂伸长率的测定 条样法
[4] GB/T 4925—2008 渔网 合成纤维网片强力与断裂伸长率试验方法
[5] GB/T 6672—2001 塑料薄膜和薄片 厚度测定 机械测量法
[6] GB/T 6964—2010 渔网网目尺寸测量方法
[7] GB/T 6965—2004 渔具材料试验基本条件 预加张力
[8] GB/T 8834—2006 绳索 有关物理和机械性能的测定(ISO 2307:1990)
[9] GB/T 15029—2009 剑麻白棕绳
[10] GB/T 18673—2008 渔用机织网片
[11] GB/T 19599.1—2004 合成纤维渔网片试验方法 网片重量
[12] GB/T 19599.2—2004 合成纤维渔网片试验方法 网片尺寸
[13] GB/T 21292.2—2007 渔网 网目断裂强力的测定(ISO 1806:2002)
[14] GB/T 21328—2007 纤维绳索 通用要求(ISO 9554:1991)
[15] SC/T 4021—2007 渔用高强度三股聚乙烯单丝绳索
[16] SC/T 4022—2007 渔网 网线断裂强力和结节断裂强力的测定(ISO 1805:1973)
[17] SC/T 4023—2007 渔网 网线伸长率的测定(ISO 3790:1976)
[18] SC/T 5002—2009 塑料浮子试验方法 硬质球形
[19] SC/T 5015—1989 渔用锦纶6单丝试验方法
[20] SC/T 5021—2002 聚乙烯网片 经编型
[21] SC/T 5029—2006 高强度聚乙烯渔网线
[22] SC/T 5031—2006 聚乙烯网片 绞捻型

索　引

汉语拼音索引

B

C

D

X

Y

Z

英文对应词索引

A

B

C

D

E

J

K

L

M

N

S

T

U

W

Z

———————————————

ICS 65.150
B 56

中华人民共和国水产行业标准

SC/T 5005—2014
代替 SC/T 5005—1988

渔用聚乙烯单丝

Polyethylene monofilament for fisheries

2014-03-24 发布

2014-06-01 实施

中华人民共和国农业部 发布

前　言

本标准按照 GB/T 1.1—2009 给出的规则起草。

请注意本文件的某些内容可能涉及专利。本文件的发布机构不承担识别这些专利的责任。

本标准代替 SC/T 5005—1988《渔用乙纶单丝》,本标准与 SC/T 5005—1988 相比,除编辑性修改外主要技术变化如下:

——标准名称改为《渔用聚乙烯单丝》;

——增加了规范性引用文件;

——增加了产品标记;

——删除了外观中的"结头数"指标;

——对产品等级进行了修改,产品质量不再分多个等级,只设合格品一个等级;

——删去了加倍取样进行复试的内容。

本标准由农业部渔业局提出。

本标准由全国水产标准化技术委员会渔具及渔具材料分技术委员会(SAC/TC 156/SC 4)归口。

本标准主要起草单位:中国水产科学研究院东海水产研究所、威海好运通网具科技有限公司。

本标准主要起草人:柴秀芳、刘根鸿、汤振明、石建高、张孝先、陈晓雪、徐学明。

本标准的历次版本发布情况为:

——SC/T 5005—1988。

渔用聚乙烯单丝

1 范围

本标准规定了渔用聚乙烯单丝的术语和定义、产品标记、技术要求、试验方法、检验规则、标志、包装、运输和贮存。

本标准适用于以高密度聚乙烯为原料制成的直径为 0.16 mm～0.24 mm 的渔用聚乙烯单丝。

2 规范性引用文件

下列文件对于本文件的应用是必不可少的。凡是注日期的引用文件,仅注日期的版本适用于本文件。凡是不注日期的引用文件,其最新版本(包括所有的修改单)适用于本文件。

SC/T 5001 渔具材料基本术语

SC/T 5014 渔具材料试验基本条件 标准大气

3 术语和定义

SC/T 5001 界定的以及下列术语和定义适用于本文件。

3.1

色差丝 off color filament

颜色深浅明显不一致的丝条。

3.2

未牵伸丝 insufficient stretching filament

纺丝过程中牵伸不足的丝条。

3.3

压痕丝 pressed filament

纺丝过程中受压变形的丝条。

3.4

硬伤丝 damaged filament

表面严重损伤的丝条。

3.5

单体丝 monomer filament

表面有白色粉末析出的丝条。

4 标记

渔用聚乙烯单丝标记方法如下:

示例:

名义线密度为 36 tex 的渔用聚乙烯单丝产品标记为:PE 36 tex SC/T 5005。

5 要求

5.1 外观质量

应符合表1的规定。

表1 外观质量

疵点名称	要 求
色差丝	无明显色差
未牵伸丝	不允许
压痕丝	无明显压痕
硬伤丝	不允许
单体丝	不允许

5.2 物理性能指标

应符合表2的规定。

表2 物理性能指标

直径,mm	线密度		断裂强力,cN/tex	断裂伸长率,%	单线结强力,cN/tex
	名义值,tex	允差,%			
0.16	26				
0.17	28				
0.18	31				
0.19	33				
0.20	36	±10	≥52.0	14~26	≥36.0
0.21	38				
0.22	40				
0.23	42				
0.24	44				

6 试验方法

6.1 试样制备

取成品单丝一筒或一绞,以试样长度(250±25)m的自重做预加张力,在距丝一端或结头处15 m以外,取1 m长20根无结头丝作为试样。

6.2 外观检验

在自然光线下以目测及手感的方式进行检验。

6.3 物理性能试验

6.3.1 试验条件

按SC/T 5014的要求执行,试样应在试验条件下平衡8 h以上。

6.3.2 直径

使用分辨力不大于0.01 mm的千分尺测量,任测3点(两点间测距应大于1 m),求其算术平均值。

6.3.3 线密度

使用感量不大于1mg的天平称量20根单丝的质量,按式(1)计算,计算结果精确到一位小数。

$$\rho_x = 1\,000 \times G/20 = 50 \times G \quad\cdots\cdots\cdots\cdots\cdots\cdots\cdots\cdots\cdots\cdots (1)$$

式中:

ρ_x——单丝的线密度,单位为特克斯(tex);

G——20 根单丝的质量,单位为克(g)。

6.3.4 断裂强度和断裂伸长率

在已测线密度的 20 根试样中任取 10 根,将其逐根置于拉力试验机两夹具间,夹具间距 500 mm,拉伸速度 300 mm/min,记下试样断裂时的负荷和最大长度。试样在夹头处断裂或在夹具中滑移的测试值无效。按式(2)计算断裂强度。

$$F_t = \overline{F_d}/\rho_x \quad \cdots\cdots\cdots\cdots\cdots\cdots\cdots\cdots (2)$$

式中:

F_t——断裂强度,单位为厘牛每特克斯(cN/tex);

$\overline{F_d}$——试样断裂强力的算术平均值,单位为厘牛(cN);

ρ_x——试样的线密度,单位为特克斯(tex)。

按式(3)计算断裂伸长率。

$$\varepsilon_d = \frac{L_1 - L_o}{L_o} \times 100 \quad \cdots\cdots\cdots\cdots\cdots\cdots\cdots (3)$$

式中:

ε_d——单线断裂伸长率,单位为百分率(%);

L_1——试样断裂时的最大长度,单位为毫米(mm);

L_o——拉力试验机上夹具的间距,单位为毫米(mm)。

6.3.5 单线结强度

把剩下的 10 根试样中间打个单线结后,再按 6.3.4 进行试验。单线结强度按式(4)计算。

$$F_j = \overline{F_{jd}}/\rho_x \quad \cdots\cdots\cdots\cdots\cdots\cdots\cdots\cdots (4)$$

式中:

F_j——单线结强度,单位为厘牛每特克斯(cN/tex);

$\overline{F_{jd}}$——试样单线结断裂强力的算术平均值,单位为厘牛(cN);

ρ_x——试样的线密度,单位为特克斯(tex)。

6.3.6 样品测试次数与数据处理

每绞(筒)样品测试次数与数据处理按表 3 的规定。

表 3 样品测试次数与数据处理

项 目	测试次数	数据处理
直径,mm	3	二位小数
线密度,tex	10	整数
断裂强力,cN/tex	10	有效数三位
断裂伸长率,%	10	整数
单线结强力,cN/tex	10	有效数三位

7 检验规则

7.1 组批和抽样

7.1.1 日产量超过 5 t 的以 5 t 为一批,不足 5 t 时以当日产量为一批。

7.1.2 抽样时从每批产品中任取 5 个包装箱(袋),在每箱(袋)中任取 2 筒(绞)作为检验样品。

7.2 出厂检验

7.2.1 每批产品需经厂质量检验合格并附合格证明方可出厂。

7.2.2 出厂检验项目为外观质量、线密度和断裂强度。

7.3 型式检验

SC/T 5005—2014

7.3.1 型式检验每年至少进行一次,有下列情况之一时亦应进行型式检验:

——新产品试制定型鉴定时或老产品转移生产地时;

——原材料和生产工艺有重大改变,可能影响产品性能时;

——其他要求型式检验时。

7.3.2 型式检验为第5章中全部项目。

7.4 判定

产品的外观质量和物理指标中的线密度、断裂强度、断裂伸长率、单线结强度为考核项目;10筒(绞)样品中若有3筒(绞)不合格,则判定该批产品为不合格。

8 标志、包装、运输、贮存

8.1 标志

每个包装箱(袋)上应注明产品的制造厂名和地址、产品名称、规格、颜色、生产日期,并附有厂质量检验部门的产品检验合格证。

8.2 包装

产品采用瓦楞纸箱或塑料编织袋包装。筒装单丝每筒净质量不宜超过500 g,每箱(袋)净质量不宜超过25 kg;绞丝每绞净质量数不宜超过125 g,绞丝折径为500 mm~550 mm,每箱(袋)净质量数不宜超过20 kg。

8.3 运输

运输时应轻装轻卸,防止挤压,切勿损坏包装。

8.4 贮存

产品应贮存在远离热源,无阳光直射的清洁、干燥的库房内。产品贮存期(从生产之日起)超过一年应复检合格后方可出厂。

ICS 65.150
B 56

中华人民共和国水产行业标准

SC/T 5006—2014
代替 SC/T 5006—1983

聚 酰 胺 网 线

Polyamide fiber netting twine

2014-03-24 发布

2014-06-01 实施

中华人民共和国农业部 发布

前　言

本标准按照 GB/T 1.1—2009 给出的规则起草。

请注意本文件的某些内容可能涉及专利。本文件的发布机构不承担识别这些专利的责任。

本标准代替 SC/T 5006—1983《锦纶渔网线》，本标准与 SC/T 5006—1983 相比，除编辑性修改外主要技术变化如下：

——增加了"规范性引用文件"和"标记"；

——增加了 23 tex×22×3～23 tex×50×3 规格网线的技术指标，并对表2中未列出规格网线的技术指标给出了用插入法计算各参数的公式；

——增加了网线"直径"、"综合线密度"和"单线结强力"的测试方法；

——对产品等级进行了修改，产品质量不再分多个等级，只设合格品一个等级；

——规范了力值使用单位。

本标准由农业部渔业局提出。

本标准由全国水产标准化技术委员会渔具及渔具材料分技术委员会（SAC/TC 156/SC 4）归口。

本标准主要起草单位：中国水产科学研究院东海水产研究所、威海好运通网具科技有限公司。

本标准主要起草人：汤振明、石建高、柴秀芳、张孝先、陈晓雪、徐学明。

本标准的历次版本发布情况为：

——SC/T 5006—1983。

聚酰胺网线

1 范围

本标准规定了聚酰胺网线的术语和定义、标记、要求、试验方法、检验规则、标志、包装、运输和贮存。

本标准适用于采用线密度为 23 tex 的聚酰胺长丝捻制而成的聚酰胺网线。

2 规范性引用文件

下列文件对于本文件的应用是必不可少的。凡是注日期的引用文件,仅注日期的版本适用于本文件。凡是不注日期的引用文件,其最新版本(包括所有的修改单)适用于本文件。

GB/T 3939.1 主要渔具材料命名与标记 网线

GB/T 6965 渔具材料试验基本条件 预加张力

SC/T 4022 渔网 网线断裂强力和结节断裂强力的测定

SC/T 4023 渔网 网线伸长率的测定

SC/T 5001 渔具材料基本名词术语

SC/T 5014 渔具材料试验基本条件 标准大气

3 术语和定义

SC/T 5001 界定的以及下列术语和定义适用于本文件。

3.1

背股线 coarse twine

因线股粗细不匀、加捻时张力不同或捻度不一致等原因造成线股扭曲处最高点不在一直线上的网线。

3.2

多纱少纱 uneven twine

线股中出现多余或缺少单纱根数的网线。

3.3

起毛线 disfigure twine

表面由于摩擦或其他原因引起结构松散、表面粗糙的网线。

3.4

油污线 dirty twine

沾有油、污、色、锈等斑渍的网线。

3.5

小辫子线 plaited twine

线股局部扭曲,呈小辫子状,并凸出捻线表面的网线。

3.6

回潮率 moisture regain

网线的含水重量与干燥重量的差数,对其干燥重量的质量百分数。

3.7

公定回潮率 official regain

为贸易和检验等要求,对网线所规定的回潮率(聚酰胺复丝及制品的公定回潮率为4.5%)。

4 标记

网线标记采用 GB/T 3939.1 中的简便标记,以表示网线材料、股数等要素和本标准号构成标记。

5 要求

5.1 外观质量

应符合表 1 的规定。

表 1 外观质量

项 目	单位	要 求
多纱少纱线	绞(轴、卷)	不允许
背股线	绞(轴、卷)	轻微
起毛线	绞(轴、卷)	轻微
小辫子线	绞(轴、卷)	不允许
油污线	绞(轴、卷)	轻微

5.2 物理性能指标

应符合表 2 的规定。

表 2 物理性能指标

规 格	直径 mm	综合线密度 Rtex	断裂强力 N	单线结强力 N	断裂伸长率 %	捻度,捻/m 初捻	复捻
23tex×1×2	0.28	49	25	15	18～30	760	512
23tex×1×3	0.34	74	37	22	18～30	720	460
23tex×2×2	0.41	102	48	31	18～30	696	404
23tex×2×3	0.51	152	73	44	18～30	620	360
23tex×3×3	0.62	230	110	65	18～30	516	300
23tex×4×3	0.72	313	146	87	18～30	476	276
23tex×5×3	0.82	392	183	110	20～35	444	256
23tex×6×3	0.90	470	212	119	20～35	416	236
23tex×7×3	1.00	543	247	140	20～35	392	224
23tex×8×3	1.08	629	283	159	20～35	372	208
23tex×9×3	1.14	705	308	176	20～35	360	196
23tex×10×3	1.21	796	343	196	20～35	344	188
23tex×11×3	1.28	871	377	215	23～40	332	180
23tex×12×3	1.34	966	411	235	23～40	316	172
23tex×13×3	1.40	1 035	445	241	23～40	304	164
23tex×15×3	1.51	1 204	513	277	23～40	284	148
23tex×16×3	1.56	1 261	547	295	23～40	280	144
23tex×17×3	1.62	1 358	581	314	23～40	276	140
23tex×18×3	1.66	1 411	616	332	23～40	272	136
23tex×20×3	1.76	1 558	684	369	23～40	264	132
23tex×22×3	1.85	1 700	750	405	25～45	248	124
23tex×24×3	1.94	1 990	820	440	25～45	232	116
23tex×26×3	2.03	2 280	890	472	25～45	220	108
23tex×28×3	2.12	2 570	955	506	25～45	205	102
23tex×30×3	2.21	2 860	1 020	540	25～45	198	97
23tex×35×3	2.43	3 210	1 100	578	25～45	185	92

表 2（续）

规 格	直径 mm	综合线密度 Rtex	断裂强力 N	单线结强力 N	断裂伸长率 %	捻度,捻/m	
						初捻	复捻
23tex×40×3	2.65	3560	1200	630	25~45	176	88
23tex×45×3	2.88	3 910	1 350	705	25~45	168	84
23tex×50×3	3.10	4 240	1 500	788	25~45	160	80
偏差	/	+10%−5%	≥	≥	/	±15%	±13%

注:表中未列出规格网线的综合线密度、断裂强力、单线结强力可用下列插入法公式计算:
$$x=x_1+(x_2-x_1)\times(n-n_1)/(n_2-n_1)$$
式中:
x —— 代表所求规格网线的综合线密度、断裂强力、单线结强力;
n —— 所求规格的网线股数;
n_1、n_2 —— 为相邻两规格网线的股数,且 $n_1<n_2$;
x_1、x_2 —— 分别代表相邻两规格网线的综合线密度、断裂强力、单线结强力,且 $x_1<x_2$。

6 试验方法

6.1 外观检验

外观质量检验应在光线充足的自然条件或采用配有白色灯罩的明亮灯光下逐绞进行。

6.2 预加张力

6.2.1 在测长仪上(如图 1 所示),随意量取 1 m 长试样 10 根,采用分辨力不大于 0.001 g 的天平进行称量,其值的 25 倍(250 m 网线的质量)作为暂定预加张力 f_1。

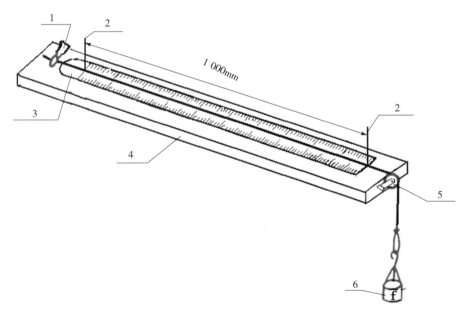

说明:
1——夹子;
2——切点;
3——长度尺;
4——底板;
5——导轮;
6——预加张力配重。

图 1 测长仪

6.2.2 以 f_1 为暂定预加张力,再次在测长仪上量取 1 m 长试样 10 根,称量后换算成 250 m 网线的质量,即为该试样的预加张力 f_2。

6.3 直径测量

6.3.1 圆棒法

取试样5个,在预加张力的作用下,将其卷绕在直径约为50 mm的圆棒上,至少20圈以上。用分辨力不大于0.02 mm的游标卡尺测量其中10圈的宽度(精确到0.02 mm),取其直径的算术平均值;每个试样于不同部位测定2次。取5个试样共10次测量值的算术平均值(精确到小数点后两位),以mm表示。如图2所示。

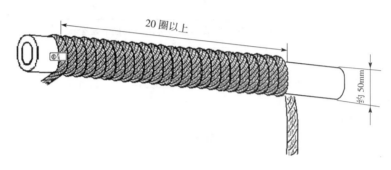

图2 圆棒法

6.3.2 读数显微镜法

直径1 mm以下的试样,直接采用分辨力不大于0.01 mm的读数显微镜测定,取5次测量值的算术平均值(精确到小数后两位),以mm表示。测量步骤如下:

a) 将试样固定在测定架上,并加以预加张力;

b) 移动读数显微镜内基准线与网线轴向两侧外切,并读取外切时读数 m_1 及 m_2(读数精确至两位小数),如图3所示,按式(1)计算网线直径。

$$d = |m_1 - m_2| \quad\quad\quad\quad\quad\quad (1)$$

式中:

d ——网线直径,单位为毫米(mm);

m_1、m_2 ——外切时读数显微镜的读数,单位为毫米(mm)。

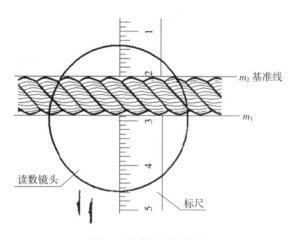

图3 读数显微镜法

6.4 综合线密度测定

对被测网线施与预加张力后,在测长仪上量取1 m长试样10根,采用分辨力不大于0.01 g的天平称取质量(精确至0.01 g),其值的100倍(1 000 m网线的质量),即为试样的综合线密度(Rtex)。如图1所示。

6.5 网线的内、外捻度测定

取试样长度为(250±1) mm,在预加张力作用下,夹入纱线捻度计夹具,将网线退捻至各股平行,把退捻的捻回数(精确至 1 捻回)换算成每米的捻回数,即为网线的外捻度;然后,在退去外捻后的线股中随机取 1 股,采用测试外捻度相同的方法,测得网线的内捻度。

6.6 断裂强力与断裂伸长率的测定

6.6.1 环境条件应符合 SC/T 5014 的规定。

6.6.2 网线断裂强力和单线结强力的测定按 SC/T 4022 的规定执行。但在测定单线结强力时,做结方向应与网线捻向相同。如图 4 所示。

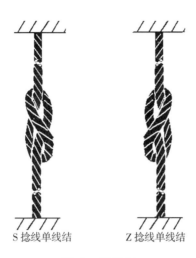

S 捻线单线结   Z 捻线单线结

图 4   单线结

6.6.3 网线断裂伸长率的测定按 SC/T 4023 中的规定执行。

6.7 回潮率测定

6.7.1 试验仪器

八蓝式烘箱:烘箱应是通风式,并附有天平的箱内称重装置;烘箱的温度准确度不大于 3℃,天平感量不大于 0.001 g。

6.7.2 试验方法和步骤

a) 取质量不少于 50 g 的试样 8 个,分别编号并称量;

b) 将烘箱预热至干燥温度(105±3)℃后放入试样;

c) 试样放入烘箱后开始计时,烘至 1 h 后开始称量,以后每隔 10 min 称量一次,精确至 0.001 g,烘至恒重(当前后两次称重之差值小于后一次质量的 0.1% 时,即可视为恒重),将最后一次称量的质量记为烘后质量。称量应关闭电源后约 30 s 进行,每次称完 8 个试样不应超过 5 min。回潮率按式(2)计算,取 8 个试样的算术平均值,计算结果保留一位小数。

$$R = [(m_0 - m_1)/m_1] \times 100 \quad \cdots\cdots\cdots\cdots\cdots\cdots \quad (2)$$

式中:

R ——实测回潮率,单位为百分率(%);

m_0 ——烘干前质量,单位为克(g);

m_1 ——烘后质量,单位为克(g)。

6.8 公定重量的计算

公定重量按式(3)计算。

$$G = G_0 \times (100 + 4.5)/(100 + R) \quad \cdots\cdots\cdots\cdots\cdots\cdots \quad (3)$$

式中:

G ——公定重量,单位为克(g);

G_0 ——实测重量,单位为克(g)。

6.9 样品试验次数

按表3中的规定执行。

表3 样品试验次数

项　　目	直径	综合线密度	捻度		断裂强力	断裂伸长率	单线结强力
			初捻	复捻			
绞(卷、轴)数	10	10	10	10	10	10	10
每绞(卷、轴)测试次数	1	1	1	1	3	3	3
总次数	10	10	10	10	30	30	30

6.10 数据处理

按表4中的规定执行。

表4 数据处理

序号	综合线密度	整数
1	直径	保留两位小数
2	断裂强力	三位有效数字
3	断裂伸长率	整数
4	单线结强力	三位有效数字
5	回潮率	保留一位小数
6	综合线密度	整数

7 检验规则

7.1 组批和抽样

7.1.1 相同工艺制造的同一原料、同一规格的网线为一批,但每批重量不超过2 t。

7.1.2 样品应在不少于5袋(箱)的同批产品中随机抽取,在抽取的袋(箱)中任取试样10绞(卷、轴)样品进行检验。

7.2 检验分类

产品检验分为出厂检验和型式检验。

7.2.1 出厂检验项目为本标准中5.1的项目。

7.2.2 型式检验项目为本标准第5章中全部项目;型式检验每半年至少进行一次,有下列情况之一时亦应进行型式检验:

　　——新产品试制定型鉴定或老产品转厂生产时;

　　——原材料或生产工艺有重大改变,可能影响产品性能时;

　　——其他提出型式检验要求时。

7.3 判定规则

直径、捻度和断裂伸长率不做考核(供需双方需要时除外)。在检验结果中,若物理性能的综合线密度、断裂强力、单线结强力中有1项或外观或有2项不符合要求时,则判该绞(卷、轴)样品为不合格;若有3绞(卷、轴)或3绞(卷、轴)以上样品不合格时,则判该批产品为不合格;若有2绞(卷、轴)不合格时,则应进行加倍抽样复测,若复测结果仍有2绞(卷、轴)或2绞(卷、轴)以上样品不合格时,则判该批产品为不合格。

8 标志、包装、运输和贮存

8.1 标志

产品应附有合格证,合格证上应标明产品名称、规格、生产企业名称和地址、执行标准、生产日期或批号、净重量及检验标志。

8.2 包装

产品采用瓦楞纸箱或塑料编织袋包装。每袋(箱)应是同规格、同颜色的产品,每袋(箱)的网线净重量以 20 kg～25 kg 为宜。

8.3 运输

产品在运输和装卸过程中,切勿拖曳、钩挂,避免损坏包装和产品。

8.4 贮存

产品应贮存在远离热源、无化学品污染、无阳光直射、清洁干燥的库房内。产品贮存期为一年(自生产之日起),超过一年的产品应经复验合格后方可出厂。

ICS 65.150
B 56

中华人民共和国水产行业标准

SC/T 5011—2014
代替 SC/T 5011—1988

聚 酰 胺 绳

Polyamide ropes
(ISO 1140:2004,IDT)

2014-03-24 发布
2014-06-01 实施

中华人民共和国农业部 发布

前　言

本标准按照 GB/T 1.1—2009 给出的规则起草。

本标准代替 SC/T 5011—1988《三股锦纶复丝绳索》。

本标准使用翻译法等同采用国际标准 ISO 1140:2004《纤维绳索—聚酰胺—三股、四股和八股绳索》(英文版)。

与本标准中规范性引用的国际文件有一致性对应关系的我国文件如下：

——GB/T 8834—2006　绳索　有关物理和机械性能的测定(ISO 2307:1990,IDT)；

——GB/T 21328—2007　纤维绳索　通用要求(ISO 9554:1991,IDT)。

为便于使用,本标准做了下列编辑性修改：

——用"本标准"代替"本国际标准"；

——用小数点"."符号代替小数点符号","；

——删除国际标准中的资料性要素(包括封面、PDF 声明和前言)；

——用 GB/T 8834—2006 代替 ISO 2307:1990；

——用 GB/T 21328—2007 代替 ISO 9554:1991。

本标准由农业部渔业局提出。

本标准由全国水产标准化技术委员会渔具及渔具材料分技术委员会(SAC/TC 156/SC 4)归口。

本标准起草单位：中国水产科学研究院东海水产研究所、农业部绳索网具产品质量监督检验测试中心和浙江四兄绳业有限公司。

本标准主要起草人：石建高、汤振明、柴秀芳、刘根鸿、李茂巨、刘永利、陈晓雪、徐学明。

本标准的历次版本发布情况为：

——SC/T 5011—1988。

聚 酰 胺 绳

1 范围

本标准规定了由聚酰胺纤维制成用于所有设施的三股聚酰胺捻绳、四股聚酰胺捻绳和八股聚酰胺编绞绳的要求,并给出了它们的标记规范。

本标准适用于公称直径为 4 mm～160 mm 的三股聚酰胺捻绳、公称直径为 10 mm～160 mm 的四股聚酰胺捻绳和公称直径为 12 mm～160 mm 的八股聚酰胺编绞绳。

2 规范性引用文件

下列文件对于本文件的应用是必不可少的。凡是注日期的引用文件,仅注日期的版本适用于本文件。凡是不注日期的引用文件,其最新版本(包括所有的修改单)适用于本文件。

GB/T 8834—2006　绳索　有关物理和机械性能的测定(ISO 2307:1990,IDT)

GB/T 21328—2007　纤维绳索　通用要求(ISO 9554:1991,IDT)

ISO 1968　纤维绳索和绳芯　术语和定义

3 术语和定义

ISO 1968 界定的术语和定义适用于本文件。

4 标记

聚酰胺纤维绳索应标明:

——"纤维绳索"词;

——本标准的代号;

——绳索(见 5.1)的结构类型;

——绳索公称直径;

——制造绳索所用的材料;不准混用不同类型和等级的聚酰胺纤维;

——稳定性类型(依据 GB/T 21328—2007 中的 1 类和 2 类)。

为确保绳索捻距和尺寸的稳定性,需要进行热处理的聚酰胺捻绳标记为 1 类绳索;在其他情况下,不需要进行热处理的聚酰胺捻绳标记为 2 类绳索。

示例:

由聚酰胺(PA)制成的公称直径为 20 mm(A 型)的经热处理(1 类)的三股聚酰胺捻绳的标记为:

纤维绳索 SC/T 5011—A—20—PA—1。

5 通用要求

5.1 聚酰胺绳应以下列结构之一制造:

——A 型:三股捻绳(见图 1);

——B 型:四股捻绳(见图 2);

——C 型:八股编绞绳(见图 3)。

图 1　三股捻绳结构(A 型)

图 2　四股捻绳结构(B 型)

图 3　八股编绞绳结构(C 型)

5.2　结构和制造应按 GB/T 21328—2007 中第 4 章的规定执行;捻距应按 GB/T 21328—2007 中第 5章的规定执行;标识应按 GB/T 21328—2007 中第 7 章的规定执行;包装、托运以及交付长度应按GB/T 21328—2007 中第 9 章的规定执行。

6　物理性能

线密度和最小断裂强力应符合表 1、表 2 和表 3 的规定。

表 1　三股聚酰胺捻绳线密度和最小断裂强力
(A 型)

公称直径[a] mm	线密度[b,c]		最小断裂强力[d,e,f] kN
	名义 ktex	偏差 %	
4	9.87	±10	3.70
4.5	12.5		4.63
5	15.4		5.64
6	22.2		7.93
8	39.5		13.8
9	50.0		17.4
10	61.7	±8	21.2
12	88.8		30.1
14	121		40.0

表 1（续）

公称直径[a] mm	线密度[b,c]		最小断裂强力[d,e,f] kN
	名义 ktex	偏差 %	
16	158		51.9
18	200		64.3
20	247		79.2
22	299		94.0
24	355		112
26	417		129
28	484		149
30	555		169
32	632		192
36	800		240
40	987		294
44	1190		351
48	1420		412
52	1670		479
56	1930	±5	550
60	2220		627
64	2530		709
72	3200		887
80	3950		1080
88	4780		1300
96	5690		1530
104	6670		1780
112	7740		2050
120	8880		2340
128	10100		2650
136	11400		2980
144	12800		3320
160	15800		4060

[a] 公称直径相当于以毫米表示的近似直径。

[b] 线密度（以千特克斯为单位）相当于单位长度绳索的净重量，以每米克数或每千米千克数来表示。

[c] 线密度在 GB/T 8834—2006 规定的预加张力下测量。

[d] 上文引用的断裂强力涉及新制干态绳索。在湿态下，绳索断裂强力将低一些。

[e] 当绳索的断裂位置为插接眼环终点的情况时，绳索的最小断裂强力值应减少 10%。

[f] 以 GB/T 8834—2006 规定的测试方法所测定的力未必是绳索在其他环境和情况下力的准确量。力的终结速率的类型和种类、先前的条件和先前施加于绳的力能明显影响断裂强力。在柱、绞盘及滑车轮处弯曲后，绳索可能于一个明显低的力值下断裂。绳索上的结或其他变形都能明显降低断裂强力。

表 2 四股聚酰胺捻绳线密度和最小断裂强力
（B 型）

公称直径[a] mm	线密度[b,c]		最小断裂强力[d,e,f] kN
	名义 ktex	偏差 %	
10	61.7		19.1
12	88.8	±8	27.1
14	121		36.0
16	158		46.7
18	200		57.9
20	247		71.3
22	299		84.6
24	355		101
26	417		116
28	484		134
30	555		152
32	632		173
36	800		216
40	987		265
44	1190		316
48	1420		371
52	1670	±5	431
56	1930		495
60	2220		564
64	2530		638
72	3200		798
80	3950		972
88	4780		1170
96	5690		1380
104	6670		1600
112	7740		1850
120	8880		2110
128	10100		2390
136	11400		2680
144	12800		2990
160	15800		3650

a 公称直径相当于以毫米表示的近似直径。

b 线密度（以千特克斯为单位）相当于单位长度绳索的净重量，以每米克数或每千米千克数来表示。

c 线密度在 GB/T 8834—2006 规定的预加张力下测量。

d 上文引用的断裂强力涉及新制干态绳索。在湿态下，绳索断裂强力将低一些。

e 当绳索的断裂位置为插接眼环终点的情况时，绳索的最小断裂强力值应减少 10%。

f 以 GB/T 8834—2006 规定的测试方法所测定的力未必是绳索在其他环境和情况下力的准确量。力的终结速率的类型和种类、先前的条件和先前施加于绳的力能明显影响断裂强力。在柱、绞盘及滑车轮处弯曲后，绳索可能于一个明显低的力值下断裂。绳索上的结或其他变形都能明显降低断裂强力。

表3　八股聚酰胺编绞绳线密度和最小断裂强力
（L型）

| 公称直径[a] | 线密度[b,c] | | 最小断裂强力[d,e,f] |
mm	名义 ktex	偏差 %	kN
12	88.8	±8	30.1
16	158		51.9
20	247		79.2
24	355		112
28	484		149
30	556		170
32	632		192
36	800		240
40	987		294
44	1190		351
48	1420		412
52	1670		479
56	1930		550
60	2220	±5	627
64	2530		709
72	3200		887
80	3950		1080
88	4780		1300
96	5690		1530
104	6670		1780
112	7740		2050
120	8880		2340
128	10100		2650
136	11400		2980
144	12800		3320
160	15800		4060

[a] 公称直径相当于以毫米表示的近似直径。
[b] 线密度（以千特克斯为单位）相当于单位长度绳索的净重量，以每米克数或每千米千克数来表示。
[c] 线密度在 GB/T 8834—2006 规定的预加张力下测量。
[d] 上文引用的断裂强力涉及新制干态绳索。在湿态下，绳索断裂强力将低一些。
[e] 当绳索的断裂位置为插接眼环终点的情况时，绳索的最小断裂强力值指标应减少10%。
[f] 以 GB/T 8834—2006 规定的测试方法所测定的力未必是绳索在其他环境和情况下力的准确量。力的终结速率的类型和种类、先前的条件和先前施加于绳的力能明显影响断裂强力。在柱、绞盘及滑车轮处弯曲后，绳索可能于一个明显低的力值下断裂。绳索上的结或其他变形都能明显降低断裂强力。

7 标识

1类绳（公称直径小于14 mm）应用绿色线做标识。对其他绳索应根据 GB/T 21328—2007 第7章进行标识。

ICS 65.150
B 56

中华人民共和国水产行业标准

SC/T 5031—2014
代替 SC/T 5031—2006

聚乙烯网片　绞捻型

Polyethylene twisting netting

2014-03-24 发布

2014-06-01 实施

中华人民共和国农业部 发布

前　言

本标准按照 GB/T 1.1—2009 给出的规则起草。

请注意本文件的某些内容有可能涉及专利。本文件的发布机构不承担识别这些专利的责任。

本标准代替 SC/T 5031—2006《聚乙烯网片　绞捻型》,本标准与 SC/T 5031—2006 相比,除编辑性修改外,主要技术变化如下:

——增加了单丝线密度为 44 tex 的网片技术指标;

——修改了判定规则。

本标准由农业部渔业局提出。

本标准由全国水产标准化技术委员会渔具及渔具材料分技术委员会(SAC/TC 156/SC 4)归口。

本标准主要起草单位:中国水产科学研究院东海水产研究所、湛江海宝渔具发展有限公司。

本标准主要起草人:汤振明、庄建、柴秀芳、石建高、陈晓雪、徐学明。

本标准的历次版本发布情况为:

——SC/T 5031—2006。

聚乙烯网片 绞捻型

1 范围

本标准规定了聚乙烯绞捻型网片的术语和定义、标记、要求、试验方法、检验规则、标志、标签、包装、运输和贮存。

本标准适用于以聚乙烯为原料、单丝线密度为 42 tex 和 44 tex 的机织的绞捻型网片。

2 规范性引用文件

下列文件对于本文件的应用是必不可少的。凡是注日期的引用文件,仅注日期的版本适用于本文件。凡是不注日期的引用文件,其最新版本(包括所有的修改单)适用于本文件。

GB/T 3939.2 主要渔具材料命名与标记 网片

GB/T 6964 渔网网目尺寸测量方法

GB/T 6965 渔具材料试验基本条件 预加张力

SC/T 5014 渔具材料试验基本条件 标准大气

3 术语和定义

下列术语和定义适用于本文件。

3.1

绞捻网片 twisting netting

由两根相邻网线的各线股作相互交叉并捻合而构成的网片。

3.2

绞捻网片的单丝数 number of monofilament of twisted knotless netting

绞捻网片每个目脚的用丝数。

3.3

网目连接点断裂强力 breaking strength of mesh joint

在规定条件下,绞捻网片的网目连接点断裂强力。

3.4

缺丝 incompleted strand

构成绞捻网片目脚的线股中出现缺少单丝。

3.5

修补率 repair rate

网片上修补的面积或目数与网片面积或目数的比率。

4 标记

按 GB/T 3939.2 中的简便标记规定执行。以网片材料、单丝线密度、目脚单丝根数、网目长度(目大)、网目结构形式和标准号等要素构成。

示例:

聚乙烯单丝线密度为 42 tex、目脚单丝根数为 36、目大为 50 mm 的网片标记为:PE-42×36-50JN SC/T 5031。

5 要求

5.1 外观要求

SC/T 5031—2014

应符合表 1 的规定。

表 1　外观要求

项　目	要　求
破目	不允许
缺丝	缺丝≤2 根、长度≤2 m
修补率	≤0.15%
磨损	未起毛

5.2　网目尺寸偏差率

应符合表 2 的规定。

表 2　网目尺寸偏差率

网目尺寸，mm	网目尺寸偏差，%	
	未定型	定型后
2a≤10	±9.0	±7.0
10＜2a≤30	±7.0	±5.0
30＜2a≤50	±6.0	±4.0
50＜2a≤75	±5.0	±3.0
2a＞75	±3.5	±2.0

5.3　物理性能

5.3.1　单丝线密度为 42 tex 网片的网目连接点断裂强力和变异系数应符合表 3 的规定。

5.3.2　单丝线密度为 44 tex 网片的网目连接点断裂强力和变异系数应符合表 4 的规定。

表 3　单丝线密度为 42 tex 的物理性能

规　格	网目连接点断裂强力，N	变异系数，%
42×16	≥378	
42×20	≥472	
42×24	≥566	
42×28	≥661	
42×32	≥755	≤7.0
42×36	≥849	
42×40	≥944	
42×44	≥1 040	
42×48	≥1 130	
42×52	≥1 230	
42×56	≥1 320	
42×60	≥1 420	
42×64	≥1 510	
42×68	≥1 610	
42×72	≥1 700	≤8.0
42×76	≥1 790	
42×80	≥1 890	
42×90	≥2 120	
42×100	≥2 360	

表 4　单丝线密度为 44 tex 的物理性能

规　格	网目连接点断裂强力,N	变异系数,%
44×16	≥396	≤7.0
44×20	≥494	
44×24	≥593	
44×28	≥692	
44×32	≥791	
44×36	≥889	
44×40	≥989	
44×44	≥1 090	
44×48	≥1 180	
44×52	≥1 290	≤8.0
44×56	≥1 380	
44×60	≥1 490	
44×64	≥1 580	
44×68	≥1 690	
44×72	≥1 780	
44×76	≥1 880	
44×80	≥1 980	
44×90	≥2 220	
44×100	≥2 470	

5.3.3　网片规格在表 3 和表 4 中未列出者,其网目连接点断裂强力可按式(1)计算(保留三位有效数字)。

$$F_{mj} = F_{mj1} + (F_{mj2} - F_{mj1}) \times (x - x_1)/(x_2 - x_1) \quad\cdots\cdots(1)$$

式中:

F_{mj}　——所求规格网片的网目连接点断裂强力,单位为牛(N);

F_{mj1}、F_{mj2}——分别为表 3 和表 4 中相邻两个规格网片的网目连接点断裂强力($F_{mj1} < F_{mj2}$),单位为牛(N);

x_1、x_2　——分别为表 3 和表 4 中相邻两个规格网片的单丝数($x_1 < x_2$);

x　——所求网目连接点断裂强力的网片的单丝数。

5.3.4　网片规格在表 3 和表 4 未列出者的变异系数应符合如下规定:

a)　当网片的单丝数小于 50 时,变异系数应不大于 7.0%。

b)　当网片的单丝数不小于 50 时,变异系数应不大于 8.0%。

6　试验方法

6.1　外观检验

在自然光线下,采用目测并配合使用钢卷尺进行检验。

6.2　网目尺寸偏差率

6.2.1　网目尺寸的测量按 GB/T 6964 的规定执行;预加张力按 GB/T 6965 的规定执行。

6.2.2　网目尺寸偏差率按式(2)计算(保留两位有效数字)。

$$\Delta 2a = [(2a - 2a')/2a'] \times 100 \quad\cdots\cdots(2)$$

式中:

$\Delta 2a$——网目尺寸偏差率,单位为百分率(%);

$2a$——网片的实测网目尺寸,单位为毫米(mm);

$2a'$——网片的公称网目尺寸,单位为毫米(mm)。

6.3 网目连接点断裂强力

6.3.1 仪器设备及试验要求

a) 拉力试验机量程内的准确度应不大于1%;

b) 夹具间距不小于100 mm,试样每一端的两个目脚应并紧,但不能重叠(见图1);

c) 试样的平均断裂时间为(20±3)s;

d) 网目连接点断裂强力测定用夹具应采用有效宽度不小于50 mm的平夹具;为避免试样夹伤或滑移,夹具内可加衬垫物;试样在非网目连接点处断裂其数据无效。拆开网目连接点的样品见图2。

图1 用夹具固定网目连接点的4个目脚

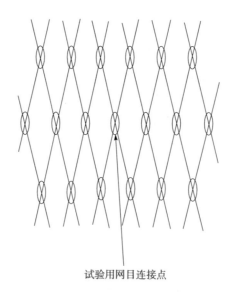

试验用网目连接点

图2 拆开网目连接点前的样品

6.3.2 试验条件

按SC/T 5014的规定执行。

6.3.3 取样和试样处理

6.3.3.1 试样应在距离网片边缘 5 目以上处取得。

6.3.3.2 在进行同一项目试验时,不允许在两根目脚的同一方向连续取样。

6.3.3.3 若网目尺寸大于 150 mm 时,为满足试验要求并能保证 4 个目脚端被夹具夹住时,可以通过剪断网目连接点的 4 个目脚直接获得试样;若网目尺寸不大于 150 mm 时,则应顺着把构成网目连接点的两根网线左右的目脚剪断若干个,然后再把残留目脚抽去(见图3)。

6.3.4 网目连接点断裂强力的测定

将试样一端的 2 个目脚平整地夹入上下夹具内,并尽可能使目脚互相靠紧;然后进行试验,测得网目连接点拉伸至断裂时的最大负荷值即为网目连接点断裂强力。取有效测定不少于 5 次的算术平均值(保留三位有效数字)。

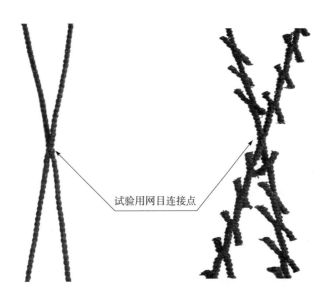

试验用网目连接点

图 3 网目连接点断裂强力测定用样品的准备

6.4 网目连接点断裂强力值的变异系数

网目连接点断裂强力值的变异系数按式(3)计算(保留一位小数)。

$$cv = \frac{1}{\overline{F_{mj}}} \sqrt{\frac{1}{n-1} \sum_{i=1}^{n} (F_{mji} - \overline{F_{mj}})^2} \times 100 \quad\cdots\cdots\cdots\cdots\cdots\cdots\cdots\cdots (3)$$

式中:

cv ——变异系数,单位为百分率(%);

F_{mji} ——各次检测值,单位为牛(N);

$\overline{F_{mj}}$ ——各次检测的算术平均值(取三位有效数字),单位为牛(N);

n ——检测总次数。

7 检验规则

7.1 抽样

7.1.1 组批

同一生产工艺、同一规格的网片为一批。

7.1.2 抽样

在同一批网片中随机抽取 5 片样品进行检验。

7.2 检验规则

7.2.1 出厂检验

7.2.1.1　每批产品需经生产企业检验部门检验合格并附有合格证明或检验报告后方可出厂。

7.2.1.2　出厂检验项目为外观质量、网目尺寸偏差率。

7.2.2　型式检验

7.2.2.1　有下列条件之一时应进行型式检验：

——新产品试制定型鉴定或老产品转厂生产时；

——原材料或生产工艺有重大改变，可能影响产品性能时；

——其他提出型式检验要求时。

7.2.2.2　型式检验项目为本标准第 5 章中的全部项目。

7.2.3　判定规则

7.2.3.1　在检验结果中，若有两项外观质量指标或一项物理性能不合格时，则判该样品为不合格。

7.2.3.2　在检验结果中，若全部样品均合格时，则判该批产品为合格；若有 2 片或 2 片以上样品不合格时，则判该批产品为不合格；若有 1 片样品不合格时，应在该批产品中重新抽取 10 片样品进行复测，若复测结果中，仍有 2 片或 2 片以上样品不合格时，则判该批产品为不合格。

8　标志、标签、包装、运输及贮存

8.1　标志、标签

每片网片应附有产品合格证明作为标签，合格证明上应标明产品的标记、生产企业名称与详细地址、生产日期、检验标志和执行标准号。

8.2　包装

产品包装应坚固，捆扎结实，确保产品在运输与贮存中不受损伤。

8.3　运输

产品运输时应避免拖拽摩擦，切勿用锋利工具钩挂。

8.4　贮存

产品应贮存在远离热源、无阳光直射、通风干燥、无腐蚀性化学物质的场所。产品贮存期超过一年（从生产日起），应经复检合格后方可出厂。

_____

ICS 65.150
B 52

中华人民共和国水产行业标准

SC/T 5701—2014

金鱼分级　狮头

Classification of goldfish—Lion head

2014-03-24 发布
2014-06-01 实施

中华人民共和国农业部 发布

前　言

本标准按照 GB/T 1.1—2009 给出的规则起草。

本标准由农业部渔业局提出。

本标准由全国水产标准化技术委员会观赏鱼分技术委员会(SAC/TC 156/SC 8)归口。

本标准起草单位:中国水产科学研究院珠江水产研究所。

本标准主要起草人:汪学杰、宋红梅、牟希东、顾党恩、杨叶欣、刘超、罗渡、胡隐昌、罗建仁、周锦芬。

金鱼分级　狮头

1　范围

本标准规定了金鱼（*Carassius auratus* L. var）中狮头品种的分级要求和等级判定。

本标准适用于狮头金鱼的分级及检验。

2　规范性引用文件

下列文件对于本文件的应用是必不可少的。凡是注日期的引用文件，仅注日期的版本适用于本文件。凡是不注日期的引用文件，其最新版本（包括所有的修改单）适用于本文件。

GB/T 18654.3　养殖鱼类种质检验　第3部分：性状测量

3　术语和定义

GB/T 18654.3界定的以及下列术语和定义适用于本文件。

3.1

狮头　lion head

头部增生物下包至眼以下、有背鳍的常眼金鱼。

3.2

帽子　cap

位于金鱼头顶部、与四周有明显界线的增生物。

3.3

头高　head height

头部最大垂直高度。

3.4

头宽　head breadth

头部与体轴垂直的最大宽度。

3.5

尾鳍展　caudal fin span

自然展开状态下尾鳍的最大跨度。

3.6

尾鳍前缘夹角　caudal fin anterior margin angular

翻转腹部时尾鳍自然张开状态所形成的夹角。

3.7

肥满度　condition factor

代表鱼类大致体型的参数，根据式（1）得到的计算值：

$$K = 100W/L^3 \quad\cdots\cdots\cdots\cdots\cdots\cdots\cdots\cdots\cdots\cdots\cdots\cdots\cdots\cdots （1）$$

式中：

K——肥满度；

W——体重，单位为克（g）；

L——体长，单位为厘米（cm）。

4 要求

4.1 基本特征

4.1.1 体型

体卵圆形，肥胖，前部与中部宽度相似，后部自腹鳍基部至臀鳍基部近半球形。

4.1.2 头部

头部肉瘤发达，覆盖头顶、面颊、鳃盖及喉部，头顶部肉瘤轮廓对称平整。

4.1.3 鳞及体色

体被圆鳞，体色具单一色或相间色。

4.1.4 鳍

背鳍较发达，自然展开时近似梯形。胸鳍、腹鳍正常；臀鳍1叶或2叶；尾鳍左右2叶，每叶上下分叉；尾柄短，尾鳍基部外张并略上翘。

外形特征参见附录A。

4.2 质量要求

体长≥6 cm；身体左右对称；姿态平衡，泳姿端正；鳞片无脱落或缺损；各鳍完整无残缺；体表无病症。

4.3 分级指标

分为Ⅰ级、Ⅱ级、Ⅲ级共3个等级，Ⅰ级为最高质量等级。分级指标见表1。

表1 狮头金鱼分级指标

指标	等级		
	Ⅰ级	Ⅱ级	Ⅲ级
肥满度	≥15.0	≥13.0	<13.0
头高/头长	≥1.20	≥1.10	<1.10
体长/头长	2.10～2.30	>2.30 或<2.10	>2.40 或<2.00
体长/体高	1.30～1.50	>1.50 或<1.30	>1.60 或<1.20
头宽/体宽	1.00～1.10	>1.10 或<1.00	>1.20 或<0.90
尾鳍展/体宽	1.80～2.20	>2.20 或<1.80	<1.50
头部肉瘤形态	帽子轮廓对称、平整，肉瘤小泡大小相近；面颊部肉瘤发达，成为头部除帽子以外最宽处	帽子稍欠匀称	帽子轮廓不清晰，肉瘤小泡大小悬殊，或面颊肉瘤欠发达
尾鳍形态	左右叶前缘呈171°～180°夹角，左右对称，自然舒展	左右对称，左右叶前缘呈150°～170°夹角	左右不完全对称，或左右叶前缘夹角小于150°，或鳍条有折叠或扭曲
整体感觉	体型匀称协调，色质浓郁	体型、色质稍有欠缺	有较明显的不协调感，或主要颜色色质过淡

4.4 检测方法

按照GB/T 18654.3的规定执行。

5 等级判定

每尾鱼的最终等级为其全部9个指标中最低的指标所处等级。

附 录 A
(资料性附录)
金鱼—狮头模式图

金鱼—狮头模式见图 A.1。

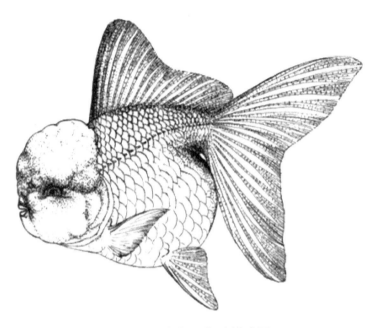

图 A.1 金鱼—狮头模式图

ICS 65.150
B 52

中华人民共和国水产行业标准

SC/T 5702—2014

金鱼分级 琉金

Classification of goldfish—Ryukin

2014-03-24 发布

2014-06-01 实施

中华人民共和国农业部 发布

前　言

本标准按照 GB/T 1.1—2009 给出的规则起草。

本标准由农业部渔业局提出。

本标准由全国水产标准化技术委员会观赏鱼分技术委员会(SAC/TC 156/SC 8)归口。

本标准起草单位:中国水产科学研究院珠江水产研究所。

本标准主要起草人:宋红梅、汪学杰、牟希东、顾党恩、杨叶欣、刘超、罗渡、胡隐昌、罗建仁、周锦芬。

金鱼分级 琉金

1 范围

本标准规定了金鱼(*Carassius auratus* L. var)中琉金品种的分级要求和等级判定。

本标准适用于琉金金鱼的分级及检验。

2 规范性引用文件

下列文件对于本文件的应用是必不可少的。凡是注日期的引用文件,仅注日期的版本适用于本文件。凡是不注日期的引用文件,其最新版本(包括所有的修改单)适用于本文件。

GB/T 18654.3 养殖鱼类种质检验 第3部分:性状测量

3 术语和定义

GB/T 18654.3界定的以及下列术语和定义适用于本文件。

3.1

文鱼 common fantail goldfish

体型高而短呈"文"字形,常眼且各鳍均较发达的金鱼。

3.2

琉金 ryukin

头部小而尖,背部隆起明显,鱼鳞有光泽,色彩鲜艳的文鱼。

3.3

头宽 head breadth

头部与体轴垂直的最大宽度。

3.4

肥满度 condition factor

代表鱼类大致体型的参数,根据式(1)得到的计算值。

$$K = 100W/L^3 \quad \text{……………………………………} \quad (1)$$

式中:

K——肥满度;

W——体重,单位为克(g);

L——体长,单位为厘米(cm)。

4 要求

4.1 基本特征

4.1.1 体型

头小而尖,体型短,后腹部圆,背隆起较大,体高与体长相当或体高大于体长。

4.1.2 鱼鳞及体色

体被圆鳞;体色单色或相间色。

4.1.3 鳍

臀鳍1叶或2叶,短小;尾鳍叉形,左右2叶对称,每叶上下分叉;其余各鳍无明显特化。按尾鳍长短及形状可分为短尾、长尾等类别。

4.2 质量要求

体长≥6 cm;身体纵轴正;身体平衡,泳姿端正;鳞片无脱落或缺损;各鳍完整、鳍形端正;体表无病症。

4.3 分级指标

4.3.1 短尾琉金

尾鳍向上和后方展开,尾鳍长度与体长比值范围在0.3~0.5之间。外形特征参见图A.1。

分为Ⅰ级、Ⅱ级、Ⅲ级共3个等级,Ⅰ级为最高质量等级。分级指标见表1。

表 1　短尾琉金分级指标

指　标	等　级		
	Ⅰ级	Ⅱ级	Ⅲ级
肥满度	≥16.0	≥14.0	≥12.0
体长/头长	2.30~2.50	>2.5 或<2.3	>2.60 或<2.10
体长/体高	1.00~1.20	>1.20	>1.30
体长/体宽	≤2.10	>2.10	>2.30
体宽/头宽	≥1.55	<1.55	<1.40
尾鳍长/体长	0.40~0.45	<0.40 或>0.46	<0.35 或>0.50
体色	鲜艳,色质浓郁、均匀	色质稍欠浓郁或色质浓淡不匀	主要颜色色质过淡或头部及鳍有隐约不规则杂色斑

4.3.2 长尾琉金

尾鳍向上和后方展开,尾鳍长度与体长比值范围在0.6~1.2之间。外形特征参见图A.2。

分为Ⅰ级、Ⅱ级、Ⅲ级共3个等级,Ⅰ级为最高质量等级。分级指标见表2。

表 2　长尾琉金分级指标

指　标	等　级		
	Ⅰ级	Ⅱ级	Ⅲ级
肥满度	≥16.5	≥14.0	≥12.0
体长/头长	2.20~2.30	>2.30	>2.60
体长/体高	1.00~1.20	>1.20	>1.30
体长/体宽	≤2.10	>2.10	>2.30
体宽/头宽	≥1.50	<1.50	<1.40
尾鳍长/体长	≥0.67	≥0.55	<0.55
体色	鲜艳,色质浓郁、均匀	色质稍欠浓郁	主要颜色色质过淡或头部及鳍有隐约不规则杂色斑

5　检测方法

按照GB/T 18654.3的规定执行。

6　等级判定

每尾鱼的最终等级为全部7个指标中最低等级的指标所处等级。

附 录 A
(资料性附录)
金鱼—琉金模式图

A.1 金鱼—短尾琉金模式图

见图 A.1。

图 A.1 金鱼—短尾琉金模式图

A.2 金鱼—长尾琉金模式图

见图 A.2。

图 A.2 金鱼—长尾琉金模式图

ICS 65.150
B 52

中华人民共和国水产行业标准

SC/T 5703—2014

锦鲤分级　红白类

Classification of koi carp—Red and white

2014-03-24 发布

2014-06-01 实施

中华人民共和国农业部 发布

前　言

本标准按照 GB/T 1.1—2009 给出的规则起草。

请注意本文件的某些内容可能涉及专利。本文件的发布机构不承担识别这些专利的责任。

本标准由农业部渔业局提出。

本标准由全国水产标准化技术委员会观赏鱼分技术委员会(SAC/TC 156/SC 8)归口。

本标准起草单位：北京市水产科学研究所。

本标准主要起草人：孙向军、梁拥军、孙砚胜、史东杰、张升利、苏建通、李文通、丁文。

锦鲤分级 红白类

1 范围

本标准规定了锦鲤 Koi carp（*Cyprinus carpio* L. var）中红白类品种的分级要求、检测方法及等级判定。

本标准适用于锦鲤中红白类品种的分级。

2 规范性引用文件

下列文件对于本文件的应用是必不可少的。凡是注日期的引用文件，仅注日期的版本适用于本文件。凡是不注日期的引用文件，其最新版本（包括所有的修改单）适用于本文件。

GB/T 18654.3 养殖鱼类种质检验 第 3 部分:性状测定

GSB 16—2062—2007 中国颜色体系标准样册

3 术语和定义

GB/T 18654.3 界定的以及下列术语和定义适用于本文件。

3.1

红白锦鲤（红白） red and white

体表白底，只具红色斑纹的锦鲤。

3.2

段 block

鱼体表自头部至尾柄红色斑纹的间隔数。

3.3

切边 cutting edge

鱼体红色斑纹的边缘线。

4 要求

4.1 基本特征

4.1.1 体型

体纺锤形，躯干挺直，尾柄粗壮，从吻端至背鳍呈一直线。

4.1.2 鳍

鳍条完整，背鳍、臀鳍、尾鳍端正，胸鳍、腹鳍匀称且对称。

4.2 质量要求

体长≥12 cm；鱼体脊柱笔直；鱼体平衡，泳姿端正，游动有力，尾柄摆动适中，体表无病兆。

4.3 分级指标

分 A 级、B 级、C 级、D 级共 4 个等级，A 级为最高质量等级。分级指标见表 1。

表 1　红白锦鲤分级指标

	A 级	B 级	C 级	D 级
体型	体高/体长:1/2.6～1/3.0	体高/体长:1/2.6～1/3.0	体高/体长:1/2.4～1/3.3	体高/体长:1/2.2～1/3.6
	尾柄粗壮,侧视背脊呈弧线	尾柄粗壮,侧视背脊呈弧线	尾柄粗壮,侧视背脊呈弧线	尾柄较细,侧视背脊呈弧线
颜色	整体色彩鲜明,色泽明亮	整体色彩鲜明,色泽明亮	整体色彩鲜明	整体色彩较淡
	底色纯白,符合 N9.5,不可掺杂其他颜色,也不得有杂点、杂斑	底色纯白,符合 N9.5,不可掺杂其他颜色,也不得有杂点、杂斑	底色纯白,符合 N9.25,不可掺杂其他颜色,可有少量杂点、杂斑	底色较白,符合 N9.0、N8.75、2.5YR9/2、2.5YR 8.5/3,并掺杂其他颜色,或有杂点、杂斑
	红斑质地均匀且浓厚,红色符合 5R4/11、5R4/12	红斑质地均匀且浓厚,红色符合 5R4.5/11、5R4.5/12	红斑颜色较淡,红色符合 10R5.5/14、10R5.25/14、10R5.25/14	红斑颜色较淡,红色符合 10R6/14
斑纹	应有横跨背脊中轴线的大块红斑,躯干两侧红斑匀称	应有横跨背脊中轴线的大块红斑,躯干两侧红斑匀称	红斑可为小块斑纹,躯干两侧红斑较匀称	红斑可为小块斑纹,或并有杂色小块斑纹,躯干两侧红斑不匀称
	从鼻孔到尾鳍基部的红斑总量须占鱼体整体表面积的 30%～60%	从鼻孔到尾鳍基部的红斑总量须占鱼体整体表面积的 30%～60%	从鼻孔到尾鳍基部的红斑总量无要求	从鼻孔到尾鳍基部的红斑总量无要求
	头部红斑不应延伸至吻部,两侧不应延伸至眼上缘,眼部、颊部、鳃盖都无红斑	吻部、眼部或有 1 块～2 块小红斑	吻部、眼部、颊部、鳃盖或有红斑	头部红斑分布杂乱
	各鳍无红斑	背鳍、胸鳍无红斑或有 1 块～2 块小红斑	各鳍部允许有红斑出现	各鳍红斑分布杂乱
	尾柄上部有红斑覆盖	尾柄上部有红斑覆盖	尾柄处对红斑无要求	尾柄处对红斑无要求
	切边清晰、整齐;整体红斑呈二段、三段、四段或闪电状	切边清晰、整齐;整体红斑呈二段、三段、四段或闪电状	切边较清晰	切边可不清晰

注:颜色按 GSB 16—2062—2007 的排列要求。

5　检测方法

5.1　可量性状

体长、体高按照 GB/T 18654.3 的规定执行。

5.2　体色

按 GSB 16—2062—2007 的规定执行。

5.3　斑纹

采用目测。

6　等级判定

逐项检测全部指标,全部指标中等级最低的指标所处等级即为该鱼的等级。

————————

ICS 47.020.70
R 28

中华人民共和国水产行业标准

SC/T 6079—2014

渔业行政执法船舶
通信设备配备要求

Outfit requirements for communication equipment
onboard a fisheries administration ship

2014-03-24 发布

2014-06-01 实施

中华人民共和国农业部 发布

前　　言

本标准按照 GB/T 1.1—2009 给出的规则起草。

本标准由农业部渔业局提出。

本标准由全国水产标准化技术委员会渔业机械仪器分技术委员会(SAC/TC 156/SC 6)归口。

本标准主要起草单位:农业部南海区渔政局、广东海洋大学。

本标准主要起草人:梁炳东、刘桂茂、李平、何瞿秋、施宏斌、朱又敏、朱健。

渔业行政执法船舶通信设备配备要求

1 范围

本标准规定了渔业行政执法船舶通信设备配备的基本要求。

本标准适用于海洋渔业行政执法船舶;内陆渔业行政执法船舶可参照执行。

2 规范性引用文件

下列文件对于本文件的应用是必不可少的。凡是注日期的引用文件,仅注日期的版本适用于本文件。凡是不注日期的引用文件,其最新版本(包括所有的修改单)适用于本文件。

GB/T 18766　奈伏泰斯系统技术要求

GB/T 18913　船舶和航海技术　航海气象图传真接收机

GB/T 20068　船载自动识别系统(AIS)技术要求

JT/T 629　Ku波段车/船载卫星电视接收站

SC/T 6070　渔业船舶船载北斗卫星导航系统终端技术要求

SC/T 8002　渔业船舶基本术语

SC/T 8145　渔业船舶自动识别系统B类船载设备技术要求

农业部办公厅 农办渔[2007]41号　渔业船用调频无线电话机(27.50 MHz～39.50 MHz)通用技术规范(试行)

农业部办公厅 农办渔[2007]42号　全国海洋渔业安全通信网CDMA通信系统规范

农业部办公厅 农办渔[2010]95号　渔船动态监管信息系统平台技术规范(试行)

中华人民共和国渔业船舶检验局　2000年发布　渔业船舶法定检验规则

IEC 61174　航海与无线电通信设备和系统——电子海图显示及信息系统(ECDIS)——操作和性能要求、试验方法及要求的试验结果(Maritime navigation and radio communication equipment and systems-Electronic chart display and information system (ECDIS)-Operational and performance requirements,methods of testing and required test results)

IEC 62288　航海与无线电通信设备和系统——船载导航显示器导航相关信息的表示——通用要求、试验方法及要求的试验结果(Maritime navigation and radiocommunication equipment and systems-Presentation of navigation-related information on shipborne navigational displays-General requirements，methods of testing and required test results)

3 术语和定义

SC/T 8002、IEC 61174、《渔业船舶法定检验规则》中界定的以及下列术语和定义适用于本文件。

3.1

渔政船射频识别系统　radio frequency identification system for fisheries administration ship

利用RFID技术和后台管理数据库,进行渔业船舶身份信息识别的系统。

3.2

渔政船北斗报务通信系统　BeiDou message communication system for fisheries administration ship

能通过北斗卫星导航系统以安全方式全时段在线收、发渔政通信报文的通信系统。

3.3

渔政船北斗移动监控指挥系统　BeiDou mobile supervisory control system for fisheries administra-

tion ship

基于北斗卫星信道,可在船上实时接收海上北斗船载终端用户上报的位置、航向、航速等信息,直接监控海上北斗船载终端用户,具有系统管理、海图操作、海图显示、导航设置、轨迹回放、报警管理等功能的移动监控指挥平台。

3.4

海上渔政执法移动指挥平台　mobile command platform for offshore fishery law enforcement

指集成北斗卫星、海事卫星、公众移动通信、RFID、短波、超短波等多种信号源,以渔政执法指挥专用软件为显示平台,通过公众移动通信 3G 网络或卫星宽带通信系统实现船岸数据交互的渔政执法指挥辅助决策支撑保障系统。

3.5

渔政船卫星宽带数字通信系统　satellite broadband digital communication system for fisheries administration ship

以卫星通信和公众移动通信系统为基础,通过卫星通信链路建立起来的一个集调度管理、通信、视频管理等应用为一体的,能连接海上和陆地的信息化系统。

3.6

渔政船 CDMA 移动通信系统　CDMA mobile communication system for fisheries administration ship

安装部署在渔政船上,可通过卫星宽带与地面公共电话交换网(PSTN)进行连接,提供全船 CDMA 蜂窝移动通信信号覆盖,实现 CDMA 船载终端与其他公共电话终端进行通信的移动通信系统。

4　配备定额

渔业行政执法船舶除应配备符合《渔业船舶法定检验规则》规定的通信设备外,还应按表 1 的定额配备指定的通信设备。

表 1　渔业行政执法船舶通信设备配备定额

序号	设备名称	GT<100	100≤GT<300	300≤GT<500	500≤GT<1 000	GT≥1 000	执法快艇	备　注
1	中频/高频无线电装置(MF/HF)	1	1	2	2	2		功率应为 150 W 以上
2	奈伏泰斯接收机(NAVTEX)	1	1	1	1	1		
3	甚高频无线电装置(VHF)	2	2	2	2	2	2	
4	救生艇筏双向甚高频无线电话(Two-way VHF)	2	3	3	3	3	1	可依救生艇筏数量增加配备
5	渔业船用调频无线电话机(27.50 MHz~39.50 MHz)	1	1	1	1	1	1	
6	搜救雷达应答器(SART)		2	2	2	2	1	
7	自动识别系统(AIS)船载设备	1	1	1	1	1	1	
8	渔政船射频识别系统	1	1	1	1	1	1	
9	CDMA 船载终端	4	4	4	4	4	2	
10	卫星紧急无线电示位标(1.6 GHz 或 406 MHz-EPIRB)		1	1	1	1		
11	航海气象图传真接收机	1	1	1	2	2		
12	渔业船舶船载北斗终端	1	1	1	1	1	1	
13	渔政船北斗报务通信系统		1	1	1	1		
14	渔政船北斗移动监控指挥系统		1	1	1	1		

表 1 （续）

序号	设备名称	GT<100	100≤GT<300	300≤GT<500	500≤GT<1 000	GT≥1 000	执法快艇	备注
15	海上渔政执法移动指挥平台		1/选配	1	1	1		
16	渔政船卫星宽带数字通信系统		1/选配	1/选配	1	1		
17	渔政船 CDMA 移动通信系统		1/选配	1/选配	1	1		
18	视频采集传输系统		1/选配	1/选配	1	1		
19	视频会议系统终端		1/选配	1/选配	1	1		
20	计算机局域网		1/选配	1/选配	1	1		
21	电子海图显示及信息系统	1/选配	1	1	1	1		
22	船载卫星电视接收站	1/选配	1/选配	1/选配	1/选配	1/选配		
23	INMARSAT 船舶地球站	1/选配	1/选配	1/选配	1/选配	1		

注：表中 GT 表示总吨位。

5 配备要求

5.1 中频/高频无线电装置(MF/HF)

应符合《渔业船舶法定检验规则》的规定，且具有 DSC(数字选择呼叫)功能。

5.2 奈伏泰斯接收机(NAVTEX)

应符合 GB/T 18766 和《渔业船舶法定检验规则》的规定。

5.3 甚高频无线电装置(VHF)

应符合《渔业船舶法定检验规则》的规定，且具有 DSC 功能。

5.4 救生艇筏双向甚高频无线电话(Two-way VHF)

应符合《渔业船舶法定检验规则》的规定。

5.5 渔业船用调频无线电话机(27.50 MHz～39.50 MHz)

应符合农办渔[2007]41 号的规定。

5.6 搜救雷达应答器(SART)

应符合《渔业船舶法定检验规则》的规定。

5.7 自动识别系统(AIS)船载设备

应符合 GB/T 20068、SC/T 8145 和农办渔[2010]95 号的规定，且具有单向通信(关闭信号发射)功能。

5.8 渔业船舶射频识别系统

渔业船舶射频识别系统宜包括电子标签(标识牌)1 个、读写器 2 个、数据存储处理设备 1 台，并应满足如下要求：

a) 具有远距离读写渔船电子标签或近距离读写 IC 卡的功能；

b) 能实现不登船或登船查询渔船的基本信息，如进出港情况、年审情况、年检情况、违规列表、违规情况、处罚情况等；

c) 具有可接入互联网的功能。

5.9 CDMA 船载终端

应符合农办渔〔2007〕42 号的规定。

5.10 卫星紧急无线电示位标(1.6 GHz 或 406 MHz-EPIRB)

应符合《渔业船舶法定检验规则》的规定。

5.11 航海气象图传真接收机

应符合 GB/T 18913 的规定,且能存储 30 张以上最新气象云图数据。

5.12 渔业船舶船载北斗终端

应符合 SC/T 6070 的规定。

5.13 渔政船北斗报务通信系统

渔政船北斗报务系统应满足如下要求:

a) 能通过北斗卫星导航系统以安全方式全时段在线收、发渔政通信报文;

b) 具有报文收发记录、存储、导出、编辑、打印、通信目标管理等功能;

c) 应安装在报务室。

5.14 渔政船北斗移动监控指挥系统

渔政船北斗移动监控指挥系统应满足如下要求:

a) 能通过北斗卫星信道实时接收海上北斗船载终端用户上报的位置、航向、航速等信息,直接监控海上北斗船载终端用户;

b) 具有系统管理、海图操作、海图显示、导航设置、轨迹回放、报警管理等功能;

c) 具有接收数据单向通信功能;

d) 能同时监测不低于 2 000 个海上北斗移动目标。

5.15 海上渔政执法移动指挥平台

海上渔政执法移动指挥平台宜包括 AIS 接收基站、工控机、渔政执法指挥专用软件、通信协议控制器、3G 通信模块、UPS、交换机等各 1 台(套),并应满足以下要求:

a) 能接入卫星宽带和 3G 移动网络;

b) 可采集和集成渔政船周边海域的海事卫星、北斗卫星、AIS、公众移动通信、RFID、短波、超短波等多种信息源;

c) 渔政执法专用软件应符合农办渔〔2010〕95 号的规定;

d) 可进行 3G 和卫星宽带的自动切换使用;

e) 通信协议控制器应能对海事卫星 FB 设备或渔政船卫星宽带数字通信系统进行通信控制,可接收和处理陆地指挥中心通过 3G 网络、海事卫星 C 站或者北斗卫星终端发送的通信控制指令,可接收和转发渔政执法软件发送的请求信息至陆地指挥中心;

f) 陆地指挥中心可设置海上渔政执法移动指挥平台的消息间隔,并可通过指令关闭船至岸的通信信息发送。

5.16 渔政船卫星宽带数字通信系统

渔政船卫星宽带数字通信系统应满足如下要求:

a) 能支持 2 Mbps 以上通信带宽;

b) 能允许 CDMA 移动通信系统接入,实现与陆地公众移动通信系统的连接;

c) 具有视频传输功能,能向陆地渔政指挥中心传输海面视频取证、监控信号及进行多方视频会议;

d) 具有互联网接入功能,能将海上渔政执法移动指挥平台与陆地渔政指挥中心进行网络连接,实现在海上进行船位监控管理和移动监控指挥；

e) 能将船上的计算机局域网与互联网连接，实现海上网络远程办公；

f) 具有安全通信功能。

5.17 渔政船 CDMA 移动通信系统

渔政船 CDMA 移动通信系统应满足如下要求：

a) 具有 CDMA 蜂窝移动通信系统的基本功能；

b) 能通过卫星宽带进行传输，与 PSTN 对接；

c) 在 512 kbps 传输带宽的条件下，能同时支持不少于 30 路信道的通信；

d) 满足在船舶上安装部署的环境要求。

5.18 视频采集传输系统

视频采集传输系统应满足如下要求：

a) 能实现监控点的镜头和云台的控制，具有现场监视、图像录制、录像文件查询、录像文件回放等功能；

b) 具有夜视拍摄功能，能在夜间或弱光线情况下实现现场取证，进行现场照相、录像；

c) 能接入视频会议系统和渔政船卫星宽带数字通信系统，将视频信号传输到陆地渔政指挥中心。

5.19 视频会议系统终端

视频会议系统终端应满足如下要求：

a) 能与渔政船卫星宽带数字通信系统连接；

b) 能同时支持多个会议通道，保障各会议通道的相对独立和信息安全；

c) 能进行远程的 Web 方式管理，组织会议和会议授权简单、方便，有较强的控制功能；

d) 图像清晰、流畅，语音清晰、连续，保证语音和图像的同步性；

e) 具备视频点播功能；

f) 具有会议录制记录功能；

g) 能满足会议室终端、桌面终端、移动终端等的接入需要；

h) 使用方便，操作简单，有良好扩展性。

5.20 计算机局域网

计算机局域网应符合农办渔[2010]95 号的规定，并满足如下要求：

a) 能适应渔业行政执法船舶的工作环境，满足渔政管理日常工作的需要；

b) 支持联机事务处理，支持多用户、多进程访问，实现船上各种信息资源共享；

c) 设置有防火墙与系统安全保密机制，提供用户访问权限管理；

d) 能实现网络通信、综合查询、电子邮件、网络办公等功能；

e) 当渔业行政执法船舶配备有渔政船卫星宽带数字通信系统时，计算机局域网应能与互联网连接，并能接入渔业管理网络系统；

f) 具有良好的可集成性、可伸缩性和可管理性，支持安装各种渔政船管理信息系统软件、船舶信息管理系统软件和先进的应用系统软件；

g) 组网技术先进、性能稳定、工作可靠、使用简便、安全可靠、维护简单。

5.21 电子海图显示及信息系统

电子海图显示及信息系统宜符合 IEC 61174 和 IEC 62288 的规定，并具有如下功能：

a) 支持圆搜、方搜和多边形搜索船舶功能；

b) 具有与互联网连接功能的卫星通信设备、公众移动通信设备连接的接口；

c) 能接入 INMARSAT 船舶地球站或渔政船卫星宽带数字通信系统，在线自动更新海图数据；

d) 存储有我国一级渔港和三海区岛礁地图数据和潮汐表，存储的海图应包括世界范围电子海图以及官方发布的中国电子海图。

5.22 船载卫星电视接收站

应符合 JT/T 629 的规定。

5.23 INMARSAT 船舶地球站

应具有语音通信、传真通信和数据通信等功能。

ICS 65.150
B 50

中华人民共和国水产行业标准

SC/T 7217—2014

刺激隐核虫病诊断规程

Protocol of diagnosis for cryptocaryoniasis

2014-03-24 发布

2014-06-01 实施

中华人民共和国农业部 发布

SC/T 7217—2014

前　言

本标准按照 GB/T 1.1—2009 给出的规则起草。

请注意本文件的某些内容可能涉及专利。本文件的发布机构不承担识别这些专利的责任。

本标准由农业部渔业局提出。

本标准由全国水产标准化技术委员会(SAC/TC 156)归口。

本标准起草单位:中山大学、中华人民共和国广州出入境检验检疫局。

本标准主要起草人:李安兴、柏建山、李言伟。

刺激隐核虫病诊断规程

1 范围

本标准规定了刺激隐核虫病临床症状检查、刺激隐核虫(*Cryptocaryon irritans*)形态学鉴定和聚合酶链式反应(PCR)检测的方法。

本标准适用于刺激隐核虫病的流行病学调查、诊断、检疫和监测。

2 规范性引用文件

下列文件对于本文件的应用是必不可少的。凡是注日期的引用文件,仅注日期的版本适用于本文件。凡是不注日期的引用文件,其最新版本(包括所有的修改单)适用于本文件。

GB/T 6682 分析实验室用水规格和试验方法

SC/T 7103 水生动物产地检疫采样技术规范

3 术语和定义

下列术语和定义适用于本文件。

3.1

刺激隐核虫病 cryptocaryoniasis

由刺激隐核虫感染海水硬骨鱼类体表和鳃,并引起鱼类发病或死亡的一种疾病。

4 试剂和材料

4.1 水:符合 GB/T 6682 中一级水的规格。

4.2 蛋白酶 K(20 mg/mL)。

4.3 引物:浓度为 10 μmol/L。

引物 1:5′- GTTCCCCTTGAACGAGGAATTC - 3′

引物 2:5′- TTAGTTTCTTTTCCTCCGCT - 3′

引物 3:5′- TGAGAGAATTAATCATAATTTATA - 3′

4.4 DNA marker(DL2000 marker)。

4.5 PCR 试剂:*Taq* DNA 聚合酶、10×PCR buffer、$MgCl_2$、dNTPs、灭菌双蒸水。

4.6 微量样品基因组 DNA 抽提试剂盒(可使用其他同等效果的试剂盒)。

4.7 PCR 产物回收试剂盒。

4.8 琼脂糖(分析纯)。

4.9 TE 缓冲液,见附录 A。

4.10 5×TBE 贮存液,见附录 A。

4.11 EB 溶液,见附录 A。

4.12 10×加样缓冲液。

4.13 其他化学试剂(HCl、H_3BO_3 等):分析纯级产品。

5 仪器设备

5.1 解剖盘、剪刀、镊子。

5.2 普通光学显微镜。

5.3 盖玻片、载玻片、培养皿。

5.4 研磨棒(与 1.5 mL EP 管配套)。

5.5 台式离心机。

5.6 水浴锅。

5.7 普通冰箱。

5.8 微量移液器。

5.9 PCR 扩增仪。

5.10 水平电泳系统。

5.11 凝胶成像仪或紫外检测仪。

6 刺激隐核虫病简介

参见附录 B。

7 采样

按 SC/T 7103 的规定执行。

8 诊断方法

8.1 临床症状检查

8.1.1 外观检查

鱼的体表(参见图 C.1)和鳃(参见图 C.2)上呈现许多小白点(俗称"白点病"),鳃丝苍白,黏液增多,体表出血、溃疡和糜烂。

8.1.2 行为观察

病鱼摄食量减少,身体消瘦,游动缓慢,呈分散状态、离群漫游。时常翻转身体,呼吸频率加快,严重时导致死亡。

8.2 显微镜检查

用载玻片将鱼体表的黏液轻轻刮下压片,显微镜下可见黏液中有黑色圆形或椭圆形虫体(参见图 C.3),大小为 0.2 mm~0.5 mm。取鳃丝压片,显微镜下也可见鳃丝上皮浅层中具有黑色圆形或椭圆形虫体(参见图 C.4),虫体周身被纤毛,活体可持续旋转运动。

8.3 PCR 检测

8.3.1 虫体 DNA 的提取

取 1 个或几个虫体,置于干净平皿中,用灭菌水反复洗涤 3 次,再转移到洁净的离心管中。用研磨棒磨碎,使其充分破裂。然后,加入蛋白酶 K(终浓度为 200 μg/mL)消化,按微量样品基因组 DNA 抽提试剂盒说明书的方法提取 DNA。将提取的 DNA 用 TE 溶液或双蒸水稀释至总体积 40 μL,4℃保存待用。

8.3.2 PCR 扩增

8.3.2.1 PCR 扩增对照样品

PCR 扩增反应中设立阳性对照样品、阴性对照样品和空白对照样品。以虫体 DNA 作为阳性对照样品,取健康鱼肌肉组织抽提 DNA 作为阴性对照样品,取等体积的水代替模板作为空白对照样品。

8.3.2.2 第一轮 PCR 扩增

采用 50 μL 反应体系,向 0.2 mL PCR 管中依次加入 10×PCR buffer、MgCl_2、dNTPs、引物 1 和引

物 2、模板 DNA、Taq DNA 聚合酶，最后加水补足 50 μL，混匀后瞬时离心，PCR 扩增仪中扩增。PCR 扩增反应体系见表 1，PCR 扩增条件为：94℃变性 5 min；94℃30 s，55℃30 s，72℃ 1 min，35 个循环；72℃延伸 10 min。

表 1　PCR 扩增反应体系

试　剂	体积，μL
10×PCR buffer(Mg^{2+} free)	5
MgCl$_2$(25 mmol/ L)	4
dNTPs(2.5 mmol/ L)	2
引物 1(10 μmol/ L)	2
引物 2(10 μmol/ L)	2
模板 DNA	4
Taq DNA 聚合酶(5 U/ μL)	0.5
ddH$_2$O	至总体积为 50

8.3.2.3　第二轮 PCR 扩增

如果第一轮 PCR 扩增后的产物电泳时看不到 DNA 条带，取第一轮 PCR 产物 4 μL 作为模板；如果能看到 DNA 条带，则将第一轮 PCR 产物稀释 100 倍后，取 4 μL 作为模板。然后，加入 10×PCR buffer、MgCl$_2$、dNTPs、引物 1 和引物 3、Taq DNA 聚合酶，最后加水补足 50 μL(参照第一轮 PCR 扩增体系)，混匀后瞬时离心，PCR 扩增仪中扩增。PCR 扩增条件为：94℃变性 5 min；94℃ 30 s，55℃ 30 s，72℃ 40 s，35 个循环；72℃延伸 10 min。

8.3.3　琼脂糖电泳

取适量 5×TBE 缓冲液稀释 10 倍(工作浓度为 0.5×TBE 缓冲液)，配制 1.5%的琼脂糖凝胶，加入溴化乙锭至终浓度为 0.5 μg/ mL。电泳时取 3 μL～5 μL PCR 产物与 0.5 μL(10×)加样缓冲液混合均匀，小心加到加样孔中，以 DNA Marker 作为核酸分子量标准参照物。5 V/ cm 电泳约 0.5 h，当溴酚蓝到达底部时停止。取凝胶于凝胶成像仪中观察，第一轮 PCR 扩增条带约为 750 bp，也可能没有条带。阴性对照和空白对照没有扩增条带，第二轮 PCR 产生一条 540 bp 的扩增条带者判定为阳性反应(参见附录 D)。

8.3.4　PCR 扩增产物的回收与纯化

按 PCR 产物回收试剂盒说明进行扩增产物的回收与纯化，将纯化的 PCR 产物转移到离心管中，－20℃保存。

8.3.5　PCR 扩增产物的序列测定和比对

将 PCR 纯化产物送测序公司进行序列测定，测序结果与刺激隐核虫 ITS rDNA 序列(参见附录 E)进行比对，序列相似性在 95%以上者，判断待测样品为刺激隐核虫。

9　结果综合判定

9.1　如果在体表或鳃上肉眼观察到小白点或在显微镜下观察到疑似虫体，则判断为可疑。

9.2　如果在显微镜下观察到疑似虫体，并用 PCR 方法扩增出 540 bp 的目标片段，经测序鉴定和刺激隐核虫的参考序列相似性达到 95%以上，则可确诊为刺激隐核虫。病鱼同时符合 8.1 中的症状，则确诊为刺激隐核虫病。

附 录 A

（规范性附录）

试剂及其配制

A.1 1 mol/L Tris-HCl(pH 8.0)

Tris	121.1 g
去离子水	800 mL

充分溶解后,用盐酸调 pH 至 8.0,定容至 1 L。

A.2 TE 缓冲液(pH 8.0)

1 mol/L Tris-HCl(pH 8.0)	1 mL
0.5 mol/L EDTA(pH 8.0)	0.2 mL

加去离子水定容至 100 mL,混匀,4℃保存。

A.3 5×TBE 贮存液

Tris	54 g
H_3BO_3	27.5 g
EDTA(0.5 mol/L,pH 8.0)	20 mL

称量后放入烧杯,向烧杯中加入 800 mL 去离子水,充分溶解后,定容至 1 L,室温保存。

A.4 EB(Ethidium Bromide,核酸染色剂)

用水配制成 10 mg/mL 的浓缩液。用时每 10 mL 琼脂糖溶液中加 1 μL。

附 录 B

（资料性附录）

刺激隐核虫病简介

刺激隐核虫病的病原为刺激隐核虫，其生活史分为 4 个阶段，即滋养体（trophont）、胞囊前体（pro-tomont）、胞囊（tomont）和幼虫（theront）阶段。寄生在鱼体上的阶段称为滋养体，呈圆形或梨形，能在上皮浅表层内做旋转运动，以宿主的体液、组织细胞为食，成熟后脱离宿主进入水体，即成为自由活动的胞囊前体，此期虫体可在水体中自由游动（约为 2 h～8 h），然后附着在固着物上，形成胞囊。胞囊在适合的环境条件下，其内部的原生质细胞经历一系列不均等分裂形成幼体。幼体成熟后逸出胞囊进入水中，即为具有感染能力的幼虫。

刺激隐核虫病可以危害绝大多数海水硬骨鱼类。Wilkie and Gordin（1969）曾报道：刺激隐核虫感染 96 种水族馆养殖的海水鱼类。Diggles（1996）调查了澳大利亚的 14 种野生海水鱼，在 13 种鱼体上发现了刺激隐核虫。罗晓春等（2008）对中国华南地区海水养殖鱼类的调查发现：6 个科的 10 种海水养殖鱼类都可被刺激隐核虫感染。迄今为止，报道刺激隐核虫病的地区包括印度洋地区、太平洋地区、波斯湾、以色列的红海、大西洋和加勒比海地区等热带亚热带海区。在东南亚海区，刺激隐核虫病发病严重的鱼类主要为网箱养殖的卵形鲳鲹、大黄鱼、石斑鱼、鲈、鲷科鱼类和比目鱼类等，一般认为发病与放养密度过大密切相关。

刺激隐核虫病主要发病季节为 5 月下旬至 7 月中旬和 9 月中旬至 11 月下旬，水温 22℃～30℃的季节，该病流行高峰的水温是 25℃～28℃。病鱼摄食量减少，身体消瘦，游动缓慢，呈分散状态、离群漫游，时常翻转身体，呼吸频率加快，严重时导致死亡。

附 录 C
（资料性附录）
刺激隐核虫病临床症状及刺激隐核虫形态观察

C.1 卵形鲳鲹（*Trachinotus ovatus*）体表感染刺激隐核虫形成的小白点

见图 C.1。

图 C.1 卵形鲳鲹体表感染刺激隐核虫形成的小白点

C.2 卵形鲳鲹鳃上寄生的刺激隐核虫

见图 C.2。

图 C.2 卵形鲳鲹鳃上寄生的刺激隐核虫

C.3 黏液中的刺激隐核虫(200×)

见图 C.3。

图 C.3 黏液中的刺激隐核虫(200×)

C.4 卵形鲳鲹鳃丝上寄生的刺激隐核虫(40×)

见图 C.4。

图 C.4 卵形鲳鲹鳃丝上寄生的刺激隐核虫(40×)

附　录　D

（资料性附录）

刺激隐核虫特异性 PCR 琼脂糖电泳图

刺激隐核虫特异性 PCR 琼脂糖电泳图见图 D.1。

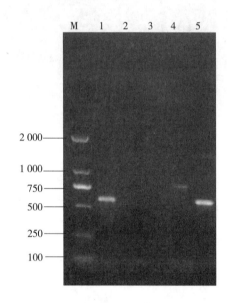

说明：

M——2 000 marker；

1 ——阳性对照；

2 ——阴性对照；

3——空白对照；

4——刺激隐核虫检测样品第一轮 PCR 产物；

5——刺激隐核虫检测样品第二轮 PCR 产物。

图 D.1　刺激隐核虫特异性 PCR 琼脂糖电泳图

附　录　E
（资料性附录）
刺激隐核虫 ITSrDNA 序列

CTAGTAAGTGCAAGTCATCAGCTTGTACTGATTACGTTCCTGCCCTTTGTACACACCGCCCGTCGCTCCT

ACCGATTTCGAGTGATCCGGTGAACCTTCTGGACTGCGCTAACACTAGTTAGTGCGGGAAGTTAAGTAA

ACCACTTCACTTAGAGGAAGGAGAAGTCGTAACAAGGTTTCCGTAGGTGAACCTGCGGAAGGATCATTA

ACACAATTAAGATCAAACCTAAAAATTTATTTTGATGTATTGAGATCTGATAATTTTTAATTATCAATCTCA

AATTTTTACAAATTTATTTTAATAATAAATATCATTAAGTTAATTAAATTAACTAAAGAAAATTTTCAACGGT

GGATATCTTGGCTCCCATAACGATGAAGAACGCAGCGAAATGCGATACGCAATGCGAATTGCAGAATTCC

GCGAGTCATCAGATCTTTGAACGCAAATTGCGCCGAGGGGATATCCCAACGGCATGTTTGTTTCAGTGTG

TTTATTGAAATCATAAAACTAAATGTGATTGAATGCATAATTTATAT

ICS 67.050
Z 50

中华人民共和国水产行业标准

SC/T 9412—2014

水产养殖环境中扑草净的测定
气相色谱法

Determination of prometryne in aquaculture environments
by gas chromatography−mass spectrometry

2014-03-24 发布

2014-06-01 实施

中华人民共和国农业部 发布

前　言

本标准按照 GB/T 1.1—2009 给出的规则起草。

本标准由农业部渔业局提出。

本标准由全国水产标准化技术委员会渔业资源分技术委员会(SAC/TC 156/SC 10)归口。

本标准起草单位:中国水产科学研究院南海水产研究所、农业部渔业环境及水产品质量监督检验测试中心(广州)。

本标准主要起草人:甘居利、李纯厚、柯常亮、林钦、陈洁文、王增焕、黎智广、古小莉。

水产养殖环境中扑草净的测定 气相色谱法

1 范围

本标准规定了水产养殖环境中扑草净的制样和气相色谱测定方法。

本标准适用于水产养殖水体和底质中扑草净的测定。

2 规范性引用文件

下列文件对于本文件的应用是必不可少的。凡是注日期的引用文件,仅注日期的版本适用于本文件。凡是不注日期的引用文件,其最新版本(包括所有的修改单)适用于本文件。

GB/T 6682 分析实验室用水规格和试验方法

GB 12998 水质采样技术指导

GB 12999 水质样品的保存和管理技术规定

GB 17378.3 海洋监测规范 第三部分:样品采集、贮存与运输

3 样品采集

3.1 水质样品采集和保存

按照 GB 12998 和 GB 12999 的规定,将现场采集的水样从采样瓶放入棕色小口玻璃瓶中,盖紧,避光运回实验室,于 2℃～8℃暂存,72 h 内进行萃取和测定。

3.2 底质样品采集和保存

按照 GB 17378.3 的规定,取现场采集底质样品装入棕色广口玻璃瓶中,盖紧,避光运回实验室。在盘中摊开,剔除砾石和杂物,置阴凉通风处风干,研磨,过孔径为 1 mm 的筛。筛下粉末装入小口玻璃瓶,盖紧,暂存于阴凉处,1 个月内进行提取和测定。

4 样品测定

4.1 原理

水体试样中扑草净用二氯甲烷提取,底质试样中扑草净用乙腈—水混合液提取。提取液经无水硫酸钠脱水、硅镁型吸附剂净化,用配火焰光度检测器(加硫滤光片)的气相色谱仪测定,外标法定量。

4.2 试剂与材料

4.2.1 水:符合 GB/T 6682 中一级水的要求。

4.2.2 二氯甲烷(CH_2Cl_2):色谱纯。

4.2.3 乙腈(CH_3CH_2CN):色谱纯。

4.2.4 乙腈—水混合液:$V/V=1/4$。

4.2.5 无水硫酸钠(Na_2SO_4):分析纯,400℃灼烧 6 h,放干燥器中冷却和保存。

4.2.6 硅镁型吸附剂:层析用,60 目～100 目($150\ \mu m$～$250\ \mu m$),130℃加热 4 h,冷却后密封在玻璃瓶中,放入干燥器中备用。

4.2.7 玻璃纤维:分析纯,羊毛状,130℃加热 4 h,冷却后用正己烷浸泡 24 h,晾干后密封入玻璃瓶中备用。

4.2.8 氮气、氢气、空气:各自的纯度均≥99.999%。

4.2.9 扑草净标准品:纯度 ≥97%。

4.2.9.1 扑草净标准贮备液:称取扑草净标准品 0.025 0 g,室温下在小烧杯中用少量正己烷溶解,全量转入容量瓶中定容至 50 mL,配制浓度为 500 mg/L 的贮备液,2℃～8℃冷藏,有效期 6 个月。

4.2.9.2 扑草净标准中间液:取室温下的标准贮备液 1.00 mL,在 100 mL 容量瓶中用正己烷稀释定容,配成浓度为 5.00 mg/L 的标准中间液,2℃～8℃冷藏,有效期 1 个月。

4.2.9.3 扑草净标准使用液:取室温下的标准中间液 0 mL、0.10 mL、0.20 mL、0.40 mL、0.80 mL、1.20 mL、1.60 mL、2.00 mL,分别用正己烷稀释定容至 10.0 mL,盖紧,摇匀,配成浓度为 0 mg/L、0.05 mg/L、0.10 mg/L、0.20 mg/L、0.40 mg/L、0.60 mg/L、0.80 mg/L、1.00 mg/L 的标准使用液,48 h 内使用。

4.3 仪器设备

4.3.1 气相色谱仪:配火焰光度检测器(加硫滤光片)。

4.3.2 分析天平:感量 0.000 1 g。

4.3.3 天平:感量 0.01 g。

4.3.4 离心机:5 000 r/min。

4.3.5 蒸发浓缩器:转速、水温、真空度可调节。

4.3.6 旋涡混合器。

4.3.7 普通漏斗:大小适当。

4.3.8 梨形分液漏斗:500 mL。

4.3.9 离心管:50 mL。

4.3.10 层析柱:柱身长 20 cm～25 cm,内径 1 cm,带砂芯滤层和磨口旋塞。

4.3.11 浓缩瓶:100 mL。

4.3.12 马弗炉。

4.3.13 电热干燥箱。

4.4 样品处理

4.4.1 水样处理

量取 200 mL 水样,经垫有少许玻璃纤维的普通漏斗过滤,并用 10 mL 水淋洗玻璃纤维。全部滤液放入分液漏斗,用二氯甲烷萃取 2 次,每次用量 10 mL,振摇 3 min(注意放气)。静置,上层水相澄清后,将下层溶液放入离心管。合并两次萃取液,5 000 r/min 离心 5 min,吸除上层水相,下层有机相待净化。

4.4.2 底质试样处理

称取底质样品 2 g(准确至 0.01 g),放入离心管底部,用乙腈—水混合液提取 2 次,每次用量 10 mL,超声振荡 10 min,3 000 r/min 离心 3 min。提取液合并入另一离心管,用二氯甲烷反萃 2 次,每次用量 5 mL,振摇 3 min(注意放气),5 000 r/min 离心 5 min,合并下层反萃液待净化。

4.4.3 层析净化

在层析柱中依次加入二氯甲烷 6 mL、硅镁型吸附剂(高度 5 cm)、无水硫酸钠(高度 3 cm)。让待净化的溶液流经层析柱,然后用二氯甲烷洗涤待净化液容器内壁并淋洗层析柱,流速均控制在大约 1 mL/min～1.5 mL/min。流出液的前 5 mL 弃去,其余收集入浓缩瓶。装柱和层析过程中注意排除柱内气泡,保持液面高于硫酸钠 5 mm～20 mm,淋洗时二氯甲烷用量为 30 mL。

4.4.4 蒸发浓缩

将浓缩瓶内液体于 35℃水浴蒸发至最后一滴刚好消失,加入 1.00 mL 二氯甲烷,旋涡混合 30 s 溶解残渣。试样溶液迅速转入进样瓶,留待气相色谱测定。

4.5 参考色谱条件

4.5.1 色谱柱:石英毛细管柱,柱长 30 m,内径 0.32 mm,内表面涂膜厚 0.25 μm。涂膜呈中等极性,含

有 50％苯基—50％甲基聚硅氧烷，或 7％氰丙基—7％苯基—86％甲基聚硅氧烷。

4.5.2 温度控制：进样口 230℃，检测器 240℃；柱箱开始在 140℃保持 1 min，然后以 15℃/min 的速率升至 220℃保持 8 min。

4.5.3 气体流速：空气 90 mL/min，氢气 50 mL/min，载气氮 2.4 mL/min，尾吹氮气 60 mL/min。

4.5.4 进样方式和进样量：以不分流方式进样 2.0 μL。

4.6 校准曲线绘制

向色谱仪中注入标准使用液，记录峰面积或峰高。扑草净的峰面积或峰高与测定液中扑草净浓度的平方成正比，以扑草净的峰面积或峰高为纵坐标，标准溶液浓度的平方为横坐标，绘制校准曲线。扑草净标准溶液的气相色谱图参见图 A.1。

4.7 试样溶液测定

向色谱仪中注入试样溶液，记录峰面积或峰高，用单点外标法定量。标准溶液与试样溶液扑草净的峰面积（或峰高）相差不宜超过 1 倍，并在校准曲线的线性范围内。

4.8 空白试验和加标回收试验

在相同试验条件下，与试样测定的同时做空白试验和加标回收试验，按 4.4～4.7 步骤进行。空白试样、加标试样的参考色谱图见图 A.2～图 A.5。

5 结果计算

试样中扑草净浓度或含量按式(1)计算，测定结果需扣除空白值，并保留适当有效数字。

$$X = \sqrt{C_s^2 \times \frac{A}{A_s}} \times \frac{V}{m} \quad\quad\quad\quad\quad (1)$$

式中：

X ——试样中扑草净浓度或含量，单位为毫克每升(mg/L)或毫克每千克(mg/kg)；

C_s ——标准溶液中扑草净浓度，单位为毫克每升(mg/L)；

A ——试样溶液扑草净的峰面积或峰高；

A_s ——标准溶液扑草净的峰面积或峰高；

V ——试样溶液最终定容体积，单位为毫升(mL)；

m ——试样用量，单位为毫升(mL)或克(g)。

6 检出限、准确度和精密度

6.1 检出限

水样的最低检出限为 0.000 3 mg/L，底质样为 0.016 mg/kg；水样的最低定量限为 0.001 mg/L，底质样为 0.05 mg/kg。

6.2 准确度

水中扑草净添加浓度为 0.001 mg/L～0.010 mg/L，加标回收率为 70％～120％；底质中扑草净添加量为 0.05 mg/kg～0.5 mg/kg，加标回收率为 70％～120％。

6.3 精密度

批内相对标准偏差≤15％，批间相对标准偏差≤15％。

附　录　A
（资料性附录）
气相色谱图

A.1　扑草净标准溶液气相色谱图

见图 A.1。

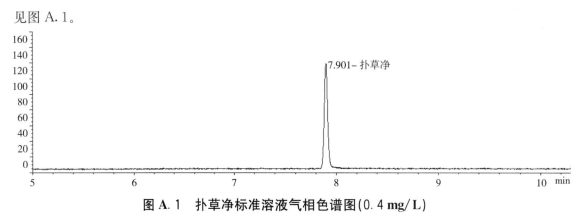

图 A.1　扑草净标准溶液气相色谱图（0.4 mg/L）

A.2　鱼塘水质空白试样气相色谱图

见图 A.2。

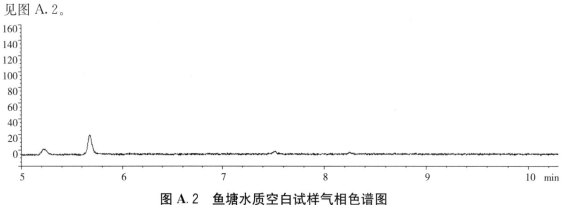

图 A.2　鱼塘水质空白试样气相色谱图

A.3　鱼塘水质加标试样气相色谱图

见图 A.3。

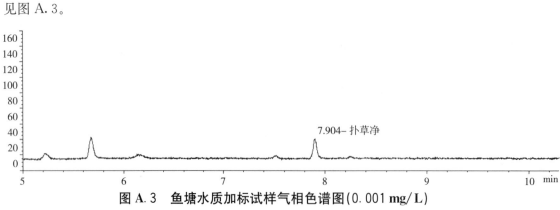

图 A.3　鱼塘水质加标试样气相色谱图（0.001 mg/L）

A.4 鱼塘底质空白试样气相色谱图

见图 A.4。

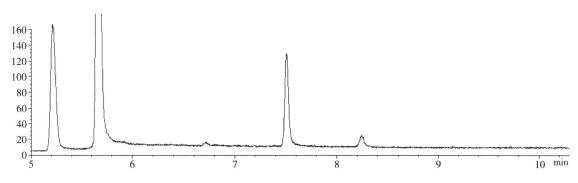

图 A.4　鱼塘底质空白试样气相色谱图

A.5 底质加标试样气相色谱图

见图 A.5。

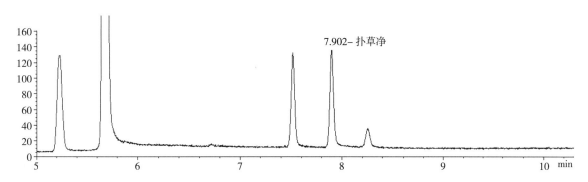

图 A.5　底质加标试样气相色谱图(0.2 mg/kg)

ICS 65.150
B 50

中华人民共和国水产行业标准

SC/T 9413—2014

水生生物增殖放流技术规范
大 黄 鱼

Technical regulation for the stock enhancement of hydrobios—
Larimichthys crocea

2014-03-24 发布

2014-06-01 实施

中华人民共和国农业部 发布

前　言

本标准按照 GB/T 1.1—2009 给出的规则起草。

本标准由农业部渔业局提出。

本标准由全国水产标准化技术委员会渔业资源分技术委员会(SAC/TC 156/SC 10)归口。

本标准起草单位:浙江省海洋水产研究所。

本标准主要起草人:王伟定、梁君、徐开达、薛利建、周永东、张洪亮、李鹏飞。

水生生物增殖放流技术规范 大黄鱼

1 范围

本标准规定了大黄鱼(*Larimichthys crocea*)增殖放流的海域条件、本底调查、放流苗种质量、检验、放流操作、苗种保护与监测、效果评价等技术要求。

本标准适用于大黄鱼的增殖放流。

2 规范性引用文件

下列文件对于本文件的应用是必不可少的。凡是注日期的引用文件,仅注日期的版本适用于本文件。凡是不注日期的引用文件,其最新版本(包括所有的修改单)适用于本文件。

GB/T 20361 水产品中孔雀石绿和结晶紫残留量的测定 高效液相色谱荧光检测法

NY 5070 无公害食品 水产品中渔药残留限量

NY/T 5061 无公害食品 大黄鱼养殖技术规范

SC/T 2049.1 大黄鱼 亲鱼

SC/T 7201.1 鱼类细菌病检疫技术规程 第1部分:通用技术

SC/T 3018 水产品中氯霉素残留量的测定 气相色谱法

SC/T 9401—2010 水生生物增殖放流技术规程

SC/T 2039—2007 海水鱼类鱼卵、苗种计数方法

农业部783号公告—1—2006 水产品中硝基呋喃类代谢物残留量的测定 液相色谱串联质谱法

3 海域条件

应符合 SC/T 9401 的规定,且满足水深大于 10 m。

4 本底调查

应按 SC/T 9401 的规定执行。

5 放流苗种质量

5.1 亲鱼

亲鱼来源应符合 SC/T 9401 的规定,亲鱼质量应符合 SC/T 2049.1 的规定。

5.2 苗种

5.2.1 繁育

按 NY/T 5061 的规定执行。其中,引用的水源水质、苗种培育用水的水质,苗种培育中投喂配合饲料、使用渔药达到 SC/T 9401 的要求。

5.2.2 暂养

应在自然海区网箱暂养至放流规格。

5.3 质量要求

5.3.1 感官质量

包括体形、体色和活力,应符合表1的要求。

表 1　感官质量要求

项　目	指　标
体　形	体延长、侧扁，尾柄细长，无畸形
体　色	鱼体背面和上侧面黄褐色，下侧面和腹面黄色，唇呈红色
活　力	游动活泼、集群，活力强，健康，无病害

5.3.2 可数指标

包括规格合格率、死亡率、畸形率、伤残率，应符合表2的要求。

表 2　可数指标要求

项　目	指标，%
规格合格率	≥85
畸形率	≤3
伤残率	≤2
死亡率	≤1

5.3.3 病害

刺激隐核虫病、本尼登虫病、彩虹病毒、弧菌病等不得检出。

5.3.4 药物残留

氯霉素、孔雀石绿、硝基呋喃类代谢物不得检出。

5.4 规格

平均体长应不小于 5 cm。

6 检验

6.1 检验资质

由具备资质的水产品质量检验机构检验。

6.2 检验内容与方法

应符合表3的要求。

表 3　检验内容与方法

检验内容	检验方法
常规质量	肉眼观察感官质量，取样混合后统计规格合格率、畸形率、伤残率和死亡率
病害	通过感官质量确定疑似病害对象，进行病害的采样检验（参见附录A）
氯霉素	先用 NY 5070 附录 A 的方法筛选，阳性样品再通过 SC/T 3018 的方法进行确认
孔雀石绿	按照 GB/T 20361 规定的方法进行
硝基呋喃类代谢物	按照农业部 783 号公告—1—2006 规定的方法进行

6.3 检验规则

6.3.1 抽样规则

随机多网箱多点取样，常规质量检验和疫病检疫每次取样量不少于50尾，取样次数不得少于3次；药物残留检测取样量不少于 75 g。

6.3.2 时效规则

常规质量检验和疫病检疫须在增殖放流前 7 d 内检验有效；药物残留检测须在增殖放流前 15 d 内检验有效。

6.3.3 组批规则

以一个增殖放流批次作为一个检验组批。

6.3.4 判定规则

任一项目检验不合格,则判定本批苗种不合格,其中,规格合格率以放流现场测算为准。若对判定结果有异议,可复检一次,并以复检结果为准。

7 放流操作

7.1 苗种质量确认

现场查验放流苗种检验报告,按 SC/T 9401—2010 中规定的方法测算规格合格率。确认苗种质量达标后,方可实施放流。

7.2 计数

计数方法宜参照 SC/T 2039—2007 中的"容量法"进行;抽样比例应符合 SC/T 9401—2010 的规定。

7.3 运输

苗种实施启运与放流之前应停食 1 d。放流苗种宜采用带有充气装置的活水船运输。运输船装苗密度,根据运输时间长短和苗种规格大小,按表 4 执行。

表 4 苗种运输密度

时间,h	<3			3~6			6~12		
体长,cm	5.0~6.0	6.0~7.0	>7.0	5.0~6.0	6.0~7.0	>7.0	5.0~6.0	6.0~7.0	>7.0
密度,×10⁴ind/m³	1.6~2.0	1.2~1.6	<1.2	1.0~1.2	0.8~1.0	<0.8	0.7~0.8	0.6~0.7	<0.6

7.4 投放

按 SC/T 9401—2010 中的"常规投放"法进行,且满足下列条件:

a) 体长 5 cm~6 cm 苗种的放流时间宜为 6 月~7 月,体长大于 6 cm 苗种的放流时间适当顺延,宜在禁渔期进行;

b) 选择平潮时放流,放流时带水缓缓投入水中;若在拟放流海区暂养的大黄鱼苗种可打开网箱一侧网片让苗种自然游出;

c) 放苗结束后,现场验收人员填写 SC/T 9401—2010 中的附录 B。

8 苗种保护与监测

执行 SC/T 9401—2010 中有关规定,标志方法参见附录 B。

9 效果评价

执行 SC/T 9401—2010 中有关规定。

附　录　A

（资料性附录）

大黄鱼苗种主要病害症状及检验方法

大黄鱼苗种主要病害症状及检验方法见表 A.1。

表 A.1　大黄鱼苗种主要病害症状及检验方法

病害种类	症　状	检验方法
刺激隐核虫病	体表、鳃、眼角膜和口腔等与外界相接触处，肉眼可观察到许多小白点，严重时体表皮肤有点状充血，鳃和体表黏液增多，形成一层白色混浊状薄膜。食欲不振或不摄食，身体瘦弱，游泳无力，呼吸困难	取鳃小片镜检，鳃丝之间有隐核虫滋养体，呈黑色圆形、椭圆形团状或做旋转运动。取体表黏液镜检，可看到圆形或卵圆形全身具有纤毛、缓慢旋转运动的虫体；取有小白点的鳍条剪下放在盛有海水的白磁盘中，用解剖针轻轻将白点的膜挑破，如看到有小虫体滚出、在水中游动即可确诊
本尼登虫病	寄生于鱼的体表皮肤，寄生数量多时呈不安状态，往往在水中异常地游泳或向网箱及其他物体上摩擦身体；体表黏液增多，局部皮肤粗糙或变为白色或暗蓝色。严重者体表出现点状出血、溃疡，食欲减退或不摄食	刮取体表鳞片制成水封片，置于低倍显微镜下观察，如一个视野内有 2 个～3 个虫体，即可确诊。或将病鱼放在盛有淡水的盆中浸泡 2 min 左右，如发现有大量乳白色椭圆形虫体亦可确诊
弧菌病	感染初期，体色多呈斑块状褪色，食欲不振，缓慢地浮于水面，有时回旋状游泳；随着病情发展，鳞片脱落，吻端、鳍膜烂掉，眼内出血，肛门红肿扩张，常有黄色黏液流出	按照 SC/T 7201.1 规定的方法进行
虹彩病毒	体色变深，不摄食，反应迟钝，在水面缓慢浮游，游动无力，最后死亡	取脾脏或肾脏组织，研磨后采用 DNA 抽提试剂盒制备 PCR 模板，对大黄鱼虹彩病毒进行 PCR 扩增，扩增结果呈阳性即可确诊

附　录　B

（资料性附录）

大黄鱼标志方法

宜采用挂牌标志法或荧光标志法，标志鱼体长宜大于 10 cm。标志时，应避开大潮汐期，夏季应避开中午高温时段；标志前，可用质量分数为 $1.5\times10^{-5}\sim2.0\times10^{-5}$ 的丁香酚溶液等进行麻醉；标志后，应对鱼体进行伤口浸泡消毒（宜采用质量分数为 $2.0\times10^{-6}\sim5.0\times10^{-6}$ 的高锰酸钾浸泡 1 min）。标志工作应由经过培训的熟练人员进行操作。

B.1　挂牌标志法

标志牌宜采用聚乙烯薄片，每片重量不宜超过 0.015 g，标志牌上应标明（或以色彩区分）放流年份（或放流批次）、标明回收单位及电话号码。标志位置在背鳍基部后部。

B.2　荧光标志法

荧光标志宜采用胶体注射液。荧光标志部位宜在上颌后方。

ICS 65.150
B 52

中华人民共和国水产行业标准

SC/T 9414—2014

水生生物增殖放流技术规范 大鲵

Technical specification for the stock enhancement of hydrobios—Chinese giant salamander

2014-03-24 发布
2014-06-01 实施

中华人民共和国农业部 发布

前　言

本标准按照 GB/T 1.1—2009 给出的规则起草。

本标准由农业部渔业局提出。

本标准由全国水产标准化技术委员会渔业资源分技术委员会(SAC/TC 156/SC 10)归口。

本标准起草单位:中国水产科学研究院长江水产研究所。

本标准主要起草人:肖汉兵、孟彦、方耀林、田海峰。

水生生物增殖放流技术规范 大鲵

1 范围

本标准规定了大鲵(*Andrias davidianus*)增殖放流的区域与环境条件、苗种供应单位的条件、放流规格与数量、苗种质量要求、放流群体的检验检疫、放流时间与计数验收、放流结果的检测与评估等技术要点。

本标准适用于大鲵的增殖放流。

2 规范性引用文件

下列文件对于本文件的应用是必不可少的。凡是注日期的引用文件,仅注日期的版本适用于本文件。凡是不注日期的引用文件,其最新版本(包括所有的修改单)适用于本文件。

GB 11607 渔业水质标准

SC/T 9401—2010 水生生物增殖放流技术规程

3 术语和定义

下列术语和定义适用于本文件。

3.1

全长 total length

吻端至尾末端的水平长度。

3.2

体重 body weight

苗种个体的重量。

4 放流条件

4.1 地理环境

海拔200 m~1 200 m,全年水温范围为0℃~24℃,冬季水体不冰冻,自然降水充足,枯水期不断流,河段长度宜在5 km以上且放流敞水区面积在100 m² 以上。远离人口密集居住区,流域上游无工矿企业,无污染,环境安静,受人类生产活动影响少,两岸植被类型以灌木丛或针阔叶混交林,植被覆盖率大的山区或峡谷山涧溪流。

4.2 底质环境

河岸组成多为石壁,存在部分土山。河床及岸边以石块或卵石为主,底质含沙量小且比降较大;河床类型属不规则型,有跌水潭,有回流水;水下有石块天然形成的洞穴。

4.3 饵料基础

小型鱼类、虾、蟹类等饵料生物资源丰富。

4.4 水质环境

无污染,水质符合GB 11607的要求。

5 放流质量

5.1 苗种来源

应为农业部公告的濒危水生动物增殖放流苗种供应单位。

5.2 苗种质量

放流苗种应为本地种及其子一代。放流苗种要求色泽正常,规格整齐,健康无损伤、无病害、无畸形,游动活泼,摄食良好并且检验合格。

5.3 苗种规格和数量

放流规格为体长 8 cm 以上的苗种,放流前经过活体饵料驯化。放流区域苗种一次投放量不得超过 1 000 尾,一个放流区域宜放流相同规格的大鲵,河段大于 10 km 时可进行分点放流。放流苗种规格及密度见表1。

表1 放流大鲵苗种规格及数量

规格	全长,cm	体重,g	数量,尾/5 km
1龄	8～15	10～50	500～1 000
2龄	15～25	50～150	300～600
3龄及以上	≥25	≥150	100～300

6 检验

6.1 检验规则

6.1.1 检验时限

放流苗种须在放流前 5 d 内由相关资质单位检验合格。

6.1.2 组批

以一个放流批次作为一个检验检疫组批。

6.1.3 抽样

以一个放流批次苗种为基数,按不低于 5% 随机抽样检验检疫。

6.2 检验项目要求及方法

对大鲵检验包括:

a) 感官要求:苗种色泽正常,规格整齐,健康无损伤、无病害、无畸形,游动活泼,摄食良好;检测方法为目测;

b) 寄生性疾病:无线虫病;直接观察皮下是否有弯曲线虫寄生;

c) 细菌性疾病:无明显的腹水病、腐皮病等病症;直接观察大鲵是否有腹部肿胀有积水感,体表有溃疡等病灶;

d) 病毒性疾病:检测无虹彩病毒感染;观察大鲵是否有四肢溃烂,头部和背部有溃疡斑及体表出血等症状。

6.3 判定规则

6.3.1 结果判定

检验项目中如有任何一项达不到要求,则判定该批次苗种不合格。

6.3.2 复检

若对判定结果有异议,可重新抽样复检,并以复检结果为准。

7 计数验收

7.1 规格验证

以出库池为测标单元分池测量规格,每批随机捞取苗种不少于 30 尾,用直板尺现场测量全长,电子秤称重。确定规格达标后,方可出池计数。

7.2 验收计数

将出池的苗种进行逐尾计数。

8 包装

完全变态的苗种可用泡沫箱包装。在泡沫箱内铺层塑料纸,并加入 1 cm～2 cm 深的养殖水。将大鲵从池中逐个捞取后放入泡沫箱,置于阴凉处。根据规格大小、气温及运输距离确定每箱装运尾数,在 12℃～15℃ 条件下装箱密度为 1 龄 100 尾/m²～150 尾/m²,2 龄 50 尾/m²～100 尾/m²,3 龄及以上 10 尾/m²～30 尾/m²。

未变态的苗种应使用鱼苗塑料袋充氧包装。装运数量为 50 尾/袋～100 尾/袋。

9 放流操作

9.1 苗种标记

宜对 3 龄及以上的大鲵进行标记,标记方法参见附录 A。

9.2 运输

苗种运输前应停食 1 d 以上;运输时应采取遮光措施,尽量缩短运输时间;运输途中应避免剧烈颠簸,以免苗种受伤。当运输时间超过 10 h 或温度高于 20℃时,应在箱体内放置冰块,冰块不得与大鲵直接接触。

9.3 投放

9.3.1 放流时间与水温

放流时间应选择春季或秋季。放流时放流区域水温宜为 12℃～20℃。

9.3.2 放流操作

将苗种连同泡沫箱先放入放流水体平衡温度,平衡 20 min～30 min。待箱体内外温度与水温一致后,将大鲵尽可能地贴近水面分散投放入水,动作要轻缓。每一投放点记录放流量,放流记录表参见表 B.1。

10 放流资源保护与监测

按 SC/T 9401—2010 中第 12 章的规定执行。

11 效果评价

按 SC/T 9401—2010 中第 13 章的规定执行。

附　录　A

（资料性附录）

无源集成收发器标记法（PIT）

主要是通过无线频率标识系统对动物进行标识。标记芯片为长 1 cm、直径 0.2 cm 的圆柱状,适合全长大于 25 cm 的苗种。与这种芯片配套的还有扫描仪和注射器。

具体使用方法是,用注射器将标记芯片注入大鲵尾部皮下,检查时用扫描仪扫描。夏季标志时,应避开中午高温时段,并对标志后大鲵的注射针孔处进行消毒处理。标记工作应在放流前于室内进行。标记后应观察 24 h,剔除伤残与死亡个体,并作好相应记录。

附　录　B
（资料性附录）
大鲵增殖放流验收现场记录表

B.1　大鲵增殖放流验收现场记录表

见表 B.1。

表 B.1　大鲵增殖放流验收现场记录表

供苗单位				供苗地点		
放流时间				放流地点		
苗种检验单位				检验时间		
放流规格,龄						
平均全长,cm						
平均体重,g						
放流尾数,尾						
放流数量合计,尾				标记段号		
放流区域水温,℃				标记类型		
组织验收单位						
验收人员						
验收组长						
记录人员						

B.2　大鲵增殖放流回查表

见表 B.2。

表 B.2　大鲵增殖放流回查表

回查时间						
地点						
观察数量						
平均全长,cm						
平均体重,g						
标记情况						
组织回查单位						
参与人员						

ICS 65.150
B 50

中华人民共和国水产行业标准

SC/T 9415—2014

水生生物增殖放流技术规范
三疣梭子蟹

Technical specifications for the stock enhancement of hydrobios—
Portunus trituberculatus

2014-03-24 发布

2014-06-01 实施

中华人民共和国农业部 发布

前　言

本标准按 GB/T 1.1—2009 给出的规则起草。

本标准由农业部渔业局提出。

本标准由全国水产标准化技术委员会渔业资源分技术委员会(SAC/TC 156/SC 10)归口。

本标准起草单位:烟台大学、山东省海洋捕捞生产管理站。

本标准主要起草人:涂忠、桑承德、王四杰、王熙杰、王云中、邱盛尧、曲维涛、李战军、李亚伟、王蕾、王立军、乔凤勤。

水生生物增殖放流技术规范　三疣梭子蟹

1　范围

本标准规定了三疣梭子蟹（*Portunus trituberculatus*）增殖放流的海域条件、本底调查，放流物种质量、检验、放流时间、放流操作，放流资源保护与监测、效果评价等技术要求。

本标准适用于三疣梭子蟹增殖放流。

2　规范性引用文件

下列文件对于本文件的应用是必不可少的。凡是注日期的引用文件，仅注日期的版本适用于本文件。凡是不注日期的引用文件，其最新版本（包括所有的修改单）适用于本文件。

GB/T 20361　水产品中孔雀石绿和结晶紫残留量的测定　高效液相色谱荧光检测法

NY 5070　无公害食品　水产品中渔药残留限量

NY/T 5163　无公害食品　三疣梭子蟹养殖技术规范

SC/T 2014　三疣梭子蟹　亲蟹

SC/T 2015　三疣梭子蟹　苗种

SC/T 3018　水产品中氯霉素残留量的测定　气相色谱法

SC/T 9102　渔业生态环境监测规范

SC/T 9401—2010　水生生物增殖放流技术规程

农业部 783 号公告—1—2006　水产品中硝基呋喃类代谢物残留量的测定　液相色谱串联质谱法

3　海域条件

符合 SC/T 9401—2010 的规定，且满足下述条件：

——有淡水径流流入；

——底质为泥沙或沙泥质；

——潮流畅通，流速≤1 m/s，盐度 20～32，底层水温 5℃～35℃。

4　本底调查

执行 SC/T 9401—2010 的规定。

5　放流物种质量

5.1　苗种来源

5.1.1　符合 NY/T 5163 的要求。培苗单位应持有三疣梭子蟹苗种生产许可证。

5.1.2　提前 3 d 开始逐步降温，达到 SC/T 9401—2010 的要求。

5.2　苗种质量

5.2.1　规格要求

稚蟹二期（头胸甲宽 6 mm～8 mm）。

5.2.2　种质要求

亲蟹来源符合 SC/T 9401—2010 的规定，亲蟹质量符合 SC/T 2014 的要求。

5.2.3　质量要求

5.2.3.1 感官质量

规格整齐、个体完整,体表光洁、无附着物,活力强。

5.2.3.2 可数指标

符合表1的要求。

表 1 可数指标要求

单位为百分率

项　目	要　求
规格合格率	≥85
伤残率与死亡率之和	≤5

5.2.3.3 病害

纤毛虫或微孢子虫不得检出。

5.2.3.4 质量安全

氯霉素、孔雀石绿、硝基呋喃类代谢物不得检出。

6 检验

6.1 检验资质

由具备资质的水产品质量检验机构检验。

6.2 检验内容与方法

按表2的要求进行。

表 2 检验内容与方法

检验内容	检验方法
常规质量	执行 SC/T 2015 的规定
纤毛虫、微孢子虫	执行 SC/T 2015 的规定
氯霉素	先用 NY 5070—2002 附录 A 的方法筛选,阳性样品再通过 SC/T 3018 的方法进行确认
孔雀石绿	按照 GB/T 20361 的方法进行
硝基呋喃类代谢物	按照农业部 783 号公告—1—2006 的方法进行

6.3 检验规则

6.3.1 抽样规则

随机多池多点取样,常规质量检验和疫病检疫每次 100 g 以上,且取样量不少于 100 只;药物残留检测取样量不少于 75 g。

6.3.2 时效规则

常规质量检验和疫病检疫须在增殖放流前 7 d 内检验有效;药物残留检测须在增殖放流前 15 d 内检验有效。

6.3.3 组批规则

以一个增殖放流批次作为一个检验组批。

6.3.4 判定规则

6.3.4.1 任一项目检验不合格,则判定本批苗种不合格。其中,规格合格率以放流现场测算为准。

6.3.4.2 若对判定结果有异议,可复检一次,并以复检结果为准。

7 放流时间

7.1 投苗区海域底层水温回升至 15℃ 以上时,择期放流。

7.2 若放流前后 3 d 内有 6 级以上大风或 1.5 m 以上海浪,改期放流。

7.3 若放流前后 3 d 内有中到大雨,改期放流。

8 放流操作

8.1 苗种质量确认

现场查验放流苗种检验报告,按 SC/T 9401—2010 中规定的方法测算规格合格率。确认苗种质量达标后,方可出池放流。

8.2 包装

8.2.1 包装要求

执行 SC/T 9401—2010 中的规定。宜每箱装两袋,每袋装苗数量宜控制在 5 000 只~6 000 只。

8.2.2 包装方法

8.2.2.1 宜采用以下方法:用手将出池蟹苗与经海水浸泡透的稻糠(降温海水浸泡 24 h,滤水后以手握不滴水为准),按 1∶5 的比例轻轻搅拌均匀,必要时密封前加入适量冰块。将蟹苗和稻糠搅拌后装入容积 20 L 的双层无毒塑料袋,充氧扎口后将塑料袋装入泡沫箱或纸箱(宜用 700 mm×280 mm×400 mm),并用胶带密封。

8.2.2.2 将已装苗箱放置阴凉处整齐排列后,及时随机抽样计数。

8.3 计数

按不少于已装苗实有箱数的 0.5% 随机抽样,最低不少于 3 箱。先将抽样苗种(含稻糠)全部称重,然后搅拌均匀,再按不少于总重量的 0.03%(最低不少于 100 g)二次抽样。计量单位重量苗种数量,求得平均每袋苗种数量,进而求得本计数批次苗种数量。放流现场数据按 SC/T 9401—2010 中附录 B 的要求进行记录。每计量批次不得超过 600 箱。

8.4 运输

符合 SC/T 9401—2010 的要求。运输时间宜控制在 2 h 以内。

8.5 投放

按 SC/T 9401—2010 中 11.3.1 "常规投放"法进行。投放时间宜控制在 2 h 以内。

9 资源保护与监测

执行 SC/T 9401—2010 中的有关规定。

10 效果评价

执行 SC/T 9401—2010 中的有关规定。

————————————

ICS 65.150
B 50

中华人民共和国水产行业标准

SC/T 9416—2014

人工鱼礁建设技术规范

Technical specifications for artificial reef construction

2014-03-24 发布

2014-06-01 实施

中华人民共和国农业部 发布

SC/T 9416—2014

目　次

前　言

本标准按照 GB/T 1.1—2009 给出的规则起草。

请注意本文件的某些内容可能涉及专利。本文件的发布机构不承担识别这些专利的责任。

本标准由农业部渔业局提出。

本标准由全国水产标准化技术委员会渔业资源分技术委员会(SAC/TC 156/SC 10)归口。

本标准起草单位:大连海洋大学。

本标准主要起草人:陈勇、尹增强、田涛。

人工鱼礁建设技术规范

1 范围

本标准规定了海洋人工鱼礁建设的选址、设计、制作、设置、效果调查与评价、维护与管理。

本标准适用于海洋人工鱼礁建设。

2 规范性引用文件

下列文件对于本文件的应用是必不可少的。凡是注日期的引用文件，仅注日期的版本适用于本文件。凡是不注日期的引用文件，其最新版本（包括所有的修改单）适用于本文件。

GB 712 船体用结构钢

GB 3097 海水水质标准

GB/T 8237—1987 玻璃纤维增强塑料（玻璃钢）用液体不饱和聚酯树脂

GB/T 8588 渔业资源基本术语

GB 11607 渔业水质标准

GB/T 12763.2 海洋调查规范 第2部分:海洋水文观测

GB/T 12763.4 海洋调查规范 第4部分:海水化学要素调查

GB/T 12763.6 海洋调查规范 第6部分:海洋生物调查

GB/T 12763.7 海洋调查规范 第7部分:海洋调查资料交换

GB/T 12763.8 海洋调查规范 第8部分:海洋地质地球物理调查

GB/T 12763.9 海洋调查规范 第9部分:海洋生态调查指南

GB/T 12763.10 海洋调查规范 第10部分:海底地形地貌调查

GB/T 12763.11 海洋调查规范 第11部分:海洋工程地质调查

GB 17378.4 海洋监测规范 第4部分:海水分析

GB 17378.5 海洋监测规范 第5部分:沉积物分析

GB 18668 海洋沉积物质量

GB 50010 混凝土结构设计规范

GB 50017 钢结构设计规范

GB 50204 混凝土结构工程施工质量验收规范

GB 50205 钢结构工程施工质量验收规范

SC/T 8111—2000 玻璃钢渔船船体手糊工艺规程

SC/T 9401 水生生物增殖放流技术规程

3 术语和定义

GB/T 8588界定的以及下列术语和定义适用于本文件。

3.1

人工鱼礁 artificial reef

用于修复和优化海域生态环境,建设海洋水生生物生息场的人工设施。

3.2

空方 hollow stere

人工鱼礁外部结构几何面轮廓所包围的体积,单位用" 空 m³"表示。

3.3

人工鱼礁区 artificial reef area

已经敷设人工鱼礁,并按其功能辐射范围划定的水域。

3.4

对照区 control area

与人工鱼礁区生态环境相同或相近且间隔适当距离的水域。

注：主要用于比对人工鱼礁区的功效。

3.5

单体鱼礁 reef monocase

建造人工鱼礁的单个构件。

3.6

单位鱼礁 unit reef

由一个或者多个单体鱼礁组成的鱼礁集合。

3.7

鱼礁群 reef cluster

单位鱼礁的有序集合。

3.8

鱼礁带 reef cingulum

两个和两个以上鱼礁群构成的带状鱼礁群的有序集合。

3.9

人工鱼礁渔场 artificial reef fishing ground

具有渔业生产功能的鱼礁群或鱼礁带水域。

3.10

鱼礁间距 the distance between two reef monocases

两个单体鱼礁相邻边缘的最短距离。

3.11

单位鱼礁、鱼礁群、鱼礁带、人工鱼礁渔场的间距 the distance between two unit reefs, reef clusters, reef cingulums and artificial reef fishing grounds

单位鱼礁、鱼礁群、鱼礁带、人工鱼礁渔场相邻边缘的最短距离。

3.12

对象生物 target organism

投放人工鱼礁的主要目的生物。

3.13

Ⅰ型鱼礁生物 type Ⅰ organism

身体的部分或大部分接触鱼礁的鱼类或其他海洋动物等,如六线鱼、褐菖鲉、龙虾、蟹、海参、海胆、鲍等。

3.14

Ⅱ型鱼礁生物 type Ⅱ organism

身体接近但不接触鱼礁,经常在鱼礁周围游泳和海底栖息的鱼类及其他海洋动物等,如真鲷、石斑鱼、牙鲆等。

3.15

Ⅲ型鱼礁生物 type Ⅲ organism

身体离开鱼礁在表层、中层水域游泳的鱼类及其他海洋动物,如鲐、黄条鰤、鱿鱼等。

3.16

人工鱼礁管理 **artificial reef management**

为达到鱼礁建设目标,发挥鱼礁功能,所采取的各种决策和措施。

3.17

人工鱼礁效果调查 **artificial reef investigation**

按照预先设计的时间和空间,采用可以比较的技术和方法,对人工鱼礁区和对照区内的对象生物及其环境进行观测,分析鱼礁效果并写出调查报告的全过程。

4 人工鱼礁的分类

4.1 按设置的水层分类

可分为:

a) 底鱼礁:设置在海底的人工鱼礁;

b) 中层鱼礁:主体设置在水域中层的人工鱼礁;

c) 浮鱼礁:主体设置在水域表层的人工鱼礁。

4.2 按生态功能分类

可分为:

a) 集鱼礁:主要用于诱集鱼类的人工鱼礁;

b) 养护礁:主要用于培育保护水生生物的人工鱼礁;

c) 滞留礁:主要用于洄游性鱼类中途暂时停留的鱼礁;

d) 产卵礁:主要用于鱼类等海洋动物产卵、孵化的人工鱼礁;

e) 其他功能礁:不在上述用途范围内的功能性人工鱼礁。

4.3 按主要对象生物分类

可分为:

a) 海珍品礁:主要用于养护和增殖海珍品的人工鱼礁;

b) 人工藻礁:主要用于附着大型藻类的人工鱼礁;

c) 其他生物礁:不在上述对象生物范围之内的人工鱼礁。

4.4 按人工鱼礁主要构建材料分类

可分为:

a) 混凝土礁:以混凝土为主要材料制成的人工鱼礁;

b) 石材礁:以天然石材为主要材料制成的人工鱼礁;

c) 钢材礁:以钢铁为主要材料制成的人工鱼礁;

d) 玻璃钢礁:以玻璃钢为主要材料制作的人工鱼礁;

e) 木质礁:以木料为主要材料制成的人工鱼礁;

f) 贝壳礁:以贝壳为主要材料制成的人工鱼礁;

g) 旧船改造礁:改造废旧船体制成的人工鱼礁;

h) 其他材质礁:使用不在上述材料之内的材料制成的人工鱼礁。

4.5 按形状分类

可分为:

a) 矩形礁:外部轮廓形状为方形的人工鱼礁;

b) 梯形礁:外部轮廓形状为梯形的人工鱼礁;

c) 柱形礁:外部轮廓形状为圆柱形的人工鱼礁;

d) 球形礁:外部轮廓形状为球形或半球形的人工鱼礁;

e) 锥形礁:外部轮廓形状为圆锥形或棱锥形的人工鱼礁;

f) 其他形状礁:不在以上形状之内的其他形状的人工鱼礁。

4.6 按单体鱼礁规格分类

可分为:

a) 小型鱼礁:体积等于或小于 3 空 m³ 的单体鱼礁;

b) 中型鱼礁:体积大于 3 空 m³ 且小于 27 空 m³ 的单体鱼礁;

c) 大型鱼礁:体积为 27 空 m³ 以上的单体鱼礁。

4.7 按主要人工鱼礁建设目的分类

可分为:

a) 休闲型鱼礁:与增殖鱼礁生物相结合,以游钓、休闲、娱乐为主要利用类型的人工鱼礁;

b) 渔获型鱼礁:主要通过诱集水生动物,提高渔业产量或渔获质量的人工鱼礁;

c) 增殖型鱼礁:以修复生态环境、增殖养殖渔业资源为目的的人工鱼礁;

d) 资源保护型鱼礁:通过修复生态环境和防止拖网等破坏性渔具进入,以保护渔业资源的人工鱼礁。

5 人工鱼礁投放水域的选择

5.1 基本要求

5.1.1 人工鱼礁所投放海域应符合国家和地方的海域使用功能区划与渔业发展规划要求。

5.1.2 不与水利、海上开采、航道、港区、锚地、通航密集、倾废区、海底管线及其他海洋工程设施和国防用海等功能区划相冲突。

5.1.3 应能保持鱼礁有较好的稳定性,投放后不发生洗掘、滑移、倾覆和埋没现象。

5.1.4 适宜对象生物栖息、繁育和生长。

5.2 对拟投放人工鱼礁海域的调查

在投放人工鱼礁之前,应根据人工鱼礁投放水域的基本要求,对拟投放人工鱼礁水域进行本底调查。调查类别、调查项目、调查方法及要求见表1。

表 1 拟投放人工鱼礁海域本底调查表

调查类别	调查项目、方法及要求
海底底质	调查项目:海底地形、淤泥厚度、粒度组成、流沙等。 方法及要求:按 GB/T 12763.8,GB/T 12763.10 和 GB/T 12763.11 的规定执行。
水文	调查项目:包括水深、海流、潮汐、波浪、水温、盐度、水团等。 方法及要求:按 GB/T 12763.2 的规定执行。
水质	调查项目:DO、pH、营养盐(硝酸氮、氨氮、亚硝酸氮、无机磷等)、悬浮物、COD、BOD₅、叶绿素 a、初级生产力等;根据礁区具体情况选做有机磷、有机氯(包括甲基对硫磷、马拉硫磷、乐果、六六六和滴滴涕)、石油类、有机碳、硫化物、重金属(包括铜、铅、锌、镉、砷、总汞)。 方法及要求:按 GB/T 12763.4、GB 17378.4 的规定执行。
沉积物与底质	调查项目:pH、底质的含水率、粒度组成等;根据礁区具体情况选做有机磷、有机氯(包括甲基对硫磷、马拉硫磷、乐果、六六六和滴滴涕)、石油类、有机碳、硫化物、重金属(包括铜、铅、锌、镉、砷、总汞)。 方法及要求:按 GB 17378.5 的规定执行。
生物条件	调查项目:对象生物与其他生物的分布、洄游、行为、食性、繁殖习性等。 方法及要求:按 GB/T 12763.6 的规定执行。

表1（续）

调查类别	调查项目、方法及要求
社会经济条件	调查项目：渔业及相关规章制度、海域使用规划、海洋产业概况、渔业结构、渔获物组成、国民经济情况。 方法及要求： 　1）　渔业及相关规章制度与海域使用规划； 　2）　海洋产业概况：近5年内的海洋产业结构、各产业产值及其就业人数等； 　3）　渔业结构：近5年内的渔业人口、海水养殖业的产量与产值、捕捞业的产量和产值、捕捞渔船数量和功率等； 　4）　渔获物组成：在拟投礁海域，近5年内不同网具的渔获量和渔获物组成，主要经济渔获量的种类、产量及产值； 　5）　国民经济情况：近5年内渔民人均纯收入和地方财政状况等。
气象水文历史资料	调查项目：拟建人工鱼礁海域的台风、潮汐、风暴潮、强波浪、海流等。 搜集要求： 　1）　台风：最大风速、最大降雨量、破坏力最强的台风实例； 　2）　潮汐：性质、涨落潮历时、年均海平面、年均高潮位、年均低潮位、年均潮差； 　3）　风暴潮：最大增水值、最高风暴潮位及其出现日期； 　4）　强波浪：走向、波高、周期和各月频率； 　5）　海流：流场特征、潮流性质、潮流运动形式、潮流的最大可能流速。

5.3　拟投放人工鱼礁海域的要求

拟投放人工鱼礁海域应具备相应的物理化学、主要生物种类以及周边环境等条件。

5.3.1　物理化学条件

5.3.1.1　地形

选择海底地形坡度平缓或平坦的海域。对于Ⅱ型、Ⅲ型鱼礁生物的人工鱼礁渔场与大型天然礁的间距应在1 000 m以上。

5.3.1.2　水深

根据真光层深度、对象生物栖息的适宜深度等，确定鱼礁投放的水深（指低潮位下水深）。沿岸以增养殖为主的鱼礁投放适宜水深为2 m~30 m，其他类型鱼礁适宜水深为100 m以内，最好设置于10 m~60 m。

5.3.1.3　底质

对于底鱼礁应选择较硬、泥沙淤积少的底质，不应在淤泥较深的软泥底和流速大的细沙底水域设置，以保证人工鱼礁的稳定性和抗淤性；对于浮鱼礁，则对底质不作要求。

5.3.1.4　水质

应符合GB 11607的规定。

5.3.1.5　流速

一般应以最大流速不能推动鱼礁以及鱼礁部件移动或倾倒为宜，可通过模拟试验或理论计算确定。

5.3.2　生物环境条件

5.3.2.1　饵料生物

应有浮游植物、浮游动物和底栖生物的存在。

5.3.2.2　竞争生物和敌害生物

对于增殖型鱼礁，应选择对象生物的竞争生物和敌害生物的生物量较少的海域。

5.3.3　其他条件

距离渔业港口（或码头）较近，易于确定其位置，易于锚泊，往返航道安全，通讯无干扰。

6 人工鱼礁的设计、制作、规模和投放方法

6.1 人工鱼礁的设计

人工鱼礁的设计包括人工鱼礁的选材和形状结构设计等。

6.1.1 人工鱼礁的材料

6.1.1.1 材料种类

包括混凝土、钢材、玻璃钢、石材、木材、旧船、贝壳以及其他经试验、检测与评估对海洋无污染的材料。

6.1.1.2 选材要求

无污染、环保、坚固耐用、易加工制造、来源丰富、经济等。

6.1.1.3 强度要求

在加工制造、组装、放置、搬运、投放时不易破损,并抗波、流的冲刷磨损,具有耐久性。

6.1.2 形状与结构

6.1.2.1 符合对象生物特点

礁体设计时,应充分考虑到对象生物的生理、生态和行为特点,应通过生物实验确定最有效的形状与结构。一般对于以鱼礁作为主要栖息场的对象生物(Ⅰ型和Ⅱ型鱼礁生物),单体鱼礁结构尽量复杂且应具有 2 m 以下大小空隙;对于表、中层对象生物(Ⅲ型鱼礁生物),以鱼礁流场环境能够影响到表中层水域为原则,礁体高度应为水深的 1/10,礁体宽度须满足式(1)的要求。

$$\frac{Bu}{v} > 10^4 \quad \cdots\cdots\cdots\cdots\cdots\cdots\cdots\cdots\cdots\cdots\cdots\cdots \quad (1)$$

式中:

B——礁体宽度,单位为米(m);

u——水体流速,单位为米/每秒(m/s);

v——水体黏滞系数,单位为帕·秒(Pa·s)。

6.1.2.2 利于鱼礁功能发挥

对以环境优化型为主的鱼礁,鱼礁构造应能产生较强的上升流和涡流;对以饵料生物培育型为主的鱼礁,鱼礁的材料应尽可能使用贝壳、石材、混凝土等易于饵料生物附着和繁育的材料,并选择增大礁体表面积和表面粗糙度的结构;对于以资源养护型为主的鱼礁,鱼礁内部结构应复杂或多孔洞等。

6.1.2.3 结构牢固

鱼礁结构应满足在运输、安装和使用过程中的强度、稳定性和刚度要求,不易离散。礁体投放后,形状与结构保持年限应不低于 30 年。

6.1.2.4 最大几何效应

在满足强度、结构稳定以及航行安全要求的前提下,应尽可能提高礁体的表面积与高度、空方的比例,使其具有最大几何效应。

6.2 礁体制作

6.2.1 基本要求

6.2.1.1 制作前需要对基底承载力、滑移稳定性和倾覆稳定性等项目进行验算,以保证鱼礁稳定性和使用寿命。

6.2.1.2 对基底承载力较小的拟投海域,制作时不宜选择密度很大的鱼礁材料,并且应采用高度较小、与基底有较大接触面积的礁体结构型式。

6.2.1.3 对于滑移稳定性较低的拟投海域,制作时应对礁体底面进行一定处理(如在礁体底面焊接钢筋等),以增大基底摩擦系数,或选用宽度较小的礁体结构型式,以减小礁体所受的波流作用力。

6.2.1.4 对于倾覆稳定性较低的拟投海域,制作时应适当改变礁体结构型式,或通过减小礁体的高度,增大礁体的长度以增加稳定性。

6.2.1.5 各种单体鱼礁的结构应有可供起吊的构造或装置,如透孔、钩、环等,便于投放或吊起,其使用年限应与礁体相同。

6.2.2 混凝土礁的制作要求

6.2.2.1 混凝土鱼礁的强度应符合 GB 50010 的规定。一般混凝土强度不应低于 C20,礁体的钢筋保护层厚度应不小于 25 mm。

6.2.2.2 混凝土礁体按构造进行配筋时,全截面纵向钢筋最小配筋率可按 0.2% 控制,纵向钢筋最大间距为 300 mm。

6.2.2.3 礁体工艺与流程应参照 GB 50010、GB 50204 的规定执行。

6.2.3 钢材礁

6.2.3.1 材料的选择

应参照 GB 712 选择国家标准钢材或同等以上质量的钢材作为人工鱼礁材料。在确认各种钢材规格、性能的基础上,应根据用途和目的选择最适宜的材料。

6.2.3.2 防腐蚀处理

采用防腐蚀方法(如电气法、替代物法以及被覆法等)进行处理以延长鱼礁使用寿命,一般钢材礁的使用寿命不应低于 30 年。

6.2.3.3 制作

人工鱼礁的结构设计和制作应参照 GB 50017、GB 50205 的规定执行。

6.2.4 玻璃钢礁制作要求

6.2.4.1 玻璃钢礁的强度根据鱼礁类型确定,一般弯曲强度不应低于 200 MPa,弯曲弹性模量不应低于 1.00×10^4 MPa。

6.2.4.2 制作玻璃钢礁,应按照 GB/T 8237—1987 中 4.3 和 SC/T 8111—2000 的工艺规程执行。

6.2.5 石材礁

6.2.5.1 材料的选择

应选择适宜海洋生物附着、放射性污染低的天然石材作为人工鱼礁材料。

6.2.5.2 制作

1 000 kg 以上的不规则型石材礁可以作为单体鱼礁;100 kg～1 000 kg 的不规则型石材可以在海中堆积成锥体型鱼礁;小于 100 kg 的不规则型石材可用耐腐蚀、耐冲击和耐磨损的网包或其他材料制成的框架将石材装填成一定大小的单体鱼礁。

6.2.6 旧船改造礁的制作要求

6.2.6.1 所选船体的自身强度须经得起拖运和改造投放后海流的冲击。

6.2.6.2 应对船体内外进行彻底清洗,清除对环境有潜在危害的物质。

6.2.6.3 根据船身的尺寸,设计出便于安装尽可能多空方的框架,直接在船上制作或上船组装,船体应多开侧孔,以促进投放后舱内水体交换。

6.2.7 其他礁体的制作

应参照 6.2.1 的规定执行。

6.3 鱼礁建设规模

礁区的总体规模应根据海区范围、对象生物、水深、鱼礁密度和投资规模等因素综合平衡后确定。资源保护型鱼礁规模应大于 3000 空 m³,增殖型鱼礁不应小于 400 空 m³。

6.4 鱼礁配置

鱼礁配置应根据鱼礁建设目的和对象生物、水深、底形、海流等主要生态环境因素综合平衡后确定。

6.4.1 单位鱼礁的配置

对于Ⅰ型和Ⅱ型鱼礁生物,要求鱼礁内部结构复杂,配置时应以多个小型单体鱼礁为主,按照一定排列方式组合配置,鱼礁投影面积与鱼礁设置范围面积比例以5%~10%为宜;对于Ⅲ型鱼礁生物,要求鱼礁有足够的高度,配置时应以中型或大型鱼礁组合配置为主,鱼礁高度为水深的1/10左右为宜,礁体顶端到水面最低水位(潮位)距离应不妨碍船舶的航行。

6.4.2 鱼礁群的配置

对于Ⅰ型和Ⅱ型鱼礁生物,单位鱼礁的间距不应超过200 m;对于Ⅲ型鱼礁生物可适当扩大单位鱼礁的间距。根据单位鱼礁对鱼群诱导机能的作用范围,人工鱼礁渔场中鱼礁群的最大间距不应超过1 000 m。鱼礁群应顺流方向配置于鱼类洄游路线上,礁群配置时可采用五角形或Y形等,以提高诱集效果。

6.4.3 鱼礁带的配置

鱼礁群的间距按2 000 m以上配置,形成鱼礁带,鱼礁带应顺流方向配置。

6.4.4 人工鱼礁渔场的配置

人工鱼礁渔场的间距以2 000 m以上为宜。

6.5 鱼礁投放

6.5.1 鱼礁定位

在海域按设定位置用定位仪定位,并安放浮标;在单位鱼礁的主鱼礁上面安装浮筒等标志物后,运载至预定位置。

6.5.2 鱼礁投放

对于浅水区,可采用从船台直接投放,或用吊机把礁体吊至海面脱钩投放;对于深水区,宜使用吊机从海面吊至海底再脱钩投放,以提高投放位置的精度和礁体稳定性。

6.5.3 投放记录

礁体投放时,记录各单位鱼礁的编号和投放位置(参见附录A)。礁体投放完毕后,应当准确测量礁体的位置,绘制礁型示意图、礁体平面布局示意图,注明礁区边角位置和中心位置的经纬度。

6.5.4 礁区标志设置

为了船只航行、渔船作业及人工鱼礁礁体的安全,人工鱼礁区域应安装专用航标。应采用国际上通用的海上航标,至少在鱼礁群区四角各安装1只灯标,使所有人工鱼礁在4只灯标构成的四边形之内。礁区航标数随区域面积的增大而增多,一般要求设置4个~8个。

7 人工鱼礁的维护与管理

7.1 维护

7.1.1 定期检查礁体构件连接和整体稳定性情况。对于发生倾覆、破损、埋没、逸散的鱼礁,应采取补救和修复措施,以保证鱼礁功能的正常发挥;对于移位严重的鱼礁,应及时处理,以防止影响海域其他功能的发挥。

7.1.2 定期检查礁体。对于礁体表面缠挂的网具、有害附着生物以及其他的有害入侵生物,应采取措施及时清除,以保证对象生物的良好栖息环境。

7.1.3 定期监测礁区的水质,收集礁区内对海域环境有危害的垃圾废弃物。

7.1.4 建立鱼礁档案,对鱼礁的设计、建造、使用过程中出现的问题及时进行详细的记录。

7.2 管理

7.2.1 鱼礁投放备案制度

鱼礁投放完毕后,鱼礁建设单位应及时将礁型、礁群平面布局示意图、礁区边角和中心位置的经纬度等材料报渔业与交通主管部门备案。

7.2.2 人工鱼礁管理规章的制定

对不同性质、不同投资主体的鱼礁应采用不同的管理方式,制定相应的管理规定。由政府投资建设的人工鱼礁,由相关县级以上渔业行政主管部门制定行政管理办法,相关渔政管理部门组织实施;由企业投资参与建设的人工鱼礁,由相关县级以上渔业行政主管部门与特定企业共同制定相关的管理规定。

7.2.3 鱼礁区增殖放流的要求

增殖放流对象生物应以当地优势种为主,且符合国家与地方的增殖放流管理规定,增殖放流规程按SC/T 9401 的规定执行。在资源增殖型、渔获型和休闲型鱼礁附近适当放流增殖对象生物,以加速形成人工鱼礁渔场;在资源保护型鱼礁附近放流趋礁性和周期性到鱼礁产卵、索饵的经济种类,以恢复海域生产力。增殖放流量应根据鱼礁区物理化学环境、饵料生物环境和主要对象生物特征估算的生态容量来确定。

7.2.4 适度采捕方式的制定

根据鱼礁类型和对象生物特点,选择和制定生产安全、环境友好、科学合理的采捕方式。

8 人工鱼礁效果调查与分析

鱼礁投放前必须进行拟投海域的本底调查,并选择 1 个以上(含 1 个)与拟投海域生态环境相同或相近的海域作为对照区。人工鱼礁效果为投礁后鱼礁区调查分析值与本底(或对照区)调查分析值的差值。

8.1 测站布设

人工鱼礁海域测站布设应遵循以下原则:

    a) 布设的测站应具有代表性,即所测得的环境要素或对象生物资料能够反映该要素的分布特征和变化规律;

    b) 每一环境要素断面(或对象生物调查断面)应不少于 3 个测站,同一环境要素断面(或对象生物调查断面)上各测站的观测工作应在尽可能短的时间内同时完成,断面的设置方向应尽可能与主导海流流向相垂直;

    c) 考虑经费保障和时间。

8.2 调查与分析方法

鱼礁区、对照区的调查类别宜与本底调查(见表 1)相一致。根据鱼礁具体情况,参照表 1 选择直观反映鱼礁效果的调查项目。

8.2.1 水文

主要对海流、水深、水温、盐度、透明度等项目调查(参见附录 B)。

8.2.1.1 调查方法和要求

海流观测在大潮汛期间进行,在观测站点使用海流计进行同步海流周日连续观测;水深、水温、盐度、透明度观测参照 GB/T 12763.2 的规定执行。要求:

    a) 海流观测参照 GB/T 12763.2 的规定分表、中、底 3 层观测,表层深度为水面下 1 m,中层深度为现场测量水深的 1/2,底层为离海底 1 m,至少每小时观测 1 次,在每次观测前先测水深,观测时,海流计在每层至少停留 5 分钟;

    b) 水深、水温、盐度、透明度观测要求按 GB/T 12763.2 的规定执行。

8.2.1.2 分析方法

要求:

    a) 海流分析参照 GB/T 12763.7,选用"不引入差比关系的准调和分析方法"计算椭圆要素,根据周日海流观测资料计算出观测期间的余流和 O₁（主要太阴全日分潮）、K1（太阴太阳合成全日分潮）、M2（主要太阴半日分潮）、S2（主要太阳半日分潮）、M4（浅水分潮）和 MS4（浅水分潮）6 个主要分潮流的调和常数以及它们的椭圆要素等潮流特征值；

    b) 根据观测和计算结果比较鱼礁区跟踪调查与本底调查（或对照区调查）海流流场、透明度等的差异。

8.2.2　水质

填写并分析调查记录（参见附录 C）。调查项目见表 1。

8.2.2.1　调查方法和要求

在测站按 GB/T 12763.4 的规定采集水样。要求：

    a) 除水深浅于 10 m 测站外，各站位须采集表、底层水样，根据水深可适当增加采样水层；

    b) 可根据鱼礁海域情况适当增减调查项目，但应包括 DO、pH、营养盐（包括硝酸氮、氨氮、亚硝酸氮、无机磷）、悬浮物、COD、叶绿素 a 等能直观反映鱼礁效果的项目。

8.2.2.2　分析方法和要求

按 GB 17378.4、GB 3097 和 GB 11607 的规定，根据分析结果比较鱼礁区跟踪调查与本底调查（或对照区调查）的水质差异。

8.2.3　沉积物与底质

主要对 pH、有机质、石油类、硫化物、重金属（包括铜、铅、锌、镉、砷、总汞）和底质粒度组成进行调查分析（参见附录 D 和参见附录 E）。

8.2.3.1　调查方法和要求

按 GB/T 12763.8 的规定执行。

8.2.3.2　分析方法和要求

底质粒度组成分析方法和要求按 GB/T 12763.8 的规定执行。底质沉积物分析方法和要求按 GB 17378.5、GB 18668 的规定执行。根据分析结果比较鱼礁区跟踪调查与本底调查（或对照区调查）的底质差异。

8.2.4　生物环境

主要对浮游植物、浮游动物、底栖生物、附着生物、鱼卵和仔稚鱼的种类组成及其数量进行调查分析（参见附录 F、附录 G、附录 H、附录 I 和附录 J）。

8.2.4.1　调查方法和要求

按 GB/T 12763.6 的规定执行。

8.2.4.2　分析方法和要求

按 GB/T 12763.6 的规定执行。根据分析结果比较鱼礁区跟踪调查与本底调查（或对照区调查）的生物环境差异。

8.2.5　对象生物

即主要经济种类调查，主要包括种类数、各种类的生物量及其生物学、生态学特征、标志放流回收记录等的调查（参见附录 K、附录 L、附录 M、附录 N 和附录 O）。

8.2.5.1　调查方法和要求

调查方法包括渔获调查（拖网、刺网、钓具、鱼笼、围网和标志放流等）和非渔获调查（潜水调查、水下摄像、探鱼仪调查等）。要求：

    a) 对于对象生物幼体调查，以非渔获调查方法为宜；

    b) 对于对象生物的生物特征调查，应以渔获调查方法为主、非渔获调查方法为辅；

    c) 对于 I 型对象生物，应以非渔获调查方法为主、渔获调查为辅；对于 II 型对象生物，应以渔获调查方法为主、非渔获调查为辅；

d) 对于Ⅲ型对象生物,应运用渔获调查方法(拖网、围网和标志放流等);

e) 为使取样有代表性,应根据调查需要和对象生物大小,拖网须选择相适宜的网目规格和网具规格的虾拖网或自制拖网,刺网须在礁区采用数张不同规格网目多重刺网联合调查或自制多规格网目组合式多重刺网调查;

f) 本底调查、跟踪调查和对照区调查应使用统一规格的渔具(拖网、刺网、钓具和围网等),按相同方式进行调查;

g) 调查应在大潮汛期间进行。

8.2.5.2 分析方法

8.2.5.2.1 鉴定生物种类,分析对象生物种类组成、数量组成和重量组成,比较鱼礁区跟踪调查与本底调查(或对照区调查)结果的差异;

8.2.5.2.2 对主要对象生物进行生物学测定,分析对象生物的体长组成、体重组成等生物学指标,比较鱼礁区跟踪调查与本底调查(或对照区调查)结果的差异;

8.2.5.2.3 估算对象生物资源量,比较鱼礁区跟踪调查与本底调查(或对照区调查)结果的差异;

8.2.5.2.4 分析生物多样性,根据 GB/T 12763.9 的规定求解多样性指数和均匀度指数,比较鱼礁区跟踪调查与本底调查(或对照区调查)结果的差异。

8.2.6 社会经济效果

指鱼礁投放对渔业生产、地区产业和环境保护等的效果。

8.2.6.1 调查方法和要求

调查方法包括渔获物统计调查、渔船作业记录调查和问卷调查(参见附录 P、附录 Q 和附录 R)。要求:

a) 运用渔获物统计调查法时,应掌握鱼礁区渔获物的上岸地点及销售市场;

b) 运用渔船作业记录调查法时,须选择恰当的对照区,并且选择的渔船应具有代表性;

c) 问卷调查的对象应具有代表性。

8.2.6.2 分析方法和要求

8.2.6.2.1 渔获物统计分析

分析渔获对象的种类、渔获量、销售价格及其捕捞努力量,比较人工鱼礁投放前后的差异。

8.2.6.2.2 渔船作业记录分析

分析代表性渔船在对照区(天然礁)以及人工鱼礁投放前后海域渔获方式、渔船捕捞位置、捕捞时间长短、渔获种类及产量,比较人工鱼礁投放前后的差异。

8.2.6.2.3 问卷调查分析

分析渔业生产者、游钓者和其他相关产业人员的来源(如地区、年龄、文化程度等)、作业情况、收入状况、对鱼礁作用的评价等,比较人工鱼礁投放前后的差异。根据上述差异分析鱼礁对渔业生产、地区产业和环境保护的影响。

附　录　A

（资料性附录）

礁体投放记录表

共___页
第___页

海区_____礁区名称_____礁区编号_____投礁日期_____

礁体 a 材料：_____礁型：_____规格：__m×__m×__m　重量_____吨　礁体数量_____个

礁体 b 材料：_____礁型：_____规格：__m×__m×__m　重量_____吨　礁体数量_____个

礁体 c 材料：_____礁型：_____规格：__m×__m×__m　重量_____吨　礁体数量_____个

礁体 d 材料：_____礁型：_____规格：__m×__m×__m　重量_____吨　礁体数量_____个

礁体总空方：_____空 m^3　建设礁区面积：_____ m^2

编号	东经	北纬	备注	编号	东经	北纬	备注	编号	东经	北纬	备注

注 1：不规则礁体的长、宽、高分别指礁体外缘突出点之间的最大值；

注 2：礁区编号按"省（汉语拼音首字母）－市（汉语拼音首字母）－年（后两位）－序号（三位制）"格式填写，如辽宁大连 2003 年建成的 1 号礁区表示为：LNDL－03－001。

填表者：　　　　　　　　　校对者：　　　　　　　　　审核者：

附　录　B
（资料性附录）
调查现场测定记录表

_____市_____县_____镇（乡）_____站位编号：_____

海区名称						海域总面积			km²
地理坐标	纬度：　　　°　　′N				经度：　　　°　　′E				
调查日期	公历：　年　月　日				农历：　月　日				
调查时间	时　分～　时　分			天气		风向		风力	
水色			透明度						
水温，℃	0 m：			−5 m：			−10 m：		
	−15 m：			−20 m：			底层（−　　m）：		
盐度	0 m：			−5 m：			−10 m：		
	−15 m：			−20 m：			底层（−　　m）：		
走航记录						跃层			
流速流向	涨潮最大流速：　　　m/s			流向：			时间：		
	落潮最大流速：　　　m/s			流向：			时间：		
其他									

调查船：　　　　　　　　　　　　　　测量人：　　　　　　　　　　　　　记录人：

附　录　C
（资料性附录）
水质调查结果表

海区_____　　调查船_____　　监测部门_____　　调查日期：_____　　共___页
　　　　　　　　　　　　　　　　　　　　　　　　　　　　　　分析日期：_____　　第___页

项　目		站　位				范围	平均
水深							
pH	表						
	底						
溶解氧 mg/L	表						
	底						
悬浮物 mg/L	表						
	底						
化学需氧量 mg/L	表						
	底						
活性磷酸盐 μg/L	表						
	底						
硝酸盐氮 μg/L	表						
	底						
亚硝酸盐氮 μg/L	表						
	底						
氨氮 μg/L	表						
	底						
无机氮 μg/L	表						
	底						
总汞 μg/L	表						
	底						
镉 μg/L	表						
	底						
铜 μg/L	表						
	底						
铅 μg/L	表						
	底						
锌 μg/L	表						
	底						
砷 μg/L	表						
	底						
叶绿素 a mg/m³	表						
	底						
初级生产力 mgC/(m²·d)	表						
	底						
石油类 mg/L	表						
	底						

取样者：　　　　　　　测定者：　　　　　　　填表者：　　　　　　　校对者：

附　录　D
（资料性附录）
沉积物化学分析表

海区_____　调查船_____　监测部门_____　调查日期：_____共____页

分析日期：_____第____页

项　　目	站　　位					范围	平均
pH							
石油类（×10^{-6}）							
有机碳（×10^{-2}）							
硫化物（×10^{-6}）							
铜（×10^{-6}）							
铅（×10^{-6}）							
总汞（×10^{-6}）							
锌（×10^{-6}）							
镉（×10^{-6}）							
砷（×10^{-6}）							
其他							

取样者：　　　　　测定者：　　　　　　填表者：　　　　　　校对者：

附 录 E
（资料性附录）
沉积物粒度分析表

海区＿＿＿＿ 调查船＿＿＿＿ 监测部门＿＿＿＿ 共＿＿页

调查日期：＿＿＿＿　分析日期：＿＿＿＿　第＿＿页

站号	砾石	沙					粉沙				黏土		粗组含量				沉积物类型	粒度系数				
	细砾	极粗沙	粗沙	中沙	细沙	极细沙	粗粉沙	中粉沙	细粉沙	极细粉沙	粗黏土	细黏土	砾石	沙	粉沙	黏土		平均粒径 M_z φ值	中值粒径 M_d φ值	偏态值 S_k φ值	峰态值 K_g φ值	分选系数 D_i φ值
	8~4	4~2	2~1	1~0.5	0.5~ 0.25	0.25~ 0.125	0.125~ 0.063	0.063~ 0.032	0.032~ 0.016	0.016~ 0.008	0.008~ 0.004	0.004~ 0.002	0.002~ 0.001	<0.001							
	-2	-1	0	1	2	3	4	5	6	7	8	9	10	11							

取样者：　　　　测定者：　　　　填表者：　　　　校对者：

附　录　F

（资料性附录）

浮游植物分析表

共＿＿页

海区＿＿＿＿　采样方法＿＿＿＿　调查时间＿＿＿＿＿年＿＿＿＿＿月＿＿＿日＿＿＿时　　　　　第＿＿页

站号														
采样时间	日期														
	时分														
层次,m															
总种数,种															
总细胞数,ind															
生物量,ind/m³															
多样性指数(H')															
均匀度(J)															
优势度(C)															
种名	细胞数量,ind/m³													

取样者：　　　　　　　记录者：　　　　　　　鉴定者：　　　　　　　校对者：

附 录 G
（资料性附录）
浮游动物分析表

共___页
第___页

海区_____ 采样方法_____ 调查时间_____年_____月_____日_____时

站号														
采样时间	日期														
	时分														
层次,m															
总种数,种															
总个体数,ind															
密度,ind/m³															
生物量,mg/m³															
多样性指数(H')															
均匀度(J)															
优势度(C)															
种名	个体数,ind/m³													

取样者： 记录者： 鉴定者： 校对者：

附　录　H

（资料性附录）

底栖生物分析表

共___页
第___页

海区_____　采样方法_____　调查时间_____年_____月_____日_____时

站号					
采样日期					
总种数,种					
总个体数,ind					
总生物量,g/m²					
总栖息密度,个/m²					
多样性指数(H')					
均匀度(J)					
优势度(C)					

类别	栖息密度 ind/m²	生物量 g/m²	栖息密度 ind/m²	生物量 g/m²	栖息密度 ind/m²	生物量 g/m²	栖息密度 ind/m²	生物量 g/m²	栖息密度 ind/m²	生物量 g/m²
多毛类										
软体动物										
甲壳类										
腔肠动物										
棘皮动物										
鱼类										
其他										

取样者：　　　　　记录者：　　　　　鉴定者：　　　　　校对者：

附 录 I
（资料性附录）
附着生物分析表

共＿＿页
第＿＿页

海区＿＿＿＿ 采样方法＿＿＿＿ 调查时间＿＿＿＿年＿＿＿＿月＿＿＿日＿＿＿时

站号										
采样日期										
总种数,种										
总个体数,ind										
总生物量,g/m²										
总栖息密度,ind/m²										
多样性指数(H')										
均匀度(J)										
优势度(C)										
种类	栖息密度 ind/m²	生物量 g/m²	栖息密度 ind/m²	生物量 g/m²	栖息密度 ind/m²	生物量 g/m²	栖息密度 ind/m²	生物量 g/m²	栖息密度 ind/m²	生物量 g/m²

取样者：　　　　　记录者：　　　　　鉴定者：　　　　　校对者：

附　录　J

（资料性附录）

鱼卵和仔稚鱼数量分布记录表

共___页

海区_____　采样方法_____　调查时间_____

第___页

种名_____　采样层次_____

站号	样品编号	采样时间		滤水量 m³	正常卵	坏卵	合计	密度 个/m³或 个/m²	仔稚鱼	密度 尾/m³或 尾/m²	备注
		日期	时分								

取样者：　　　　　　记录者：　　　　　　鉴定者：　　　　　　校对者：

附 录 K
（资料性附录）
游泳动物分析表（拖网）

共____页
第____页

海区_____ 船名_____ 功率(kW)_____ 调查时间_____

网口宽_____ m 网长_____ m 网袖网目尺寸_____ mm 网囊网目尺寸_____ mm 放网数量_____张

站号												
水深,m												
起网位置（经纬度）												
放网位置（经纬度）												
放网时间（时、分）												
起网时间（时、分）												
拖速,节												
渔获种数,种												
种名	渔获量 kg	资源密度 kg/km²	渔获尾数 ind	尾数密度 个/km²	渔获量 kg	资源密度 kg/km²	渔获尾数 ind	尾数密度 个/km²	渔获量 kg	资源密度 kg/km²	渔获尾数 ind	尾数密度 ind/km²

取样者：   记录者：   鉴定者：   校对者：

附　录　L
（资料性附录）
游泳动物分析表（刺网）

共___页

第___页

海区_____　　调查时间_____

网长_____ m　网高_____ m　网目尺寸_____ mm

站号													
水深,m													
放网时间（时、分）													
起网时间（时、分）													
渔获种数,种													
种名	渔获量 kg	资源密度 kg/ (m²·h)	渔获尾数 ind	尾数密度 ind/ (m²·h)	渔获量 kg	资源密度 kg/ (m²·h)	渔获尾数 ind	尾数密度 ind/ (m²·h)	渔获量 kg	资源密度 kg/ (m²·h)	渔获尾数 ind	尾数密度 ind/ (m²·h)

取样者：　　　　　　记录者：　　　　　　鉴定者：　　　　　　校对者：

附 录 M

（资料性附录）

主要经济鱼类的有关特性表

中 文 名		学 名			近 源 种	
生物学特征	分布区域					
	发育阶段	卵	仔鱼期	稚鱼期	幼鱼期	成鱼期
	大小					
	生长					
	饵料					
生长环境	水温					
	盐度					
	耗氧量					
生活场所	水深					
	底质					
	移动					
	与礁的关系					
生殖生态	产卵场					
	产卵期					
	产卵行动					
备注						

观测人：　　　　　　　　　　　　　　　　　　　　　　　记录人：

附　录　N

（资料性附录）

鱼类生物学测定表

实验日期＿＿＿＿＿＿＿＿＿　实验地点＿＿＿＿＿＿＿＿＿

样品标号＿＿＿＿＿＿＿＿　总渔获量＿＿＿＿　采样海域＿＿＿＿　采样方式＿＿＿＿＿＿　采样日期＿＿＿＿＿＿＿

种名	编号	体长 mm	体重 g	性别 ♀♂	性腺成熟度	性腺重 mg	怀卵量	摄食强度	年龄	备注

取样者：　　　　　　记录者：　　　　　　鉴定者：　　　　　　校对者：

附　录　O

（资料性附录）

_____（种类）标志放流回收情况记录表

序号	船(人)名	作业方式	标志牌号	重捕时间	重捕海区	体长,cm	体重,g
1							
2							
3							
4							
5							
6							
7							
8							
…							

调查人：　　　　　　　　　　　　　　　　　　　　　　　　　　　　　　　校对人：

附　录　P

（资料性附录）

人工鱼礁渔场效果市场调研登记表

市场名称	调查时间	水产品来源地	总进货量 kg	主要鱼类进货量(kg)及销售价格(CNY)										备注
				进货量	价格	进货量	价格	进货量	价格	进货量	价格	进货量	价格	

调查人：　　　　　　　　　　　　　　　　　　　　　　　　　　　校对人：

附　录　Q
（资料性附录）
人工鱼礁渔场作业记录调查表

海区	日期	网具	作业时间	总渔获量	主要鱼类渔获量,kg								备注

调查人：　　　　　　　　　　　　　　　　　　　　　　　　校对人：

附　录　R

（资料性附录）

人工鱼礁渔场效果社会调研表

姓名		性别		年龄	
职业		地区		文化程度	
收入		旅游费用或作业成本			
在鱼礁海域的作业情况					
对鱼礁功能的评价					

调查人：　　　　　　　　　　　　　　　　　　　　　　　　校对人：

附录

中华人民共和国农业部公告
第 2052 号

《农业部公文编码规范》业经专家审定通过,现批准发布为中华人民共和国农业行业标准,标准号为
NY/T 2536—2014,自 2014 年 7 月 1 日起实施。
特此公告。

农业部
2014 年 1 月 14 日

中华人民共和国农业部公告
第 2062 号

《农村土地承包经营权调查规程》等 3 项标准业经专家审定通过,现批准发布为中华人民共和国农业行业标准,自 2014 年 3 月 1 日起实施。

特此公告。

农业部
2014 年 2 月 19 日

附件：

《农村土地承包经营权调查规程》等 3 项
农业行业标准目录

序号	标准号	标准名称	代替标准号
1	NY/T 2537—2014	农村土地承包经营权调查规程	
2	NY/T 2538—2014	农村土地承包经营权要素编码规则	
3	NY/T 2539—2014	农村土地承包经营权确权登记数据库规范	

附　录

国家卫生和计划生育委员会
中华人民共和国农业部
公　　告
2014 年第 4 号

根据《食品安全法》规定,经食品安全国家标准审评委员会审查通过,现发布《食品安全国家标准 食品中农药最大残留限量》(GB 2763—2014),自 2014 年 8 月 1 日起施行。《食品安全国家标准　食品中农药最大残留限量》(GB 2763—2012)同时废止。

特此公告。

国家卫生和计划生育委员会
农业部
2014 年 3 月 20 日

中华人民共和国农业部公告
第 2081 号

《肥料　钾含量的测定》等 125 项标准业经专家审定通过,现批准发布为中华人民共和国农业行业标准,自 2014 年 6 月 1 日起实施。
特此公告。
附件:《肥料　钾含量的测定》等 125 项农业行业标准目录

农业部
2014 年 3 月 24 日

附件：

《肥料　钾含量的测定》等 125 项农业行业标准目录

序号	标准号	标准名称	代替标准号
1	NY/T 2540—2014	肥料　钾含量的测定	
2	NY/T 2541—2014	肥料　磷含量的测定	
3	NY/T 2542—2014	肥料　总氮含量的测定	
4	NY/T 2543—2014	肥料增效剂　效果试验和评价要求	
5	NY/T 2544—2014	肥料效果试验和评价通用要求	
6	NY/T 2545—2014	植物性农产品中黄曲霉毒素现场筛查技术规程	
7	NY/T 2546—2014	油稻稻三熟制油菜全程机械化生产技术规程	
8	NY/T 2547—2014	生鲜乳中黄曲霉毒素 M_1 筛查技术规程	
9	NY/T 2548—2014	饲料中黄曲霉毒素 B_1 的测定　时间分辨荧光免疫层析法	
10	NY/T 2549—2014	饲料中黄曲霉毒素 B_1 的测定　免疫亲和荧光光度法	
11	NY/T 2550—2014	饲料中黄曲霉毒素 B_1 的测定　胶体金法	
12	NY/T 2551—2014	红掌　种苗	
13	NY/T 2552—2014	能源木薯等级规格　鲜木薯	
14	NY/T 2553—2014	椰子　种苗繁育技术规程	
15	NY/T 2554—2014	生咖啡　贮存和运输导则	
16	NY/T 2555—2014	植物新品种特异性、一致性和稳定性测试指南　秋海棠属	
17	NY/T 2556—2014	植物新品种特异性、一致性和稳定性测试指南　果子蔓属	
18	NY/T 2557—2014	植物新品种特异性、一致性和稳定性测试指南　花烛属	
19	NY/T 2558—2014	植物新品种特异性、一致性和稳定性测试指南　唐菖蒲属	
20	NY/T 2559—2014	植物新品种特异性、一致性和稳定性测试指南　莴苣	
21	NY/T 2560—2014	植物新品种特异性、一致性和稳定性测试指南　香菇	
22	NY/T 2561—2014	植物新品种特异性、一致性和稳定性测试指南　胡萝卜	
23	NY/T 2562—2014	植物新品种特异性、一致性和稳定性测试指南　亚麻	
24	NY/T 2563—2014	植物新品种特异性、一致性和稳定性测试指南　葡萄	
25	NY/T 2564—2014	植物新品种特异性、一致性和稳定性测试指南　荔枝	
26	NY/T 2565—2014	植物新品种特异性、一致性和稳定性测试指南　白三叶	
27	NY/T 2566—2014	植物新品种特异性、一致性和稳定性测试指南　稗	
28	NY/T 2567—2014	植物新品种特异性、一致性和稳定性测试指南　荸荠	
29	NY/T 2568—2014	植物新品种特异性、一致性和稳定性测试指南　蓖麻	
30	NY/T 2569—2014	植物新品种特异性、一致性和稳定性测试指南　大麻	
31	NY/T 2570—2014	植物新品种特异性、一致性和稳定性测试指南　酸模属	
32	NY/T 2571—2014	植物新品种特异性、一致性和稳定性测试指南　小黑麦	
33	NY/T 2572—2014	植物新品种特异性、一致性和稳定性测试指南　薏苡	
34	NY/T 2573—2014	植物新品种特异性、一致性和稳定性测试指南　高羊茅　草地羊茅	
35	NY/T 2574—2014	植物新品种特异性、一致性和稳定性测试指南　菜薹	
36	NY/T 2575—2014	植物新品种特异性、一致性和稳定性测试指南　芦荟	
37	NY/T 2576—2014	植物新品种特异性、一致性和稳定性测试指南　报春花属欧报春	
38	NY/T 2577—2014	植物新品种特异性、一致性和稳定性测试指南　灯盏花	
39	NY/T 2578—2014	植物新品种特异性、一致性和稳定性测试指南　凤仙花	
40	NY/T 2579—2014	植物新品种特异性、一致性和稳定性测试指南　花毛茛	
41	NY/T 2580—2014	植物新品种特异性、一致性和稳定性测试指南　马蹄莲属	
42	NY/T 2581—2014	植物新品种特异性、一致性和稳定性测试指南　水仙属	
43	NY/T 2582—2014	植物新品种特异性、一致性和稳定性测试指南　丝石竹	

（续）

序号	标准号	标准名称	代替标准号
44	NY/T 2583—2014	植物新品种特异性、一致性和稳定性测试指南　铁线莲属	
45	NY/T 2584—2014	植物新品种特异性、一致性和稳定性测试指南　萱草属	
46	NY/T 2585—2014	植物新品种特异性、一致性和稳定性测试指南　薰衣草属	
47	NY/T 2586—2014	植物新品种特异性、一致性和稳定性测试指南　洋桔梗	
48	NY/T 2587—2014	植物新品种特异性、一致性和稳定性测试指南　无花果	
49	NY/T 2588—2014	植物新品种特异性、一致性和稳定性测试指南　黑木耳	
50	NY/T 2589—2014	植物新品种特异性、一致性和稳定性测试指南　柴胡与狭叶柴胡	
51	NY/T 2590—2014	植物新品种特异性、一致性和稳定性测试指南　穿心莲	
52	NY/T 2591—2014	植物新品种特异性、一致性和稳定性测试指南　何首乌	
53	NY/T 2592—2014	植物新品种特异性、一致性和稳定性测试指南　黄芪	
54	NY/T 2593—2014	植物新品种特异性、一致性和稳定性测试指南　天麻	
55	NY/T 2594—2014	植物品种鉴定　DNA指纹方法　总则	
56	NY/T 2595—2014	大豆品种鉴定技术规程 SSR 分子标记法	
57	NY/T 2596—2014	沼肥	
58	NY/T 2597—2014	生活污水净化沼气池标准图集	
59	NY/T 2598—2014	沼气工程储气装置技术条件	
60	NY/T 2599—2014	规模化畜禽养殖场沼气工程验收规范	
61	NY/T 2600—2014	规模化畜禽养殖场沼气工程设备选型技术规范	
62	NY/T 2601—2014	生活污水净化沼气池施工规程	
63	NY/T 2602—2014	生活污水净化沼气池运行管理规程	
64	NY/T 2603—2014	大型藻类栽培工	
65	NY/T 2604—2014	啤酒花生产工	
66	NY/T 2605—2014	饲料配方师	
67	NY/T 2606—2014	果类产品加工工	
68	NY/T 2607—2014	水生高等植物栽培工	
69	NY/T 1220.6—2014	沼气工程技术规范　第6部分:安全使用	
70	NY/T 1496.4—2014	农村户用沼气输气系统　第4部分:设计与安装规范	
71	NY/T 90—2014	农村户用沼气发酵工艺规程	NY/T 90—1988
72	NY/T 120—2014	饲料用木薯干	NY/T 120—1989
73	NY/T 344—2014	户用沼气灯	NY/T 344—1998
74	NY/T 355—2014	荔枝　种苗	NY/T 355—1999
75	NY/T 358—2014	咖啡　种子种苗	NY/T 358—1999, NY/T 359—1999
76	NY/T 858—2014	户用沼气压力显示器	NY/T 858—2004
77	NY/T 859—2014	户用沼气脱硫器	NY/T 859—2004
78	NY/T 1116—2014	肥料　硝态氮、铵态氮、酰胺态氮含量的测定	NY/T 1116—2006
79	NY/T 1432—2014	玉米品种鉴定技术规程 SSR 标记法	NY/T 1432—2007
80	NY/T 1433—2014	水稻品种鉴定技术规程 SSR 标记法	NY/T 1433—2007
81	SC/T 1114—2014	大鲵	
82	SC/T 1117—2014	施氏鲟	
83	SC/T 1118—2014	广东鲂	
84	SC/T 1119—2014	乌鳢　亲鱼和苗种	
85	SC/T 1120—2014	奥利亚罗非鱼　苗种	
86	SC/T 2044—2014	卵形鲳鲹　亲鱼和苗种	
87	SC/T 2045—2014	许氏平鲉　亲鱼和苗种	
88	SC/T 2046—2014	石鲽　亲鱼和苗种	
89	SC/T 2057—2014	青蛤　亲贝和苗种	
90	SC/T 2058—2014	菲律宾蛤仔　亲贝和苗种	

附　录

（续）

序号	标准号	标准名称	代替标准号
91	SC/T 2059—2014	海蜇　苗种	
92	SC/T 2060—2014	花鲈　亲鱼和苗种	
93	SC/T 2061—2014	裙带菜　种藻和苗种	
94	SC/T 2062—2014	魁蚶　亲贝	
95	SC/T 2063—2014	条斑紫菜　种藻和苗种	
96	SC/T 2064—2014	坛紫菜　种藻和苗种	
97	SC/T 2065—2014	缢蛏	
98	SC/T 2066—2014	缢蛏　亲贝和苗种	
99	SC/T 2067—2014	许氏平鲉	
100	SC/T 2071—2014	马氏珠母贝	
101	SC/T 3043—2014	养殖水产品可追溯标签规程	
102	SC/T 3044—2014	养殖水产品可追溯编码规程	
103	SC/T 3045—2014	养殖水产品可追溯信息采集规程	
104	SC/T 3048—2014	鱼类鲜度指标 K 值的测定　高效液相色谱法	
105	SC/T 3122—2014	冻鱿鱼	
106	SC/T 3307—2014	冻干海参	
107	SC/T 3308—2014	即食海参	
108	SC/T 3702—2014	冷冻鱼糜	
109	SC/T 5701—2014	金鱼分级　狮头	
110	SC/T 5702—2014	金鱼分级　琉金	
111	SC/T 5703—2014	锦鲤分级　红白类	
112	SC/T 6079—2014	渔业行政执法船舶通信设备配备要求	
113	SC/T 7217—2014	刺激隐核虫病诊断规程	
114	SC/T 9412—2014	水产养殖环境中扑草净的测定　气相色谱法	
115	SC/T 9413—2014	水生生物增殖放流技术规范　大黄鱼	
116	SC/T 9414—2014	水生生物增殖放流技术规范　大鲵	
117	SC/T 9415—2014	水生生物增殖放流技术规范　三疣梭子蟹	
118	SC/T 9416—2014	人工鱼礁建设技术规范	
119	SC/T 2004—2014	皱纹盘鲍　亲鲍和苗种	SC/T 2004.1—2000，SC/T 2004.2—2000
120	SC/T 3215—2014	盐渍海参	SC/T 3215—2007
121	SC/T 5001—2014	渔具材料基本术语	SC/T 5001—1995
122	SC/T 5005—2014	渔用聚乙烯单丝	SC/T 5005—1988
123	SC/T 5006—2014	聚酰胺网线	SC/T 5006—1983
124	SC/T 5011—2014	聚酰胺绳	SC/T 5011—1988
125	SC/T 5031—2014	聚乙烯网片　绞捻型	SC/T 5031—2006

中华人民共和国农业部公告
第 2086 号

　　根据《中华人民共和国兽药管理条例》和《中华人民共和国饲料和饲料添加剂管理条例》规定,《饲料中左炔诺孕酮的测定　高效液相色谱法》等 7 项标准业经专家审定通过,我部审查批准,现发布为中华人民共和国国家标准,自 2014 年 7 月 1 日起实施。

　　特此公告。

　　附件:《饲料中左炔诺孕酮的测定　高效液相色谱法》等 7 项国家标准目录

农业部

2014 年 4 月 1 日

附件：

《饲料中左炔诺孕酮的测定　高效液相色谱法》等 7 项国家标准目录

序号	标准名称	标准代号
1	饲料中左炔诺孕酮的测定　高效液相色谱法	农业部 2086 号公告—1—2014
2	饲料中醋酸氯地孕酮的测定　高效液相色谱法	农业部 2086 号公告—2—2014
3	饲料中匹莫林的测定　高效液相色谱法	农业部 2086 号公告—3—2014
4	饲料中氟喹诺酮类药物的测定　液相色谱—串联质谱法	农业部 2086 号公告—4—2014
5	饲料中卡巴氧、乙酰甲喹、喹烯酮和喹乙醇的测定　液相色谱—串联质谱法	农业部 2086 号公告—5—2014
6	饲料中硫酸黏杆菌素的测定　液相色谱—串联质谱法	农业部 2086 号公告—6—2014
7	饲料中大观霉素的测定	农业部 2086 号公告—7—2014

中华人民共和国农业部公告
第 2122 号

根据《中华人民共和国农业转基因生物安全管理条例》规定,《转基因动物及其产品成分检测　猪内标准基因定性 PCR 方法》等 16 项标准业经专家审定通过,现批准发布为中华人民共和国国家标准,自 2014 年 8 月 1 日起实施。

特此公告。

附件:《转基因动物及其产品成分检测　猪内标准基因定性 PCR 方法》等 16 项农业国家标准目录

农业部

2014 年 7 月 7 日

附件：

《转基因动物及其产品成分检测 猪内标准基因定性PCR方法》等16项农业国家标准目录

序号	标准名称	标准代号	代替标准号
1	转基因动物及其产品成分检测 猪内标准基因定性PCR方法	农业部2122号公告—1—2014	
2	转基因动物及其产品成分检测 羊内标准基因定性PCR方法	农业部2122号公告—2—2014	
3	转基因植物及其产品成分检测 报告基因GUS、GFP定性PCR方法	农业部2122号公告—3—2014	
4	转基因植物及其产品成分检测 耐除草剂和品质改良大豆MON87705及其衍生品种定性PCR方法	农业部2122号公告—4—2014	
5	转基因植物及其产品成分检测 品质改良大豆MON87769及其衍生品种定性PCR方法	农业部2122号公告—5—2014	
6	转基因植物及其产品成分检测 耐除草剂苜蓿J163及其衍生品种定性PCR方法	农业部2122号公告—6—2014	
7	转基因植物及其产品成分检测 耐除草剂苜蓿J101及其衍生品种定性PCR方法	农业部2122号公告—7—2014	
8	转基因植物及其产品成分检测 抗虫水稻TT51-1及其衍生品种定量PCR方法	农业部2122号公告—8—2014	
9	转基因植物及其产品成分检测 耐除草剂玉米DAS-40278-9及其衍生品种定性PCR方法	农业部2122号公告—9—2014	
10	转基因植物及其产品环境安全检测 耐旱玉米 第1部分：干旱耐受性	农业部2122号公告—10.1—2014	
11	转基因植物及其产品环境安全检测 耐旱玉米 第2部分：生存竞争能力	农业部2122号公告—10.2—2014	
12	转基因植动物及其产品环境安全检测 耐旱玉米 第3部分：外源基因漂移	农业部2122号公告—10.3—2014	
13	转基因植物及其产品环境安全检测 耐旱玉米 第4部分：生物多样性影响	农业部2122号公告—10.4—2014	
14	转基因植物及其产品成分检测 抗虫和耐除草剂玉米Bt11及其衍生品种定性PCR方法	农业部2122号公告—14—2014	农业部869号公告—3—2007
15	转基因植物及其产品成分检测 抗虫和耐除草剂玉米Bt176及其衍生品种定性PCR方法	农业部2122号公告—15—2014	农业部869号公告—8—2007
16	转基因植物及其产品成分检测 抗虫玉米MON810及其衍生品种定性PCR方法	农业部2122号公告—16—2014	农业部869号公告—9—2007

中华人民共和国农业部公告
第 2166 号

《联合收获机械 安全标志》等 101 项标准业经专家审定通过,现批准发布为中华人民共和国农业行业标准,自 2015 年 1 月 1 日起实施。

特此公告。

附件:《联合收获机械 安全标志》等 101 项农业行业标准目录

农业部
2014 年 10 月 17 日

附件：

《联合收获机械　安全标志》等 101 项农业行业标准目录

序号	标准号	标准名称	代替标准号
1	NY 2608—2014	联合收获机械　安全标志	
2	NY 2609—2014	拖拉机　安全操作规程	
3	NY 2610—2014	谷物联合收割机　安全操作规程	
4	NY/T 2611—2014	后悬挂农机具与农业轮式拖拉机配套要求	
5	NY/T 2612—2014	农业机械机身反光标识	
6	NY/T 2613—2014	农业机械可靠性评价通则	
7	NY/T 2614—2014	采茶机　作业质量	
8	NY/T 2615—2014	玉米剥皮机　质量评价技术规范	
9	NY/T 2616—2014	水果清洗打蜡机　质量评价技术规范	
10	NY/T 2617—2014	水果分级机　质量评价技术规范	
11	NY/T 2618—2014	农业机械传动变速箱　修理质量	
12	NY 2619—2014	瓜菜作物种子　豆类(菜豆、长豇豆、豌豆)	
13	NY 2620—2014	瓜菜作物种子　萝卜和胡萝卜	
14	NY/T 2621—2014	玉米粗缩病测报技术规范	
15	NY/T 2622—2014	灰飞虱抗药性监测技术规范	
16	NY/T 2623—2014	灌溉施肥技术规范	
17	NY/T 2624—2014	水肥一体化技术规范　总则	
18	NY/T 2625—2014	节水农业技术规范　总则	
19	NY/T 2626—2014	补充耕地质量评定技术规范	
20	NY/T 2627—2014	标准果园建设规范　柑橘	
21	NY/T 2628—2014	标准果园建设规范　梨	
22	NY/T 2629—2014	扶桑绵粉蚧监测规范	
23	NY/T 2630—2014	黄瓜绿斑驳花叶病毒病防控技术规程	
24	NY/T 2631—2014	南方水稻黑条矮缩病测报技术规范	
25	NY/T 2632—2014	玉米—大豆带状复合种植技术规程	
26	NY/T 2633—2014	长江流域棉花轻简化栽培技术规程	
27	NY/T 2634—2014	棉花品种真实性鉴定　SSR 分子标记法	
28	NY/T 2635—2014	苎麻纤维拉伸断裂强度试验方法	
29	NY/T 2636—2014	温带水果分类和编码	
30	NY/T 2637—2014	水果和蔬菜可溶性固形物含量的测定　折射仪法	
31	NY/T 2638—2014	稻米及制品中抗性淀粉的测定　分光光度法	
32	NY/T 2639—2014	稻米直链淀粉的测定　分光光度法	
33	NY/T 2640—2014	植物源性食品中花青素的测定　高效液相色谱法	
34	NY/T 2641—2014	植物源性食品中白藜芦醇和白藜芦醇苷的测定　高效液相色谱法	
35	NY/T 2642—2014	甘薯等级规格	
36	NY/T 2643—2014	大蒜及制品中蒜素的测定高效液相色谱法	
37	NY/T 2644—2014	普通小麦冬春性鉴定技术规程	
38	NY/T 2645—2014	农作物品种试验技术规程　高粱	
39	NY/T 2646—2014	水稻品种试验稻瘟病抗性鉴定与评价　技术规程	
40	NY/T 2647—2014	剑麻加工机械　手喂式刮麻机　质量评价技术规范	
41	NY/T 2648—2014	剑麻纤维加工技术规程	
42	NY/T 2649—2014	蜂王幼虫和蜂王幼虫冻干粉	
43	NY/T 2650—2014	泡椒类食品辐照杀菌技术规范	
44	NY/T 2651—2014	香辛料辐照质量控制技术规范	

（续）

序号	标准号	标准名称	代替标准号
45	NY/T 2652—2014	农产品中^{137}Cs的测定　无源效率刻度γ能谱分析法	
46	NY/T 2653—2014	骨素加工技术规范	
47	NY/T 2654—2014	软罐头电子束辐照加工工艺规范	
48	NY/T 2655—2014	加工用宽皮柑橘	
49	NY/T 2656—2014	饲料中罗丹明B和罗丹明6G的测定　高效液相色谱法	
50	NY/T 2657—2014	草种质资源繁殖更新技术规程	
51	NY/T 2658—2014	草种质资源描述规范	
52	NY/T 2659—2014	牛乳脂肪、蛋白质、乳糖、总固体的快速测定　红外光谱法	
53	NY/T 2660—2014	肉牛生产性能测定技术规范	
54	NY/T 2661—2014	标准化养殖场　生猪	
55	NY/T 2662—2014	标准化养殖场　奶牛	
56	NY/T 2663—2014	标准化养殖场　肉牛	
57	NY/T 2664—2014	标准化养殖场　蛋鸡	
58	NY/T 2665—2014	标准化养殖场　肉羊	
59	NY/T 2666—2014	标准化养殖场　肉鸡	
60	NY/T 2667.1—2014	热带作物品种审定规范　第1部分:橡胶树	
61	NY/T 2667.2—2014	热带作物品种审定规范　第2部分:香蕉	
62	NY/T 2667.3—2014	热带作物品种审定规范　第3部分:荔枝	
63	NY/T 2667.4—2014	热带作物品种审定规范　第4部分:龙眼	
64	NY/T 2668.1—2014	热带作物品种试验技术规程　第1部分:橡胶树	
65	NY/T 2668.2—2014	热带作物品种试验技术规程　第2部分:香蕉	
66	NY/T 2668.3—2014	热带作物品种试验技术规程　第3部分:荔枝	
67	NY/T 2668.4—2014	热带作物品种试验技术规程　第4部分:龙眼	
68	NY/T 2669—2014	热带作物品种审定规范　木薯	
69	NY/T 1151.5—2014	农药登记用卫生杀虫剂室内药效试验及评价　第5部分:蚊幼防治剂	
70	NY/T 1464.51—2014	农药田间药效试验准则　第51部分:杀虫剂防治柑橘树蚜虫	
71	NY/T 1464.52—2014	农药田间药效试验准则　第52部分:杀虫剂防治柑枣树盲蝽	
72	NY/T 1464.53—2014	农药田间药效试验准则　第53部分:杀菌剂防治十字花科蔬菜根肿病	
73	NY/T 1464.54—2014	农药田间药效试验准则　第54部分:杀菌剂防治水稻稻曲病	
74	NY/T 1464.55—2014	农药田间药效试验准则　第55部分:除草剂防治姜田杂草	
75	NY/T 1859.5—2014	农药抗性风险评估　第5部分:十字花科蔬菜小菜蛾抗药性风险评估	
76	NY/T 1859.6—2014	农药抗性风险评估　第6部分:灰霉病菌抗药性风险评估	
77	NY/T 1859.7—2014	农药抗性风险评估　第7部分:抑制乙酰辅酶A羧化酶除草剂抗性风险评估	
78	NY/T 2063.3—2014	天敌昆虫室内饲养方法准则　第3部分:丽蚜小蜂室内饲养方法	
79	NY/T 274—2014	绿色食品　葡萄酒	NY/T 274—2004
80	NY/T 418—2014	绿色食品　玉米及玉米粉	NY/T 418—2007
81	NY/T 419—2014	绿色食品　稻米	NY/T 419—2007
82	NY/T 432—2014	绿色食品　白酒	NY/T 432—2000
83	NY/T 433—2014	绿色食品　植物蛋白饮料	NY/T 433—2000
84	NY/T 891—2014	绿色食品　大麦及大麦粉	NY/T 891—2004
85	NY/T 892—2014	绿色食品　燕麦及燕麦粉	NY/T 892—2004
86	NY/T 893—2014	绿色食品　粟米及粟米粉	NY/T 893—2004
87	NY/T 894—2014	绿色食品　荞麦及荞麦粉	NY/T 894—2004
88	NY/T 1039—2014	绿色食品　淀粉及淀粉制品	NY/T 1039—2006

附　录

（续）

序号	标准号	标准名称	代替标准号
89	NY/T 1042—2014	绿色食品　坚果	NY/T 1042—2006
90	NY/T 1045—2014	绿色食品　脱水蔬菜	NY/T 1045—2006
91	NY/T 1047—2014	绿色食品　水果、蔬菜罐头	NY/T 1047—2006
92	NY/T 1051—2014	绿色食品　枸杞及枸杞制品	NY/T 1051—2006
93	NY/T 1052—2014	绿色食品　豆制品	NY/T 1052—2006
94	NY/T 1512—2014	绿色食品　生面食、米粉制品	NY/T 1512—2007
95	NY 643—2014	农用水泵安全技术要求	NY 643—2002
96	NY/T 233—2014	龙舌兰麻纤维及制品　术语	NY/T 233—1994
97	NY/T 339—2014	天然橡胶初加工机械　手摇压片机	NY/T 339—1998
98	NY/T 1402.1—2014	天然生胶　蓖麻油含量的测定　第1部分:蓖麻油甘油酯含量的测定　薄层色谱法	NY/T 1402.1—2007
99	NY/T 1121.7—2014	土壤检测　第7部分:土壤有效磷的测定	NY/T 1121.7—2006
100	NY/T 2058—2014	水稻二化螟抗药性监测技术规程	NY/T 2058—2011
101	NY/T 1299—2014	农作物品种试验技术规程　大豆	NY/T 1299—2007

图书在版编目（CIP）数据

最新中国农业行业标准. 第11辑. 水产分册 / 农业
标准编辑部编 . —北京：中国农业出版社，2015.12
（中国农业标准经典收藏系列）
ISBN 978 - 7 - 109 - 21214 - 5

Ⅰ. ①最⋯ Ⅱ. ①农⋯ Ⅲ. ①农业－行业标准－汇编
－中国②水产养殖－行业标准－汇编－中国 Ⅳ.
①S - 65②S96 - 65

中国版本图书馆 CIP 数据核字（2015）第 288371 号

中国农业出版社出版
（北京市朝阳区麦子店街 18 号楼）
（邮政编码 100125）
责任编辑 刘 伟 杨晓改

北京通州皇家印刷厂印刷 新华书店北京发行所发行
2016 年 1 月第 1 版 2016 年 1 月北京第 1 次印刷

开本：880mm×1230mm 1/16 印张：25.5
字数：650 千字
定价：228.00 元
（凡本版图书出现印刷、装订错误，请向出版社发行部调换）